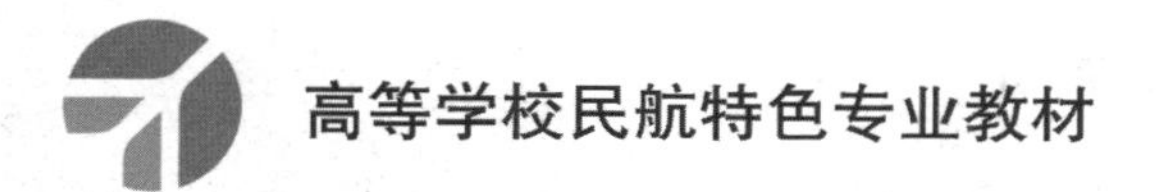

数学物理方法基础及民航应用案例

主 编 刘鸿鹏 李 立 秦绍萌

北京航空航天大学出版社

内容简介

数学物理方法是一门涉及数学和物理学的交叉学科，运用有效的数学手段表达、分析和解决物理问题是其核心。本书是面向民航相关专业的数学物理方法教材，重点介绍了复变函数基础知识、物理意义显著的解析函数、复变函数的积分、级数、留数定理；然后扩展至数学物理方程，还介绍了定解问题的建立、行波法、傅里叶变换、分离变量法和拉普拉斯变换以及运用数值计算方法求解常微分方程和偏微分方程；最后通过典型案例，介绍了如何将民航领域实际物理问题模型化，并给出求解思路。

本书适用于民航领域相关专业二年级以上的本科生，以及其他物理相关专业的高年级本科生。

图书在版编目(CIP)数据

数学物理方法基础及民航应用案例 / 刘鸿鹏，李立，秦绍萌主编. -- 北京 ：北京航空航天大学出版社，2024.11. -- ISBN 978-7-5124-4445-4

Ⅰ. O411.1

中国国家版本馆 CIP 数据核字第 20243BE531 号

数学物理方法基础及民航应用案例

主 编 刘鸿鹏 李 立 秦绍萌

策划编辑 周世婷 责任编辑 周世婷

*

北京航空航天大学出版社出版发行

北京市海淀区学院路 37 号(邮编 100191) http://www.buaapress.com.cn

发行部电话：(010)82317024 传真：(010)82328026

读者信箱：goodtextbook@126.com 邮购电话：(010)82316936

北京时代华都印刷有限公司印装 各地书店经销

*

开本：787×1 092 1/16 印张：15 字数：384 千字

2024 年 12 月第 1 版 2024 年 12 月第 1 次印刷

ISBN 978-7-5124-4445-4 定价：49.00 元

前　　言

“两个强国”建设需要培养具有独立自主创新能力的民用航空人才。我国民航从“大”到“强”更需要核心技术上的突破。核心技术问题的解决需要从基本物理问题入手，挖掘深层次的物理机制，并通过有效的数学手段进行分析，从而找到问题并解决问题。要想实现从无到有的突破性技术创新，提升我国民航的核心竞争力，人才培养上夯实高水平人才的数理基础是关键。正是基于该初衷，我们编写了《数学物理方法基础及民航应用案例》这本教材。

本书首先将实数域扩展至复变函数域，并引入物理意义显著的解析函数。通过积分、级数及留数给出解析函数的图景，然后扩展至数学物理方程。通过将基本物理问题模型化，建立相应的数学方程，并结合数值计算方法将实际问题通过模拟直观展示，使学生熟悉计算机工具，并接触到新时代物理问题的表达方式与求解方法。最后通过对收集整理的案例进行分析，将民航领域实际物理问题模型化，并给出相应的求解思路。

本书从民航专业人才培养目标出发，结合少学时课程设置的实际需求，由浅入深，强化数学物理思想，简化繁琐推导；重新整合知识单元，突出知识点间的逻辑；精选例题和习题；改变课程内容过于传统的现状，增加数值计算方法来实现数学建模和求解，增加民航应用案例，将传统数学物理方法的基础知识与民航相关专业的新技术、新知识交叉融合，引导读者运用数理知识解决实际问题。

本书是笔者所在的教学科研团队多年教学实践的总结。秦绍萌负责书中有关数值计算部分的编写工作，台宏达负责民航案例收集整理工作，李立参与了本书从设计到出版的全过程。本书编写工作得到了中国民航大学教务处、理学院领导和同事的鼎立支持。此外，本书在编写过程中参考了姚端正等编写的《数学物理方法》。在此一并表示衷心的感谢。同时对案例中参考文献的作者表示感谢。

随着科学技术的发展，数学物理方法也会发展出更多创新的理论和方法。本书寄望于引领读者进入数学物理方法的科学之门，体会基于实际科学技术问题建立数学模型，选择有效的数学手段求解问题，分析数据并预测和优化系统性能的全过程，使读者获得从基本知识到实际应用的全部图景。本书适用于民航领域相关专业二年级以上的本科生，以及其他物理相关专业的高年级本科生。

受限于笔者之能力，本书的不妥之处，恳请读者批评指正。

编　者
2023 年 8 月天津

目　　录

第一部分　复变函数论

第二部分　数学物理方程

第三部分 民航应用案例分析

第一部分　复变函数论

第1章　复变函数

1.1　复数及其运算

复数的发展历程

1.1.1　复数的概念

将一对有序的实数(x,y)定义为复数，其代数形式为

$$z=x+\mathrm{i}y \tag{1.1}$$

其中，i为虚数单位，其满足条件为$\mathrm{i}^2=-1$；x与y分别称之为复数的实部与虚部，且可以用符号表示为

$$\begin{cases}x=\mathrm{Re}\,z\\ y=\mathrm{Im}\,z\end{cases} \tag{1.2}$$

实部为零的复数为纯虚数。当且仅当$0+\mathrm{i}0=0$时，$z=0$。两复数不能比较大小，但是可以相等。复数相等要求两个复数的实部与虚部分别相等，如：$z_1=x_1+\mathrm{i}y_1$，$z_2=x_2+\mathrm{i}y_2$，若$x_1=x_2$，$y_1=y_2$，则称

$$z_1=z_2$$

复数的共轭复数表示为$\bar{z}=x-\mathrm{i}y$，或称之为复共轭。复数的实部与虚部均可通过复数及其复共轭表达：

$$x=\frac{1}{2}(z+\bar{z}) \tag{1.3}$$

$$y=\frac{1}{2\mathrm{i}}(z-\bar{z}) \tag{1.4}$$

为什么引入复数的概念？因为复数将实数从一维变成了二维，能够将所描述的问题从一维x轴，变成二维x、y两个轴，从而可以将问题描绘成曲线或图形进行计算，为人们直观地展示所研究的物理问题。同时，二维形式的描述能够将物理问题中的矢量与复平面有效结合，实现物理思想的图形化描述。

1.1.2　复数的表示

1. 复数的几何表示

既然引入了两个实数分别作为复数的实部与虚部，复数$z=x+\mathrm{i}y$便可以用平面上的点表示，则该平面称之为复平面。在复平面内引入两个坐标轴，其中x代表实轴上的坐标，y代表虚轴上的坐标。实轴的单位为1，虚轴的单位为i。用复平面描述复数所在的平面，对于每一个复数，复平面上有唯一一点与之对应。复平面的一个点，也有唯一一个复数与之对应。同时，可以将从复平面的坐标原点O指向复平面上的点$x+\mathrm{i}y$用数学上的向量$\overrightarrow{\Delta z}$表示，如图1-1所示。

为了更好地对复数进行描述与运算，引入复数的几种表示形式：

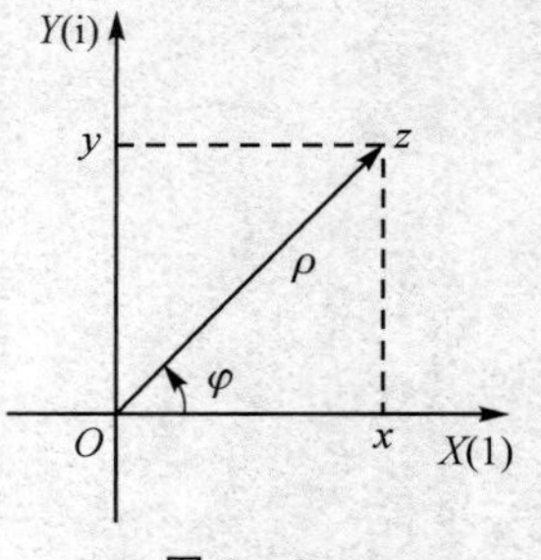

图 1-1

① **代数表示**：

$$z=x+\mathrm{i}y$$

② 实部与虚部的**极坐标表示**：

$$x=\rho\cos\varphi,\quad y=\rho\sin\varphi \tag{1.5}$$

其中，ρ 代表复数的长度，也就是模。从而得到**复数的三角函数表示**：

$$z=\rho\cos\varphi+\mathrm{i}\rho\sin\varphi \quad 或 \quad z=\rho(\cos\varphi+\mathrm{i}\sin\varphi) \tag{1.6}$$

③ **复数的指数表示**：

$$z=\rho\mathrm{e}^{\mathrm{i}\varphi} \tag{1.7}$$

2. 复数的模与辐角

复数的模对应向量$\overrightarrow{\Delta z}$的长度，即

$$|z|=\rho=\sqrt{x^2+y^2} \tag{1.8}$$

复数的辐角 φ 为向量$\overrightarrow{\Delta z}$与 x 轴的夹角。由于角度以 2π 为周期，因此任意复数有无穷多个辐角，相差 $2k\pi$，其中，$k=0,\pm1,\pm2\cdots$。用符号描述辐角：

$$\mathrm{Arg}\,z=\varphi \tag{1.9}$$

$$\tan\varphi=\frac{y}{x} \tag{1.10}$$

以 $\arg z$ 表示在 2π 范围内的辐角值(又称辐角主值)，其范围表述为

$$-\pi<\arg z\leqslant\pi \tag{1.11}$$

根据辐角及其辐角主值之间的关系，复数的辅角可以表述为

$$\mathrm{Arg}\,z=\arg z+2k\pi,\quad k=0,\pm1,\pm2,\cdots \tag{1.12}$$

由式(1.12)可以看出，任何不为零的复数 z，辐角有无穷多个值。当 $z=0$ 时，辐角无定义(模为零)。

根据几何关系知，复数的辐角主值可以用 $\arctan\dfrac{y}{x}\left(-\dfrac{\pi}{2}<\arctan\dfrac{y}{x}<\dfrac{\pi}{2}\right)$描述。复数在复平面四个象限，辐角的差别将导致辐角主值与反三角函数 $\arctan\dfrac{y}{x}$在数值上存在一定的差异。因此更为详细的关系描述见下式及图 1-2。

$$z\neq0,\ \arg z=\begin{cases}\arctan\dfrac{y}{x}=\varphi & z\ 在\ \text{Ⅰ}\ 象限\\ \arctan\dfrac{y}{x}+\pi & z\ 在\ \text{Ⅱ}\ 象限\\ \arctan\dfrac{y}{x}-\pi & z\ 在\ \text{Ⅲ}\ 象限\\ \arctan\dfrac{y}{x}=-\varphi & z\ 在\ \text{Ⅳ}\ 象限\end{cases} \tag{1.13}$$

3. 复球面(黎曼球面、扩充了的复平面)

将实数通过引入虚部转变为复数后，实际上已经能够将所有的复数与复平面上的点一一

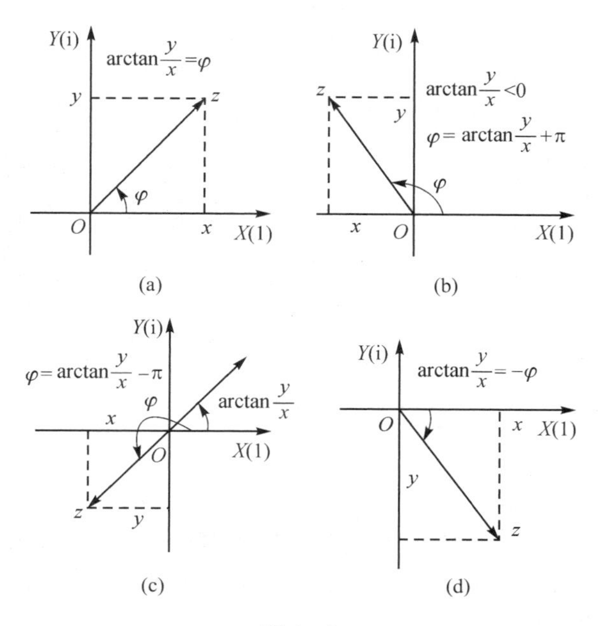

图 1-2

对应,然而复数域需要有对于无穷远点的描述与应用。在复变函数理论中把无穷大也理解为复数平面上的一个"点",该点称为无限远点,并记为∞。无限远点的模大于任何正数,辐角不定。前面只是把模为有限的复数跟复数平面上的有限远点一一对应起来,显然是难于用平面上的一个具体的点来描绘无限远点的,为此引入复球面的概念解决直观视觉问题。对于包括无限远点在内的复数几何图像,可用复球面来表示。如图 1-3 所示,把一个球面放在复平面上,使其南极 S 与复平面相切于原点 O,设复平面上的任意一点 A 与球的北极 N 的连线交于球面上 A'点,复平面上的无限远点对应的 A' 点将无限趋近球面的北极 N,故可将 N 点看作无限远点的代表点,而整个球面就把无限远点包括在内。这样的球面称为复球面或黎曼球面。通常所指的复平面不包括无限远点,包括无限远点的复平面称为扩充了的复平面或全平面,它与复球面对应。

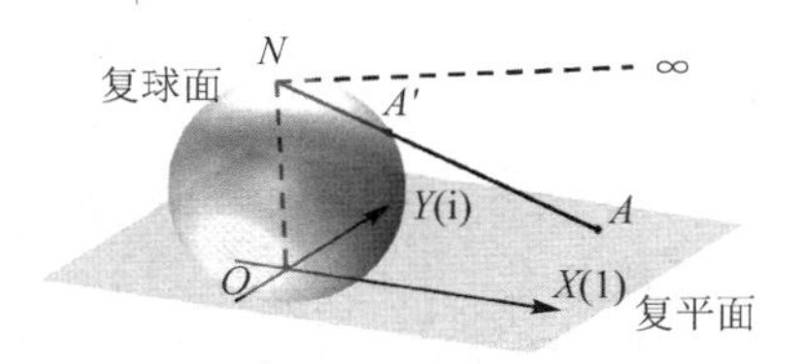

图 1-3

例 1　已知复数为 $z=1+\mathrm{i}$,求 z 的模和方向。

解: 复数的模为 $|z|=\sqrt{x^2+y^2}=\sqrt{2}$。

辐角主值为 $\arg z=\arctan\dfrac{y}{x}=\arctan 1=\dfrac{\pi}{4}$(在第Ⅰ象限)。

辐角可以表示为 $\operatorname{Arg} z=\dfrac{\pi}{4}+2k\pi,\quad k=0,\pm1,\pm2\cdots$。

例 2　分别描述 $1<\operatorname{Re} z<3$ 与 $1<|z-2|<3$ 的图形意义。

解: $1<\operatorname{Re} z<3$ 可以表示为复数的实部在 1~3 的范围内,因此可以绘制如图 1-4 所示的区域。$1<|z-2|<3$ 的图形意义是以 $z=2$ 为圆心的同心圆环,圆环的内半径大于 1,外半径小于 3,如图 1-5 所示的阴影区域。

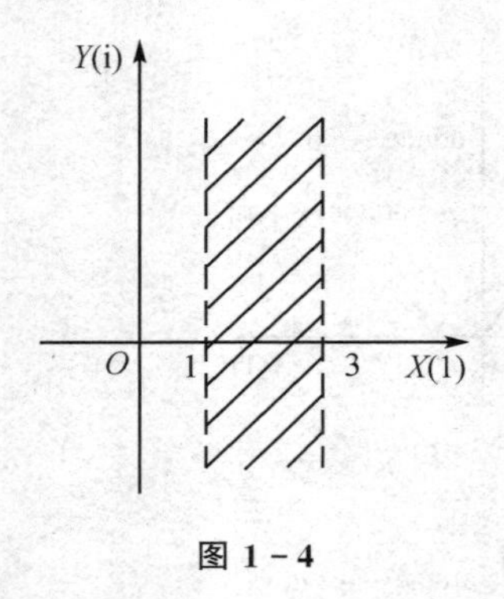

图 1-4

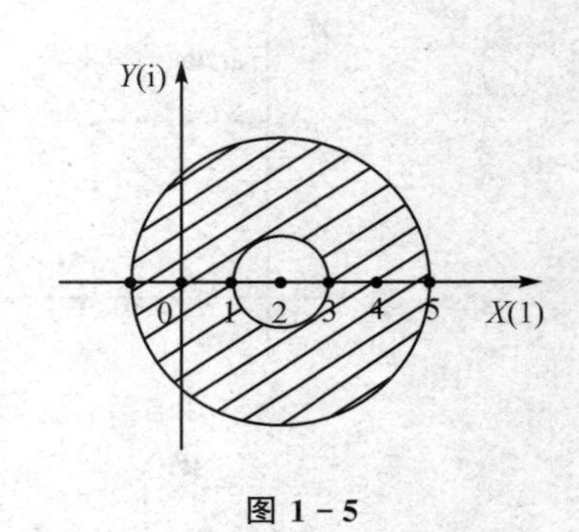

图 1-5

1.1.3 复数的运算规则

由于复数的实部与虚部是两个实数,复数包含了全部实数,从几何图形上可以理解为实数所在的实轴是二维复平面的一条直线,因此复数包括实数。复数的运算规则应该能够反映出实数的运算规律,同时复数的一般运算规律应该与实数相同。复数的运算规则总结如下:

1) **运算结果与实数相符合。**

2) **运算规则与实数相符合。**

① 加法交换律与结合律、乘法交换律与结合律、加法分配率:

a: $z_1 \pm z_2 = (x_1 \pm x_2) + \mathrm{i}(y_1 \pm y_2)$;

b: $z_1 \cdot z_2 = (x_1 x_2 - y_1 y_2) + \mathrm{i}(x_1 y_2 - y_1 x_2)$;

c: $\dfrac{z_1}{z_2} = \dfrac{z_1 \bar{z}_2}{z_2 \bar{z}_2} = \dfrac{z_1 \bar{z}_2}{|z_2|^2} = \dfrac{x_1 x_2 + y_1 y_2}{x_2{}^2 + y_2{}^2} + \mathrm{i}\,\dfrac{y_1 x_2 - x_1 y_2}{x_2{}^2 + y_2{}^2}, z_2 \neq 0$;

d: $\mathrm{Re}(z_1 \pm z_2) = \mathrm{Re}\, z_1 \pm \mathrm{Re}\, z_2, \mathrm{Im}(z_1 \pm z_2) = \mathrm{Im}\, z_1 \pm \mathrm{Im}\, z_2$。

② 复数乘除:

两复数相乘等于模相乘,且辐角相加,即

$$\text{两复数相乘} = \text{模相乘}\ \mathrm{e}^{\mathrm{i}(\text{辅角相加})} \tag{1.14}$$

证明: 令两个复数采用三角形式描述,即

$$z_1 = r_1(\cos\theta_1 + \mathrm{i}\sin\theta_1), \quad z_2 = r_2(\cos\theta_2 + \mathrm{i}\sin\theta_2)$$

复数的乘法为

$$\begin{aligned} z_1 \cdot z_2 &= r_1(\cos\theta_1 + \mathrm{i}\sin\theta_1) \cdot r_2(\cos\theta_2 + \mathrm{i}\sin\theta_2) \\ &= r_1 r_2 [(\cos\theta_1\cos\theta_2 - \sin\theta_1\sin\theta_2) + \mathrm{i}(\sin\theta_1\cos\theta_2 + \cos\theta_1\sin\theta_2)] \\ &= r_1 r_2 [\cos(\theta_1 + \theta_2) + \mathrm{i}\sin(\theta_1 + \theta_2)] \\ &= |z_1||z_2|\mathrm{e}^{\mathrm{i}(\mathrm{Arg}\, z_1 + \mathrm{Arg}\, z_2)} \end{aligned}$$

两复数相除等于模相除,且辐角相减(分母不能为零),即

$$\text{两复数相除} = \text{模相除}\ \mathrm{e}^{\mathrm{i}(\text{辅角相减})} \tag{1.15}$$

$$\frac{z_1}{z_2} = \frac{r_1}{r_2}[\cos(\theta_1 - \theta_2) + \mathrm{i}\sin(\theta_1 - \theta_2)] = \frac{|z_1|}{|z_2|}\mathrm{e}^{\mathrm{i}(\mathrm{Arg}\, z_1 - \mathrm{Arg}\, z_2)}$$

例 3 化简 $\dfrac{(1-\sqrt{3}\mathrm{i})(\cos\theta + \mathrm{i}\sin\theta)}{(1-\mathrm{i})(\cos\theta - \mathrm{i}\sin\theta)}$。

解：
$$1-\sqrt{3}\,\mathrm{i}=2\left(\frac{1}{2}-\frac{\sqrt{3}}{2}\mathrm{i}\right)=2\left[\cos\left(-\frac{\pi}{3}\right)+\mathrm{i}\sin\left(-\frac{\pi}{3}\right)\right]$$
$$1-\mathrm{i}=\sqrt{2}\left(\frac{\sqrt{2}}{2}-\frac{\sqrt{2}}{2}\mathrm{i}\right)=\sqrt{2}\left[\cos\left(-\frac{\pi}{4}\right)+\mathrm{i}\sin\left(-\frac{\pi}{4}\right)\right]$$
$$\cos\theta-\mathrm{i}\sin\theta=\cos(-\theta)+\mathrm{i}\sin(-\theta)$$
$$\frac{(1-\sqrt{3}\,\mathrm{i})(\cos\theta+\mathrm{i}\sin\theta)}{(1-\mathrm{i})(\cos\theta-\mathrm{i}\sin\theta)}=\frac{2\left[\cos\left(-\frac{\pi}{3}\right)+\mathrm{i}\sin\left(-\frac{\pi}{3}\right)\right](\cos\theta+\mathrm{i}\sin\theta)}{\sqrt{2}\left[\cos\left(-\frac{\pi}{4}\right)+\mathrm{i}\sin\left(-\frac{\pi}{4}\right)\right][\cos(-\theta)+\mathrm{i}\sin(-\theta)]}$$
$$=\sqrt{2}\left[\cos\left(-\frac{\pi}{3}+\frac{\pi}{4}\right)+\mathrm{i}\sin\left(-\frac{\pi}{3}+\frac{\pi}{4}\right)\right][\cos 2\theta+\mathrm{i}\sin 2\theta]$$
$$=\sqrt{2}\left[\cos\left(2\theta-\frac{\pi}{12}\right)+\mathrm{i}\sin\left(2\theta-\frac{\pi}{12}\right)\right]$$

③ 复数乘方：

复数的乘方先从 n 个复数的乘法开始。令 n 个复数分别为
$$z_1=r_1(\cos\theta_1+\mathrm{i}\sin\theta_1)$$
$$z_2=r_2(\cos\theta_2+\mathrm{i}\sin\theta_2)$$
$$\vdots$$
$$z_n=r_n(\cos\theta_n+\mathrm{i}\sin\theta_n)$$
则复数的乘法可以表述为
$$z_1\cdot z_2\cdot\cdots\cdot z_n=r_1\cdot r_2\cdot\cdots\cdot r_n[\cos(\theta_1+\theta_2+\cdots+\theta_n)+\mathrm{i}\sin(\theta_1+\theta_2+\cdots+\theta_n)]$$

若 $z_1=z_2=\cdots=z_n$，则
$$z^n=r^n(\cos\theta+\mathrm{i}\sin\theta)^n=r^n(\cos n\theta+\mathrm{i}\sin n\theta)=|z|^n\mathrm{e}^{\mathrm{i}n\mathrm{Arg}\,z}\tag{1.16}$$
式(1.16)被称为 De Moivre 公式。

④ 复数开方：

令复数 $w^n=z$，则称 w 是 z 的一个 n 次方根。称求 z 的全部 n 次方根为把复数开 n 次方，记作 $\sqrt[n]{z}$。复数的开 n 次方根可以表述为
$$\sqrt[n]{z}=\sqrt[n]{|z|}\,\mathrm{e}^{\mathrm{i}\frac{\arg z+2k\pi}{n}},\quad k=0,\pm1,\pm2,\cdots\tag{1.17}$$
下面通过简单的推导过程，给出式(1.17)的来历。

令 $\sqrt[n]{z}=w$，$z=r\mathrm{e}^{\mathrm{i}\theta}$，$w=\rho\mathrm{e}^{\mathrm{i}\varphi}$，则
$$z=w^n,\quad r\mathrm{e}^{\mathrm{i}\theta}=(\rho\mathrm{e}^{\mathrm{i}\varphi})^n=\rho^n\mathrm{e}^{\mathrm{i}n\varphi}$$
$$r=\rho^n;\quad \theta=n\varphi+2k\pi,\quad n\varphi=\theta+2k\pi,\quad k=0,\pm1,\pm2,\cdots$$
$$\rho=\sqrt[n]{r};\quad \varphi=\frac{\theta+2k\pi}{n}=\mathrm{Arg}\,w$$
从而得到
$$\sqrt[n]{z}=\sqrt[n]{r}\,\mathrm{e}^{\mathrm{i}\frac{\theta+2k\pi}{n}}=\sqrt[n]{|z|}\,\mathrm{e}^{\mathrm{i}\frac{\arg z+2k\pi}{n}},\quad k=0,\pm1,\pm2,\cdots$$
注意：仅当 $k=0,1,2,\cdots,n-1$ 时，$\sqrt[n]{z}$ 有 n 个不同值，$w_0,w_1,\cdots,w_n$；

当 $k=n,n+1,n+2,\cdots$ 时，$\sqrt[n]{z}$ 的值与 $w_0,w_1,\cdots,w_n$ 相同；

当 $k=-1,-2,-3,\cdots$ 时,$\sqrt[n]{z}$ 的值与 k 取正时相同。

例 4 求$\sqrt[3]{1}$的值。

解: 由于在复数规则下 $1=1\cdot e^{i0}$,则

$$\sqrt[3]{1}=\sqrt[3]{1}\cdot e^{i\frac{0+2k\pi}{3}}=1\cdot e^{i\frac{2}{3}k\pi},\quad \begin{cases} k=0,\sqrt[3]{1}=1 \\ k=1,\sqrt[3]{1}=e^{i\frac{2}{3}\pi}=-\dfrac{1}{2}+\dfrac{\sqrt{3}}{2}i, \\ k=2,\sqrt[3]{1}=e^{i\frac{4}{3}\pi}=-\dfrac{1}{2}-\dfrac{\sqrt{3}}{2}i \end{cases}\quad k=0,1,2,\cdots,n-1$$

当 $k=3,4,5,\cdots$ 时,$\sqrt[3]{1}$ 的值与 $k=0,1,2$ 时相同,即

$$k=3,\quad \sqrt[3]{1}=e^{i\frac{6}{3}\pi}=1$$

$$k=4,\quad \sqrt[3]{1}=e^{i\frac{8}{3}\pi}=e^{i\frac{2}{3}\pi}=-\frac{1}{2}+\frac{\sqrt{3}}{2}i$$

$$\vdots$$

仅当 $k=0,1,2$ 时,$\sqrt[n]{z}$ 有 3 个不同值。

例 5 求$\sqrt[3]{-8}$的值。

解: 首先将 -8 写成复数指数形式:$-8=8\cdot e^{i\pi}$,则根据式(1.17)有

$$\sqrt[3]{-8}=2\cdot e^{i\frac{\pi+2k\pi}{3}}\quad k=0,1,2,\cdots,n-1$$

当 $k=0$ 时,$\sqrt[3]{-8}=2\cdot e^{i\frac{\pi}{3}}=1+i\sqrt{3}$;

当 $k=1$ 时,$\sqrt[3]{-8}=2\cdot e^{i\frac{3\pi}{3}}=-2$;

当 $k=2$ 时,$\sqrt[3]{-8}=2\cdot e^{i\frac{5\pi}{3}}=1-i\sqrt{3}$。

$\vdots$

例 6 计算 $(\cos\varphi+i\sin\varphi)^n$ 的值。

解: $(\cos\varphi+i\sin\varphi)^n=(e^{i\varphi})^n=e^{in\varphi}=\cos(n\varphi)+i\sin(n\varphi)$

1.2 复变函数

复变函数是以复数作为自变量和因变量的函数。在复变函数中,解析函数是一类具有解析性质的函数,也是最重要的函数之一。复变函数主要研究复数域上的解析函数及其性质。介绍复变函数之前,先定义部分符号。$\forall$:任意给定,$\exists$:存在,$\ni$:使得,$\in$:属于。

1.2.1 复变函数的定义

设 E 为复数平面的一个点集,使 E 内的每一个复数 z 都有一个或多个 $w=u+iv$ 与之相对应,则称 w 为 z 的复变函数,定义域为 E,记作

$$w=f(z),\quad z\in E \tag{1.18}$$

式中,$w=f(z)$ 为复变函数;$z\in E$,其中 E 为定义域;w 为值域。

1. 单值函数

若一个 z 只有一个 w 值与之对应，则称 w 为 z 的**单值函数**。若在 E 内存在至少两个不同的点 z_1 及 z_2，使得 $w=f(z_1)=f(z_2)$，则称 w 在 E 内是多叶的(如 $w=z^2$)；否则是单叶的(如 $w=az+b, a\neq 0$)。

2. 多值函数

若一个 z 有多个 w 值与之对应(如 $w=\sqrt{z}$)，则称 w 为 z 的**多值函数**。

1.2.2　复变函数的几何表示

两个复平面 z 平面和 w 平面，复变函数 $w=f(z)$ 给出了从 z 平面上的点集 E 到 w 平面的点集 F 间的一个对应关系(映射)。与点 z 对应的点 $w=f(z)$ 称为 z 点的点像，z 点称为 $w=f(z)$ 的原像。

例 7　$|z|=1$，函数 $w=|z|^2$ 将 $|z|=1$ 变成了平面的何种图形。

解： 因为 $|z|=1, x^2+y^2=1, w=|z|^2=1$；又 $w=u+\mathrm{i}v$，所以 $u=1, v=0$。

函数 $w=|z|^2$ 将 z 平面上的圆 $|z|=1$ 变成了 w 平面上的一个点，其几何关系如图 1-6 所示。

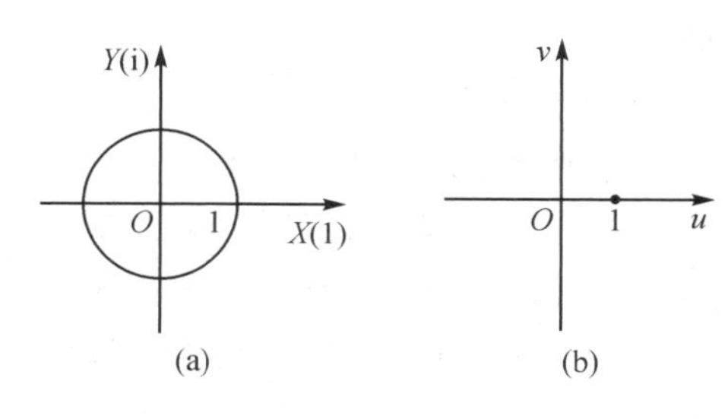

图 1-6

例 8　求 $w=\dfrac{1}{z}$ 的实部与虚部。

解：

$$w=u+\mathrm{i}v=\frac{1}{z}=\frac{\bar{z}}{|z|^2}=\frac{x}{x^2+y^2}-\mathrm{i}\,\frac{y}{x^2+y^2}$$

$$u=\frac{x}{x^2+y^2},\quad v=\frac{-y}{x^2+y^2}$$

例 9　已知 $w=u+\mathrm{i}v, u=c_1, v=c_2$($c_1, c_2$ 均为常数)。求在 $w=f(z)=z^2$ 映射下的原像。

解： $f(z)=z^2=(x+\mathrm{i}y)^2=x^2-y^2+2\mathrm{i}xy$。

因为 $u(x,y)=x^2-y^2$，又 $u=c_1$，所以 $u(x,y)$ 是等轴双曲线；因为 $v(x,y)=2xy$，又 $v=c_2$，所以 $v(x,y)$ 是双曲线。

1.3　复平面的点集

1.3.1　区域的概念

1. 邻　域

在实数中有邻域的概念，$|x-x_0|<\varepsilon$ 表示 x_0 的邻域，即 $\forall x\in |x-x_0|<\varepsilon$，该邻域为以 x_0 为中心，长度为 2ε 的线段内部。复数的邻域可以表示为 $|z-z_0|<\varepsilon$，复数邻域的几何表示可以通过一个圆来描述，即

$$|z-z_0|=\varepsilon \tag{1.19}$$

式(1.19)为以 z_0 为圆心，以 ε 为半径的圆，即 $|(x-x_0)+\mathrm{i}(y-y_0)|=\sqrt{(x-x_0)^2+(y-y_0)^2}=\varepsilon$，所以 $|z-z_0|<\varepsilon$ 是以 z_0 为圆心、以 ε 为半径的圆的内部。$0<|z-z_0|<\varepsilon$ 表示以 z_0 为圆心、以 ε 为半径的去心邻域。

2. 内　点

若 z_0 有一个邻域全部∈点集 σ，则称 z_0 为点集 σ 的内点。

如图 1-7 所示，z_1 是内点，z_2 与 z_3 不是内点。如满足点集 $|z|<1$ 是区域 $|z|<1$ 的内点，则无论多么靠近 $|z|=1$，总可以在 $|z|<1$ 的区域内找到一个的足够小的邻域含于 $|z|<1$ 中。

例 10　求 $|z+1|=1$ 的内点。

解： $|z+1|=1$ 的几何意义为以 -1 为圆心，以 1 为半径的圆，因此无内点。

例 11　求 $|z+1|$ 的内点。

解： $|z+1|<1$ 为内点。

3. 区　域

具有下列性质的点集 σ 为区域：

① 全由内点组成(区域不包含边界)；

② σ 中任意两点可用全在 σ 中的折线连接。

$z_1\in\sigma, z_2\in\sigma$，则 z_1 与 z_2 的连线∈σ；$z\to\infty$ 称为无界区域。

例 12　$|z|\leqslant 1$ 不是区域，$|z|=1$ 不是内点，而 $|z|<1$ 是区域。

例 13　判断图 1-8 所示是否为区域。

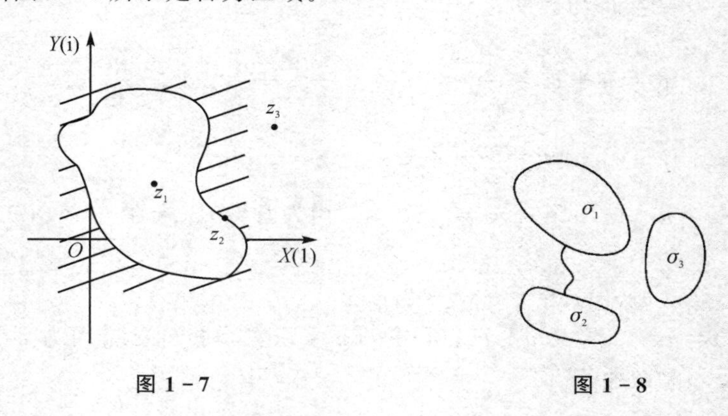

图 1-7　　　　图 1-8

解： $\sigma=\sigma_1+\sigma_2+\sigma_3$ 不是区域，σ 中任意两点不可用全在 σ 中的折线连接。

4. 外　点

外点是指不属于区域 σ 且总有一个 z_0 的邻域 $N(z_0,\varepsilon)$ 不含有 σ 的点。图 1-7 中，$z_2\notin\sigma$，但 z_2 总有邻域∈σ，所以 z_2 不是外点。z_3 是外点，$|z|<1$：$\forall z\in|z|>1$ 是外点。

5. 界　点

若 $z_0\notin\sigma$，z_0 的邻域 $N(z_0,\varepsilon)$ 既有属于 σ 的点，又有不属于 σ 的点，但总有以 z_0 为中心无论多小的邻域属于 σ 的点称为界点。σ 的全部界点称为 σ 的边界。沿边界走，区域在左方，边界在右方。图 1-7 中，z_2 是界点。如图 1-9 所示，$|z|=1$ 为 $|z|<1$ 区域的界点。

6. 闭区域

区域 σ 连同它的边界 l 称为闭区域,记为 $\bar{\sigma}=\sigma+l$。例如,$|z|\leqslant 1$ 表示以原点为圆心,以 1 为半径的闭圆(圆形闭区域)。

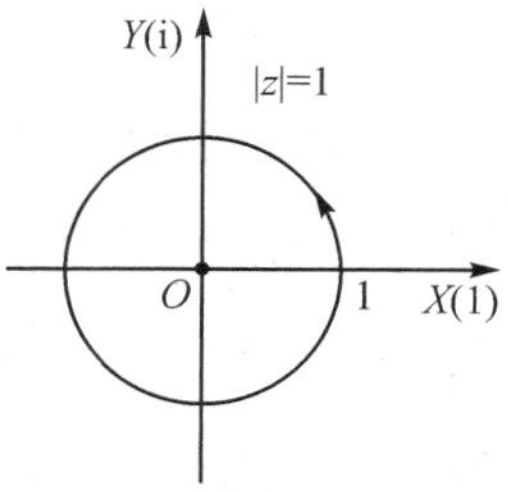

7. 简单曲线

没有重点的连续曲线称为简单曲线。若简单曲线起点与终点重合,则称为简单闭曲线。

图 1-9

8. 单连通、复连通区域

若在区域 σ 内作任何简单的闭曲线,其内的点都是属于 σ 的点,则称该区域为单连通区域(见图 1-10(a))。直观理解,单连通区域就是整个区域为实心的,内部没有不属于这个区域的小范围。当一个区域不是单连通区域便是复连通区域(见图 1-10(b))。所谓双连通区域是特指实心区域内部有一个范围内不属于该区域,如图 1-10(c)所示。双连通区域也属于复连通区域。

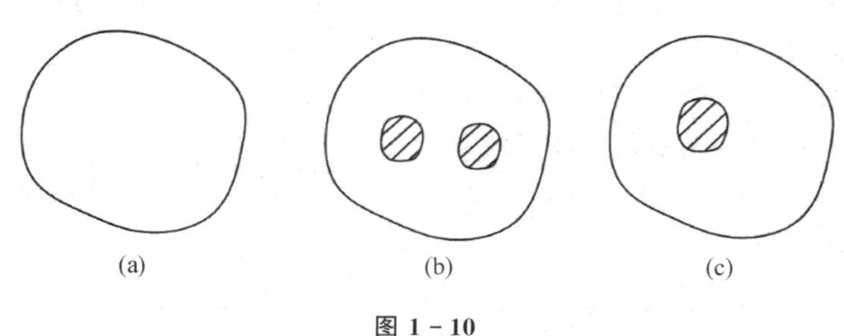

图 1-10

例 14　$1<|z-(1+\mathrm{i})|<2$ 是什么区域?

解: $1<|z-(1+\mathrm{i})|<2$ 是以 $1+\mathrm{i}$ 为中心,以 1 为内半径,2 为外半径的复连通区域,其图形表示见图 1-11。

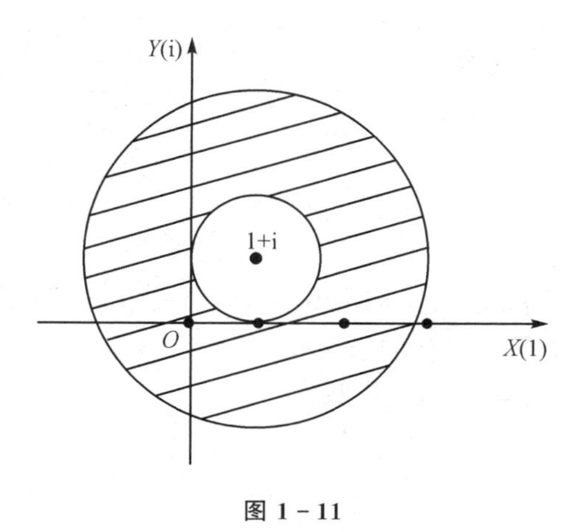

图 1-11

1.3.2　极限与连续性

设函数 $w=f(z)$ 在 z_0 点的某邻域有定义(在 z_0 点不一定有定义),则 $\forall\varepsilon>0$,$\exists\delta>0$,使得当 $0<|z-z_0|<\delta$ 时,有 $|f(z)-w_0|<\varepsilon$(w_0 为一确定的复常数),因此当 $z\to z_0$ 时,$f(z)$ 以 w_0 为极限,并记为

$$\lim_{z \to z_0} f(z) = w_0 \tag{1.20}$$

注：z 是复平面上的变量，$z=x+\mathrm{i}y$，因此式(1.20)中 $z \to z_0$ 在复平面上必须是任意方式、任意方向。若极限值$\lim\limits_{z \to z_0} f(z)=f(z_0)$存在，则 $f(z)$在 z_0 点连续。

例 15 判断 $f(z)=\mathrm{e}^{\frac{1}{z}}$ 是否连续。

解：$f(z)$沿负实轴趋近，$y=0$，$x \to 0$ 时，则$\lim\limits_{z \to 0} \mathrm{e}^{\frac{1}{z}}=0$；

$f(z)$沿正实轴趋近，$y=0$，$x \to 0$ 时，则$\lim\limits_{z \to 0} \mathrm{e}^{\frac{1}{z}}=\infty$。

因此，$f(z)=\mathrm{e}^{\frac{1}{z}}$ 不连续。

类似于实变函数，复变函数也有如下结论：

① 若极限存在必定唯一。

② 若两个函数在某点有极限，即其和、差、积、商(分母不为零)在该点仍有极限，且其值等于各自极限值的和、差、积、商。

③ 若两函数在某点连续，其和、差、积、商也在该点连续。

④ 在某点连续的复合函数也在该点连续。

例如，多项式函数 $w=P(z)=a_n z^n+a_{n-1} z^{n-1}+\cdots+a_1 z+a_0$ 在复平面处处连续。由多项式函数组成的复合函数

$$w=\frac{P(z)}{Q(z)}=\frac{a_n z^n+a_{n-1} z^{n-1}+\cdots+a_1 z+a_0}{b_n z^n+b_{n-1} z^{n-1}+\cdots+b_1 z+b_0} \tag{1.21}$$

在除 $Q(z)=0$ 点外处处连续。

⑤ 若 $f(z)$在闭区域 $\bar{\sigma}$ 上连续，则 $f(z)$在 $\bar{\sigma}$ 上有界。说明：$|f(z)|$在 $\bar{\sigma}$ 上有最大值和最小值；$f(z)$ 在 $\bar{\sigma}$ 上一致连续，即 $\forall \varepsilon>0$，$\exists \delta>0$（与 z 无关），$\exists |z_1-z_2|<\delta$，有 $|f(z_1)-f(z_2)|<\varepsilon$。$f(z)=u(x,y)+\mathrm{i}v(x,y)$在 z_0 点连续的充分必要条件为二元实函数 $u(x,y)$，$v(x,y)$均在 z_0 点连续。

习　题

1. 用复变量表示：

(1) 上半平面；(2) 左半平面；(3) 半圆(包括边界)；(4) 扇形(不要边界)。

2. 下列各式在复平面上具有怎样的意义？

(1) $|z-a|=|z-b|$，a 和 b 为复常数；

(2) $0 \leqslant \mathrm{Re}\, z \leqslant 1$；

(3) $2 \leqslant |z| \leqslant 3$；

(4) $\mathrm{Re}\, \dfrac{1}{z}=2$；

(5) $\left|z-\dfrac{a}{2}\right|+\left|z+\dfrac{a}{2}\right|=c$，$a>0$，$c>0$。

3. 把下列复数用代数式、三角式和指数式形式表示出来。

(1) i；　(2) -1；　(3) $1+\mathrm{i}\sqrt{3}$；　(4) $1-\cos\alpha+\mathrm{i}\sin\alpha$，$0 \leqslant \alpha \leqslant \pi$；

(5) $\frac{1-i}{1+i}$；　(6) $\frac{2i}{-1+i}$；　(7) e^{1+i}；　(8) $\frac{(\cos 5\alpha+i\sin 5\alpha)^2}{(\cos 3\alpha-i\sin 3\alpha)^3}$（$\alpha$ 是实常数）。

4. 证明 DeMoivre 公式

$$(\cos\theta+i\sin\theta)^n=\cos n\theta+i\sin n\theta$$

5. 计算下列数值。

(1) $\sqrt{1+i}$；　(2) $(\sqrt{3}-i)^5$；　(3) $\mathrm{Arg}(2-2i)$；　(4) $(1+\sqrt{3}i)^{-10}$。

6. 求解下列方程。

(1) $z^3-1=0$；

(2) $z^2-(2+3i)z-1+3i=0$。

7. 验证下列关系成立。

(1) $z\cdot\bar{z}=|z|^2$，$\frac{z+\bar{z}}{2}=\mathrm{Re}\,z$，$\frac{z-\bar{z}}{2i}=\mathrm{Im}\,z$；

(2) 设 $R(a,b,c,\cdots)$ 表示对于复数 $a,b,c,\cdots$ 的任一有理运算，则 $\overline{(a,b,c,\cdots)}=R(\bar{a},\bar{b},\bar{c},\cdots)$。

8. 求下列复变函数的实部和虚部。

(1) $w=\frac{z-1}{z+1}$；　(2) $w=z^2$。

9. 函数 $w=\frac{1}{z}$ 将 z 平面的下列曲线变成 w 平面上的什么曲线？

(1) $x^2+y^2=4$；　(2) $y=x$。

10. 画出下列关系所表示的 z 点的轨迹图形，并确定它是不是区域。

(1) $\mathrm{Re}\,z<1$；

(2) $1<|z+2i|<2$；

(3) $\frac{\pi}{4}\leqslant\arg z\leqslant\frac{3\pi}{4}$；

(4) $0<\arg(z-1)<\frac{\pi}{4}$ 且 $2\leqslant\mathrm{Re}\,z\leqslant 3$；

(5) $|z-1+2i|=5$。

11. 证明 $f(z)=\frac{1}{2i}\left(\frac{z}{\bar{z}}-\frac{\bar{z}}{z}\right)$ 在原点不连续。

第 2 章　解析函数

2.1　复变函数的导数

2.1.1　微商、微分

设 $w=f(z)$ 是在 z 点及其邻域定义的单值函数，若极限值：

$$\lim_{\Delta z\to 0}\frac{\Delta f}{\Delta z}=\lim_{\Delta z\to 0}\frac{f(z+\Delta z)-f(z)}{\Delta z} \tag{2.1}$$

在 z 点存在，且是与 $\Delta z\to 0$ 的方式无关的有限值，则称 $f(z)$ 在 z 点可导（可微），记

$$f'(z)=\lim_{\Delta z\to 0}\frac{\Delta f}{\Delta z} \tag{2.2}$$

为 z 点的导数。有些函数虽然连续，但是导数不存在。

例 1　$f(z)=z^2$，求 $f'(z)$。

解：

$$\begin{aligned}f'(z)=(z^2)'&=\lim_{\Delta z\to 0}\frac{\Delta f}{\Delta z}=\lim_{\Delta z\to 0}\frac{f(z+\Delta z)-f(z)}{\Delta z}\\&=\lim_{\Delta z\to 0}\frac{(z+\Delta z)^2-(z)^2}{\Delta z}\\&=\lim_{\Delta z\to 0}\frac{(2z+\Delta z)\Delta z}{\Delta z}=2z\end{aligned}$$

注：Δz 必须以任意方式趋于零，多项式函数在整个复平面均连续、可导。

例 2　证明 $f(z)=\mathrm{Re}\,z$ 连续但不可导。

证：

$$\lim_{\Delta z\to 0}\frac{\Delta f}{\Delta z}=\lim_{\Delta z\to 0}\frac{\mathrm{Re}(z+\Delta z)-\mathrm{Re}(z)}{\Delta z}=\lim_{\Delta z\to 0}\frac{\mathrm{Re}\Delta z}{\Delta z}=\lim_{\Delta z\to 0}\frac{\Delta x}{\Delta z}=\begin{cases}\lim\limits_{\substack{\Delta x=0\\ \Delta y\to 0}}\dfrac{\Delta x}{\Delta x+\mathrm{i}\Delta y}=0\\[2ex]\lim\limits_{\substack{\Delta x\to 0\\ \Delta y=0}}\dfrac{\Delta x}{\Delta x+\mathrm{i}\Delta y}=1\end{cases}$$

因此 $f(z)=\mathrm{Re}\,z$ 连续，但在复平面处处不可导。

例 3　证明 $w=\bar{z}$ 在复平面上的可导性。

证明：

$$\lim_{\Delta z\to 0}\frac{\Delta f}{\Delta z}=\lim_{\Delta z\to 0}\frac{f(z+\Delta z)-f(z)}{\Delta z}=\lim_{\Delta z\to 0}\frac{\overline{z+\Delta z}-\bar{z}}{\Delta z}=\lim_{\Delta z\to 0}\frac{\overline{\Delta z}}{\Delta z}=\lim_{\substack{\Delta x\to 0\\ \Delta y\to 0}}\frac{\Delta x-\mathrm{i}\Delta y}{\Delta x+\mathrm{i}\Delta y}=1$$

① $\Delta x=0,\Delta y\to 0,\lim\limits_{\Delta z\to 0}\dfrac{\Delta x-\mathrm{i}\Delta y}{\Delta x+\mathrm{i}\Delta y}=-1$；

② $\Delta x\to 0,\Delta y=0,\lim\limits_{\Delta z\to 0}\dfrac{\Delta x-\mathrm{i}\Delta y}{\Delta x+\mathrm{i}\Delta y}=1$。

虽然 $f(z)=\bar{z}$ 在复平面上处处连续，但是导数不连续，因此处处不可导，即导数不存在。

注意：函数可导必然连续，函数连续未必可导。

类似于实变函数，记

$$dw = f'(z)dz \tag{2.3}$$

其中，dw 称为函数 $w=f(z)$ 的微分。

$$f'(z) = \frac{dw}{dz} = \frac{df}{dz} \tag{2.4}$$

该比值又称为微商或导数。

2.1.2　求导法则

复变函数导数与实变函数导数形式上一致。若函数在区域 σ 中可导，则有如下求导法则：

a. $[f_1(z) \pm f_2(z)]' = f_1'(z) \pm f_2'(z)$；

b. $[f_1(z) \cdot f_2(z)]' = f_1'(z) \cdot f_2(z) + f_1(z) \cdot f_2'(z)$；

c. $\left[\dfrac{f_1(z)}{f_2(z)}\right]' = \dfrac{f_1'(z) \cdot f_2(z) - f_1(z) \Delta f_2'(z)}{[f_2(z)]^2}, f_2(z) \neq 0$；

d. $\dfrac{df[g(z)]}{dz} = \dfrac{df(w)}{dw} \cdot \dfrac{dw}{dz}, w=g(z)$；

e. $\dfrac{dw}{dz} = 1\bigg/\dfrac{dz}{dw}, \dfrac{dz}{dw} \neq 0$；

f. $(z^n)' = nz^{n-1} = f'(z)$。

若 $w=g(z)$ 在 z 处可导，$h=f(w)$ 在 $w=g(z)$ 处可导，则复合函数 $f[g(z)]$ 在点 z 仍然可导，即

$$\frac{df[g(z)]}{dz} = \frac{df(w)}{dw} \cdot \frac{dw}{dz}, w=g(z) \tag{2.5}$$

反函数的导数，如果在 z 的一个邻域内存在 $w=f(z)$ 的反函数 $z=f^{-1}(w)=\varphi(w)$，则

$$\frac{dw}{dz} = \frac{1}{\left(\dfrac{dz}{dw}\right)}, \quad \frac{dz}{dw} \neq 0 \tag{2.6}$$

若 $f(z)=c$，c 为复常数，则

$$\frac{df}{dz} = c' = 0 \tag{2.7}$$

2.1.3　复变函数导数存在的充要条件

根据基础知识能够知道，充分条件是指能够由已知得到推论，而必要条件是指由推论不一定得到已知。本小节所学的柯西-黎曼条件（Cauchy - Riemann 条件，C - R 条件）是复变函数可导的必要条件。

复变函数可导的充要条件：

① $u(x,y)$，$v(x,y)$ 在 z 点处可导。

② $u(x,y)$，$v(x,y)$ 在 z 点处满足柯西-黎曼条件。

下面通过复变函数可导的充要条件推导柯西-黎曼条件的具体形式。由可导的充要条件

可知，$f(z)=u(x,y)+\mathrm{i}v(x,y)$在 $z=x+\mathrm{i}y$ 可导。因此导数可以描述为

$$f'(z)=\lim_{\Delta z\to 0}\frac{\Delta f(z)}{\Delta z}=\lim_{\Delta z\to 0}\frac{f(z+\Delta z)-f(z)}{\Delta z}=\lim_{\substack{\Delta x\to 0\\ \Delta y\to 0}}\frac{\Delta u+\mathrm{i}\Delta v}{\Delta x+\mathrm{i}\Delta y}$$

其中，$\Delta u=u(x+\Delta x,y+\Delta y)-u(x,y)$，$\Delta v=v(x+\Delta x,y+\Delta y)-v(x,y)$。

① 当 $\Delta x\to 0$，$\Delta y=0$ 时，

$$\Delta u=u(x+\Delta x,y)-u(x,y)$$

$$\Delta v=v(x+\Delta x,y)-v(x,y)$$

$$f'(z)=\lim_{\substack{\Delta x\to 0\\ \Delta y=0}}\frac{\Delta u+\mathrm{i}\Delta v}{\Delta x+\mathrm{i}\Delta y}=\lim_{\Delta x\to 0}\frac{\Delta u+\mathrm{i}\Delta v}{\Delta x}=\frac{\partial u}{\partial x}+\mathrm{i}\frac{\partial v}{\partial x}\tag{2.8}$$

② 当 $\Delta y\to 0$，$\Delta x=0$ 时，

$$\Delta u=u(x,y+\Delta y)-u(x,y)$$

$$\Delta v=v(x,y+\Delta y)-v(x,y)$$

$$f'(z)=\lim_{\substack{\Delta y\to 0\\ \Delta x=0}}\frac{\Delta u+\mathrm{i}\Delta v}{\Delta x+\mathrm{i}\Delta y}=\lim_{\Delta y\to 0}\frac{\Delta u+\mathrm{i}\Delta v}{\mathrm{i}\Delta y}=-\mathrm{i}\frac{\partial u}{\partial y}+\frac{\partial v}{\partial y}\tag{2.9}$$

$f(z)$在 $z=0$ 点可导，可得柯西-黎曼条件的具体形式：

$$\frac{\partial u}{\partial x}=\frac{\partial v}{\partial y}\tag{2.10}$$

$$\frac{\partial v}{\partial x}=-\frac{\partial u}{\partial y}\tag{2.11}$$

例 4 证明 $f(z)=|z|^2$ 函数在 $z=0$ 处可导，在整个复平面上不解析。

证明： $z=x+\mathrm{i}y$， $f(z)=|z|^2=x^2+y^2=u(x,y)+\mathrm{i}v(x,y)$

$$u(x,y)=x^2+y^2,\quad v(x,y)=0$$

$$\frac{\partial u}{\partial x}=2x,\quad \frac{\partial u}{\partial y}=2y,\quad \frac{\partial v}{\partial x}=\frac{\partial v}{\partial y}=0$$

在 $z=0$ 处，也即 $x=y=0$ 时，

$$f'(0)=\left(\frac{\partial u}{\partial x}+\mathrm{i}\frac{\partial v}{\partial x}\right)\bigg|_{(0,0)}=0$$

柯西-黎曼条件才满足。因此 $f(z)=|z|^2$ 函数在整个复平面上不解析。

有些函数虽然满足柯西-黎曼条件，但是不可导。

例 5 证明函数 $f(z)$在 $z=0$ 满足柯西-黎曼条件，但在 $z=0$ 不可导。

$$f(z)=\begin{cases}\dfrac{xy^2(x+\mathrm{i}y)}{x^2+y^2}, & z\neq 0\\ 0, & z=0\end{cases}$$

证明： 当 $z=0$ 时，

$$\frac{\partial u}{\partial x}=\frac{\partial v}{\partial y}=0$$

$$\frac{\partial v}{\partial x}=-\frac{\partial u}{\partial y}=0$$

满足柯西-黎曼条件。

$$z \to 0, \lim_{\Delta z \to 0} \frac{\Delta f(z)}{\Delta z} = \lim_{\substack{\Delta x \to 0 \\ \Delta y = 0}} \frac{xy^2}{x^2 + y^2} = 0$$

$$z \to 0, \lim_{\Delta z \to 0} \frac{\Delta f(z)}{\Delta z} = \lim_{\substack{\Delta x = 0 \\ \Delta y \to 0}} \frac{xy^2}{x^2 + y^2} = 0$$

$$x = y^2 \to 0, \lim_{\Delta z \to 0} \frac{\Delta f(z)}{\Delta z} = \lim_{y \to 0} \frac{y^2 \cdot y^2}{x^2 + y^2} = \frac{1}{2}$$

因此 $f(z)$在 $z=0$ 处不可导，但满足柯西-黎曼条件。

柯西-黎曼条件是可导的必要条件，不是充分条件，但可以反证。**若不满足柯西-黎曼条件，则一定不可微、不可导。**下面通过证明可导的充分条件，推导解析函数导数的具体形式：

证明： 若 $u(x,y)$、$v(x,y)$有一阶连续导数，$u(x,y)$、$v(x,y)$的全微分存在，则

$$\mathrm{d}u = \frac{\partial u}{\partial x}\mathrm{d}x + \frac{\partial u}{\partial y}\mathrm{d}y, \quad \mathrm{d}v = \frac{\partial v}{\partial x}\mathrm{d}x + \frac{\partial v}{\partial y}\mathrm{d}y$$

$$\mathrm{d}f = \mathrm{d}u + \mathrm{i}\mathrm{d}v = \left(\frac{\partial u}{\partial x} + \mathrm{i}\frac{\partial v}{\partial x}\right)\mathrm{d}x + \left(\frac{\partial u}{\partial y} + \mathrm{i}\frac{\partial v}{\partial y}\right)\mathrm{d}y$$

根据柯西-黎曼条件：

$$\frac{\partial u}{\partial x} = \frac{\partial v}{\partial y}, \quad \frac{\partial v}{\partial x} = -\frac{\partial u}{\partial y}$$

可得

$$\mathrm{d}f = \left(\frac{\partial u}{\partial x} - \mathrm{i}\frac{\partial u}{\partial y}\right)\mathrm{d}x + \left(\frac{\partial u}{\partial y} + \mathrm{i}\frac{\partial u}{\partial x}\right)\mathrm{d}y = \left(\frac{\partial u}{\partial x} - \mathrm{i}\frac{\partial u}{\partial y}\right)(\mathrm{d}x + \mathrm{i}\mathrm{d}y)$$

$$\frac{\mathrm{d}f}{\mathrm{d}z} = \frac{\left(\frac{\partial u}{\partial x} - \mathrm{i}\frac{\partial u}{\partial y}\right)(\mathrm{d}x + \mathrm{i}\mathrm{d}y)}{\mathrm{d}x + \mathrm{i}\mathrm{d}y} = \frac{\partial u}{\partial x} - \mathrm{i}\frac{\partial u}{\partial y} \tag{2.12}$$

无论 $\Delta z \to 0$ 以何方式，都存在 $f(z)$在 z 点可导，证毕。

将柯西-黎曼条件代入式(2.12)，还可得到解析函数导数的具体形式：

$$\frac{\mathrm{d}f}{\mathrm{d}z} = \frac{\partial v}{\partial y} - \mathrm{i}\frac{\partial u}{\partial y} = \frac{\partial v}{\partial y} + \mathrm{i}\frac{\partial v}{\partial x} = \frac{\partial u}{\partial x} + \mathrm{i}\frac{\partial v}{\partial x}$$

$$\begin{aligned} f'(z) &= \frac{\partial u}{\partial x} - \mathrm{i}\frac{\partial u}{\partial y} = \frac{\partial v}{\partial y} - \mathrm{i}\frac{\partial u}{\partial y} \\ &= \frac{\partial u}{\partial x} + \mathrm{i}\frac{\partial v}{\partial x} = \frac{\partial v}{\partial y} + \mathrm{i}\frac{\partial v}{\partial x} \end{aligned} \tag{2.13}$$

半解析函数创始人

2.2　解析函数及其物理解释

若函数 $w=f(z)$在 z_0 点及其邻域均可导，则称 $w=f(z)$在 z_0 点解析。若 $w=f(z)$在 z_0 点不解析，则 z_0 称为 $w=f(z)$的奇点。若 $w=f(z)$在区域 σ 内处处可导，则称 $f(z)$在区域 σ 内解析，称 $f(z)$为区域 σ 内的解析函数。

例 6　证明 $f(z)=\mathrm{e}^x(\cos y+\mathrm{i}\sin y)$在复平面上解析，且 $f'(z)=f(z)$。

证明： 函数实部和虚部可对应为 $u=\mathrm{e}^x\cos y$，$v=\mathrm{e}^x\sin y$，从而

$$\frac{\partial u}{\partial x}=\mathrm{e}^{x}\cos y, \quad \frac{\partial u}{\partial y}=-\mathrm{e}^{x}\sin y$$

$$\frac{\partial v}{\partial x}=\mathrm{e}^{x}\sin y, \quad \frac{\partial v}{\partial y}=\mathrm{e}^{x}\cos y$$

其中,指数函数和三角函数均为复平面的连续函数。因此在复平面上一阶偏导数连续,其满足柯西-黎曼条件:

$$\frac{\partial u}{\partial x}=\frac{\partial v}{\partial y}, \quad \frac{\partial u}{\partial y}=-\frac{\partial v}{\partial x}$$

因此,$f(z)$在复平面上解析,根据式(2.12),$f'(z)=\mathrm{e}^{x}\cos y+\mathrm{i}\mathrm{e}^{x}\sin y=f(z)$,得证。

推论:

a. 函数 $f(z)$在区域 σ 内解析,则它在这个区域中连续。

b. f_1、f_2 是区域 σ 中的解析函数,则其和、差、积、商(分母不为零)也是解析函数。

c. $\zeta=f(z)$在 σ 内解析,$w=f(\zeta)$在区域 G 内解析。对于 σ 内每一点 z,$f(z)$的值 ζ 均属于G,则 $w=g[f(z)]$是区域 σ 上的以 z 为变量的解析函数。

d. 若在 z 的邻域内存在 $w=f(z)$的反函数 $z=f^{-1}(w)=\varphi(w)$,则 $\varphi(w)$是以 w 为变量的解析函数。

e. 函数在区域内解析等价于在区域内可导,函数在一点解析不等价于在一点处可导。函数在一点可导,不一定在该点解析。

2.2.1 拉普拉斯方程(调和函数定义)

在区域 σ 连续并且有连续的一、二阶偏导数的实变函数 $u(x,y)$,若满足方程

$$\frac{\partial^2 u}{\partial x^2}+\frac{\partial^2 u}{\partial y^2}=0 \tag{2.14}$$

则称 $u(x,y)$为区域 σ 上的调和函数。

$$\nabla^2 u=0 \tag{2.15}$$

式(2.15)为二维拉普拉斯方程,∇称作拉普拉斯算符。

证明: $f(z)=u+\mathrm{i}v$ 在 σ 上解析,满足柯西-黎曼条件:

$$\frac{\partial u}{\partial x}=\frac{\partial v}{\partial y}, \quad \frac{\partial u}{\partial y}=-\frac{\partial v}{\partial x}$$

等式两边继续求偏导:

$$\frac{\partial^2 u}{\partial x^2}=\frac{\partial^2 v}{\partial y \partial x}, \quad \frac{\partial^2 u}{\partial y^2}=-\frac{\partial^2 v}{\partial x \partial y}$$

因此,有

$$\frac{\partial^2 u}{\partial x^2}+\frac{\partial^2 u}{\partial y^2}=0$$

同理,有

$$\frac{\partial^2 v}{\partial x^2}+\frac{\partial^2 v}{\partial y^2}=0 \tag{2.16}$$

故 $u(x,y)$和 $v(x,y)$都是区域 σ 上的调和函数。

从而可得推论:

$$\frac{\partial u}{\partial x}\cdot\frac{\partial v}{\partial x}=-\frac{\partial v}{\partial y}\cdot\frac{\partial u}{\partial y}\Rightarrow\frac{\partial u}{\partial x}\cdot\frac{\partial v}{\partial x}+\frac{\partial u}{\partial y}\cdot\frac{\partial v}{\partial y}=0 \tag{2.17}$$

即$\vec{\nabla} u\cdot\vec{\nabla} v=0$。

梯度算符：

$$\vec{\nabla}=\frac{\partial}{\partial x}\vec{i}+\frac{\partial}{\partial y}\vec{j}+\frac{\partial}{\partial z}\vec{k} \tag{2.18}$$

$$\vec{\nabla}\cdot\vec{\nabla}=\vec{\nabla}^2=\nabla^2=\frac{\partial^2}{\partial x^2}+\frac{\partial^2}{\partial y^2}+\frac{\partial^2}{\partial z^2} \tag{2.19}$$

其中，符号$\vec{\nabla} u$、$\vec{\nabla} v$ 为 $u(x,y)=c_1$，$v(x,y)=c_2$ 的法向向量。说明 $u(x,y)=c_1$，$v(x,y)=c_2$ 为相互正交的曲线。

2.2.2　解析函数

解析函数的实部和虚部均是调和函数，且梯度向量相互正交，但任意两个调和函数不一定能组成解析函数，能够组成解析函数的两个调和函数称为**共轭调和函数**。平面静电场中，电场线与等势面相互正交，人们常用解析函数来描绘静电场，并将此解析函数称为该平面静电场的复势。

若两个实函数 $u(x,y)$、$v(x,y)$ 均为区域 σ 上的调和函数且满足柯西-黎曼条件

$$\frac{\partial u}{\partial x}=\frac{\partial v}{\partial y},\qquad \frac{\partial u}{\partial y}=-\frac{\partial v}{\partial x}$$

则称 $v(x,y)$ 为 $u(x,y)$ 的共轭调和函数。

解析函数的实部和虚部通过柯西-黎曼条件联系起来，可由实部(或虚部)推出另外一个。下面具体给出两种求解方法：

① 已知 $u(x,y)$ 求 $v(x,y)$，可用全微分，该方法可称凑全微分法。

假设题目已知解析函数的实部 $u(x,y)$，首先将虚部采用全微分方式进行表达：

$$\mathrm{d}v=\frac{\partial v}{\partial x}\mathrm{d}x+\frac{\partial v}{\partial y}\mathrm{d}y=-\frac{\partial u}{\partial y}\mathrm{d}x+\frac{\partial u}{\partial x}\mathrm{d}y \tag{2.20}$$

然后对式(2.20)两边同时积分，有

$$v(x,y)=\int\left(-\frac{\partial u}{\partial y}\mathrm{d}x+\frac{\partial u}{\partial x}\mathrm{d}y\right)+c \tag{2.21}$$

从而可以根据积分结果，直接得到解析函数虚部 $v(x,y)$ 的表达式，最终得到解析函数的表达式。该方法的难点在于分析出全微分前的表达式，有些较为复杂的函数很难将全微分返回具体的函数形式，或者返回过程容易出错。

② 可由$\frac{\partial v}{\partial y}=\frac{\partial u}{\partial x}$，应用分步积分方法由 $u(x,y)$ 求 $v(x,y)$，下面给出具体求解过程。

分步积分法，第一步仍然可以由全微分得到：

$$\mathrm{d}v=\frac{\partial v}{\partial y}\mathrm{d}y+\frac{\partial v}{\partial x}\mathrm{d}x \tag{2.22}$$

$$v=\int\frac{\partial v}{\partial y}\mathrm{d}y+\varphi(x) \tag{2.23}$$

其中，$\varphi(x)$为未知函数；$v(x)=\int \frac{\partial u}{\partial x}\mathrm{d}y+\varphi(x)$是与$x$有关的函数，对$v(x)$求偏导数，可得

$$\frac{\partial v}{\partial x}=\frac{\partial}{\partial x}\int \frac{\partial u}{\partial x}\mathrm{d}y+\frac{\partial \varphi}{\partial x} \tag{2.24}$$

结合柯西-黎曼条件：

$$\frac{\partial v}{\partial x}=-\frac{\partial u}{\partial y}$$

便能够获得未知函数$\varphi(x)$，从而最终获得$v(x)$及解析函数。

例7　已知解析函数的虚部$v(x,y)=x+y$，求该解析函数$f(z)=u+\mathrm{i}v$。

解：为求解析函数的实部，由柯西-黎曼条件可得

$$\mathrm{d}u=\frac{\partial u}{\partial x}\mathrm{d}x+\frac{\partial u}{\partial y}\mathrm{d}y=\frac{\partial v}{\partial y}\mathrm{d}x-\frac{\partial v}{\partial x}\mathrm{d}y=\mathrm{d}x-\mathrm{d}y \tag{2.25}$$

下面通过两种算法分别计算解析函数的实部。

① 凑全微分法：式(2.25)通过凑全微分法积分可得

$$u(x,y)=\int(\mathrm{d}x-\mathrm{d}y)+c=x-y+c$$

② 分步积分法：式(2.25)通过分步积分法积分可得

$$u(x,y)=\int \frac{\partial u}{\partial y}\mathrm{d}y+g(x)=-\int \frac{\partial v}{\partial x}\mathrm{d}y+g(x) \tag{2.26}$$

式(2.26)两边同时对x求导，可得

$$\frac{\partial u}{\partial x}=g'(x)+0$$

进一步根据$u(x,y)$的具体形式，积分能够得

$$g(x)=x+c$$

从而可得

$$\begin{aligned}f(z)&=u+\mathrm{i}v=x-y+\mathrm{i}(x+y)+c\\&=x+\mathrm{i}y+\mathrm{i}(x+\mathrm{i}y)+c\\&=z(1+\mathrm{i})+c\end{aligned}$$

例8　已知解析函数的实部$u(x,y)=x^2-y^2$，求解析函数的虚部$v(x,y)$及该函数$f(z)$。

解：由已知可得

$$\frac{\partial u}{\partial x}=2x,\quad \frac{\partial u}{\partial y}=-2y$$

求解方法如下：

① 凑全微分法。

$$\mathrm{d}v=\frac{\partial v}{\partial x}\mathrm{d}x+\frac{\partial v}{\partial y}\mathrm{d}y$$

由

$$\begin{cases}\dfrac{\partial v}{\partial x}=-\dfrac{\partial u}{\partial y}=2y\\[2mm]\dfrac{\partial v}{\partial y}=\dfrac{\partial u}{\partial x}=2x\end{cases}$$

可得

$$\mathrm{d}v = 2x\mathrm{d}y + 2y\mathrm{d}x$$

$$v = \int \mathrm{d}v = \int \mathrm{d}(2xy) + c = 2xy + c$$

因此，

$$f(z) = x^2 - y^2 + \mathrm{i}(2xy + c)$$

② 分步积分法。

$$\frac{\partial v}{\partial y} = \frac{\partial u}{\partial x} = 2x \tag{2.27}$$

式(2.27)两边对 $\mathrm{d}y$ 积分，得

$$v = \int \frac{\partial v}{\partial y}\mathrm{d}y + \varphi(x) = \int 2x\mathrm{d}y + \varphi(x) = 2xy + \varphi(x) \tag{2.28}$$

将式(2.28)对 x 求导，可得

$$\frac{\partial v}{\partial x} = 2y + \varphi'(x) \tag{2.29}$$

根据柯西-黎曼条件，有

$$\frac{\partial v}{\partial x} = -\frac{\partial u}{\partial y} = 2y \tag{2.30}$$

将式(2.30)与式(2.29)对比，得

$$\varphi'(x) = 0, \quad \varphi(x) = c \tag{2.31}$$

将式(2.31)代回式(2.28)得 $v = 2xy + c$，因此有

$$f(z) = x^2 - y^2 + \mathrm{i}(2xy + c)$$

例 9　已知解析函数的实部 $u(x,y) = x^3 - 3xy^2$，求该解析函数 $f(z)$。

解：由已知可得

$$\frac{\partial u}{\partial x} = 3x^2 - 3y^2, \quad \frac{\partial u}{\partial y} = -6xy$$

求解方法如下：

① 凑全微分法。

因为

$$\begin{aligned} v &= \int \frac{\partial v}{\partial x}\mathrm{d}x + \int \frac{\partial v}{\partial y}\mathrm{d}y \\ &= \int 6xy\mathrm{d}x + (3x^2 - 3y^2)\mathrm{d}y + c \\ &= \int \mathrm{d}(3x^2y - y^3) + c \\ &= 3x^2y - y^3 + c \end{aligned}$$

所以

$$f(z) = u + \mathrm{i}v = x^3 - 3xy^2 + \mathrm{i}(3x^2y - y^3 + c)$$

② 分步积分法。

由于

$$v = \int \frac{\partial v}{\partial y}\mathrm{d}y + g(x) = \int (3x^2 - 3y^2)\mathrm{d}y + g(x)$$

$$\frac{\partial v}{\partial x}=\frac{\partial}{\partial x}(3x^2y-y^3)+g'(x)=6xy+g'(x)=6xy$$

因此,$g'(x)=0, g(x)=c$,所以

$$v=3x^2y-y^3+c$$

故，$$f(z)=u+\mathrm{i}v=x^3-3xy^2+\mathrm{i}(3x^2y-y^3+c)=(x+\mathrm{i}y)^3+\mathrm{i}c=z^3+\mathrm{i}c$$

例 10 $u(x,y)=y^3-3x^2y$ 为调和函数,求以 $u(x,y)$ 为解析函数实部所对应的虚部 $v(x,y)$ 及该函数 $f(z)$。

解: 由已知可得

$$\frac{\partial u}{\partial x}=-6xy,\qquad \frac{\partial u}{\partial y}=3y^2-3x^2$$

$$\frac{\partial^2 u}{\partial x^2}=-6y,\qquad \frac{\partial^2 u}{\partial y^2}=6y$$

因此

$$\frac{\partial^2 u}{\partial x^2}+\frac{\partial^2 u}{\partial y^2}=0,\quad u\text{ 为调和函数}$$

求解方法如下:

① 凑全微分法。

$$\mathrm{d}v=\frac{\partial v}{\partial x}\mathrm{d}x+\frac{\partial v}{\partial y}\mathrm{d}y=-\frac{\partial u}{\partial y}\mathrm{d}x+\frac{\partial u}{\partial x}\mathrm{d}y=(3x^2-3y^2)\,\mathrm{d}x-6xy\,\mathrm{d}y$$

由于全微分与积分路径无关,因此由 $\mathrm{d}v=\mathrm{d}(x^3-3xy^2)$ 积分可得

$$v=x^3-3xy^2+c$$

$$f(z)=u+\mathrm{i}v=y^3-3x^2y+\mathrm{i}(x^3-3xy^2)+\mathrm{i}c$$

将 $x=\frac{1}{2}(z+\bar{z}), y=\frac{1}{2}(z-\bar{z})$ 代入其中,得

$$f(z)=\mathrm{i}z^3+\mathrm{i}c$$

其中,c 为常数。

② 分步积分法。

$$v=\int\frac{\partial v}{\partial y}\mathrm{d}y+g(x)=\int\frac{\partial u}{\partial x}\mathrm{d}y+g(x)$$

$$\frac{\partial v}{\partial x}=\frac{\partial}{\partial x}\int\frac{\partial u}{\partial x}\mathrm{d}y+g'(x)=\frac{\partial}{\partial x}\int(-6xy)\mathrm{d}y+g'(x)=-\frac{\partial u}{\partial y}=3x^2-3y^2$$

$$\frac{\partial}{\partial x}(-3xy^2)+g'(x)=3x^2-3y^2$$

$$g'(x)=3x^2,\quad g(x)=x^3+c$$

$$v(x,y)=-3xy^2+x^3+c$$

$$f(z)=u+\mathrm{i}v=\mathrm{i}z^3+\mathrm{i}c$$

2.3 初等解析函数

解析函数中有一类函数由于其使用广泛,同时能够用一个函数形式清晰表达,称之为初等解析函数。初等解析函数主要包含幂函数及其构成的多项式函数、指数函数、三角函数、反三角函数、双曲函数、根式函数、对数函数等。初等解析函数中根式函数与对数函数是多值函数。

2.3.1 幂函数

幂函数定义为

$$w=z^n,\quad n=0,1,2,3,\cdots$$

当 $n\geqslant 0$ 且为正整数时，幂函数 $w=z^n$ 是复平面上的解析函数；当 $n=-1,-2,-3,\cdots$（除 $z=0$ 外）时，导数 nz^{n-1} 也处处存在。故 n 是负数时，$w=z^n$ 也是解析函数（除 $z=0$ 外）。

2.3.2 分式函数

由多个幂函数的和组成的多项式函数也是解析函数，如：

$$P(z)=a_n z^n+a_{n-1}z^{n-1}+\cdots+a_1 z+a_0$$

$$Q(z)=b_m z^m+b_{m-1}z^{m-1}+\cdots+b_1 z+b_0$$

其中，$a_n,a_{n-1},\cdots,a_0$ 与 $b_m,b_{m-1},\cdots,b_0$ 是复常数；m,n 为自然数；多项式函数 $P(z)$ 与 $Q(z)$ 均为解析函数。

$P(z)$ 与 $Q(z)$ 二者的比值称为分式函数：

$$w=\frac{P(z)}{Q(z)}$$

在 $Q(z)\neq 0$ 时，该分式函数也是解析函数。满足 $Q(z)=0$ 的点是分式函数的奇点。

2.3.3 指数函数

指数函数定义为

$$w=\mathrm{e}^z=\mathrm{e}^{x+\mathrm{i}y}$$

指数函数还可以描述为

$$w=\mathrm{e}^{x+\mathrm{i}y}=\mathrm{e}^x(\cos y+\mathrm{i}\sin y)\tag{2.32}$$

指数函数在全平面处处解析，且其导数等于本身，即

$$\frac{\mathrm{d}\mathrm{e}^z}{\mathrm{d}z}=\mathrm{e}^z\tag{2.33}$$

指数函数的性质如下：

① $\mathrm{e}^{z_1}\mathrm{e}^{z_2}=\mathrm{e}^{z_1+z_2}$。

② $\mathrm{e}^{z+2k\pi\mathrm{i}}=\mathrm{e}^z$，$k=0,\pm 1,\pm 2$，$\mathrm{e}^z$ 以 $2\pi\mathrm{i}$ 为周期。

若 $z=\pm\mathrm{i}\theta$，由欧拉公式：

$$\mathrm{e}^{\mathrm{i}\theta}=\cos\theta+\mathrm{i}\sin\theta\tag{2.34}$$

$$\mathrm{e}^{-\mathrm{i}\theta}=\cos\theta-\mathrm{i}\sin\theta\tag{2.35}$$

可得

$$\mathrm{e}^{\mathrm{i}z}=\cos z+\mathrm{i}\sin z\tag{2.36}$$

$$\mathrm{e}^{-\mathrm{i}z}=\cos z-\mathrm{i}\sin z\tag{2.37}$$

③ $|\mathrm{e}^z|=\mathrm{e}^x\neq 0$，即指数函数在复平面上没有零点。

④ $\lim\limits_{z\to\infty}\mathrm{e}^z$ 不存在，则 $z=\infty$ 是指数函数的奇点。

证明：由于 $\lim\limits_{x\to\infty}\mathrm{e}^z=\infty$，$\lim\limits_{x\to-\infty}\mathrm{e}^z=0$，因此极限不连续。

2.3.4 三角函数

利用 $e^{i\theta}=\cos\theta+i\sin\theta$,三角函数定义为

$$\sin z=\frac{e^{iz}-e^{-iz}}{2i} \tag{2.38}$$

$$\cos z=\frac{e^{iz}+e^{-iz}}{2} \tag{2.39}$$

三角函数的性质与实函数基本相同：

① $\sin^2 z+\cos^2 z=1$，$(\sin z)'=\cos z$。

② 三角函数的周期为 2π。

③ 根据和差化积公式可得

$$\cos(z_1+z_2)=\cos z_1\cos z_2-\sin z_1\sin z_2$$
$$\sin(z_1+z_2)=\sin z_1\cos z_2+\cos z_1\sin z_2$$

④ 零点相同 $\cos z=0$,从而可得 $z=k+\dfrac{\pi}{2}$。

⑤ $\sin z$，$\cos z$ 是无界函数,则 $|\sin z|\not\leqslant 1$,$|\cos z|\not\leqslant 1$。

若 $x=0$,则

$$\cos z=\cos iy=\frac{1}{2}(e^{i(iy)}+e^{-i(iy)})=\frac{e^{-y}+e^{y}}{2}>\frac{e^{y}}{2},\quad y\to\infty,\quad \cos z\to\infty \tag{2.40}$$

2.3.5 双曲函数

双曲函数定义如下：

$$\operatorname{sh} z=\frac{e^{z}-e^{-z}}{2} \tag{2.41a}$$

$$\operatorname{ch} z=\frac{e^{z}+e^{-z}}{2} \tag{2.41b}$$

式(2.41a)称为双曲正弦函数,式(2.41b)称为双曲余弦函数。

$$\operatorname{th} z=\frac{e^{z}-e^{-z}}{e^{z}+e^{-z}} \tag{2.42a}$$

$$\operatorname{cth} z=\frac{e^{z}+e^{-z}}{e^{z}-e^{-z}} \tag{2.42b}$$

式(2.42a)称为双曲正切函数,式(2.42b)称为双曲余切函数。

例 11 求三角函数 $\sin(1+i)$的具体形式。

解:

$$\begin{aligned}\sin(1+i)&=\frac{1}{2i}[e^{i(1+i)}-e^{-i(1+i)}]=\frac{1}{2i}[e^{(i-1)}-e^{-i+1}]\\&=\frac{e^{-1}}{2i}(\cos 1+i\sin 1)-\frac{e}{2i}[\cos(-1)+i\sin(-1)]\\&=i\left(\frac{e-e^{-1}}{2}\right)\cos 1+\frac{e+e^{-1}}{2}\sin 1\end{aligned}$$

$$=\mathrm{i}\,\mathrm{sh}\,1\cos 1+\mathrm{ch}\,1\sin 1$$

2.3.6　根式函数

根式函数定义如下：

$$w=\sqrt[n]{z},\quad n=2,3,\cdots \tag{2.43}$$

根据复数开 n 次方的基本定义：

$$\sqrt[n]{z}=\sqrt[n]{|z|}\,\mathrm{e}^{\mathrm{i}\frac{\arg z+2k\pi}{n}},\quad k=0,\pm1,\pm2,\cdots \tag{2.44}$$

则根式函数同样为多值函数，其多值性体现在辐角的变化。

下面介绍多值函数支点、单值分支、割线的概念。如图 2－1 所示，举例：$w_1=\sqrt{r}\,\mathrm{e}^{\mathrm{i}\frac{\theta}{2}}$，若 z 沿闭合曲线 c（包含$z=0$ 点）连续变化一周，回到初始位置，$w_1=\sqrt{r}\,\mathrm{e}^{\mathrm{i}\frac{\theta}{2}}$ 变为 $w_2=\sqrt{r}\,\mathrm{e}^{\mathrm{i}\frac{\theta+2\pi}{2}}$，$\theta\to\theta+2\pi$。若沿闭合曲线 c'（不包含 $z=0$）连续变化一周，回到初始位置，w_1 不变。这说明多值函数存在一些特殊点，当变量绕它转一圈回到初始位置，函数值不能还原（发生变化），这种点称为支点。$z=0$ 是多值函数 $w=\sqrt[n]{z}$ 的**支点**。

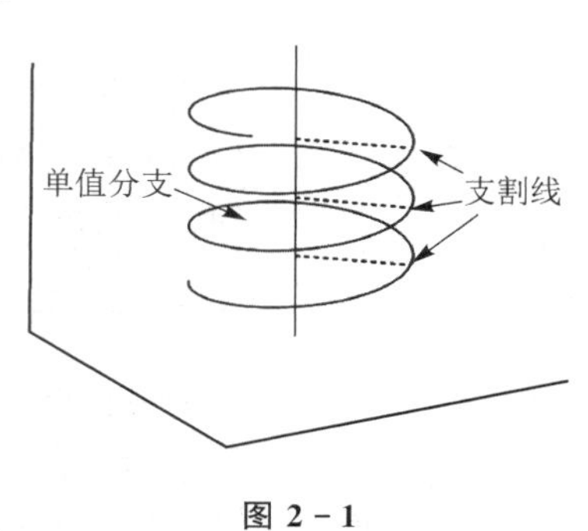

图 2－1

对于多值函数而言，如果限制自变量 z 的变化范围，便可使得对于每一个自变量 z 值，都分别有唯一的一个确定的函数值与之对应，亦即多值函数被划分成了若干个单值函数，称其中每一个单值函数为多值函数的一个**单值分支**。如：$w_1=\sqrt{r}\,\mathrm{e}^{\mathrm{i}\frac{\theta}{2}}$ 和 $w_2=\sqrt{r}\,\mathrm{e}^{\mathrm{i}\frac{\theta+2\pi}{2}}$，当 $-\pi<\theta\leqslant\pi$ 时是 $w=\sqrt[n]{z}$ 的两个单值分支。

连续多值函数两支点间的割开 z 平面的线为**支割线**。它起的作用是，当 z 连续变化时，函数值不得跨越支割线，这使得在割开的 z 平面上闭合曲线都不含支点，因此相应的函数值也只能在 w 平面上的一个单值分支内变化，而不会从一个单值分支跨越到另一个单值分支。支割线可以不是直线，只要能够起到把单值分支分开的作用即可。

举例：

$$w=\sqrt{z}\Rightarrow w=\sqrt{r}\,\mathrm{e}^{\mathrm{i}(\arg z+2k\pi)/2},\quad k=0,1$$

$$-\pi<\arg z\leqslant\pi$$

$$\begin{cases}k=0, & -\pi<\arg z\leqslant\pi\\ k=1, & \pi<\arg z+2\pi\leqslant 3\pi\end{cases}\quad \text{负实轴不连续}$$

z 从$-\pi$ 开始逆时针转，到 π 时进入 $k=1(\pi,3\pi)$ 的单值分支，沿负实轴作支割线，得到各单值分支。

例 12　$w=\sqrt[3]{z}$ 在沿负实轴割破了的 z 平面上，且 $w(\mathrm{i})=-\mathrm{i}$，求 $w(-\mathrm{i})$。

解：　$w=\sqrt[3]{z}$ 有三个值，即$\sqrt[3]{|z|}\cdot\mathrm{e}^{\mathrm{i}\frac{\varphi+2k\pi}{3}}$，$k=0,1,2$

当 $w(\mathrm{i})=-\mathrm{i}$ 时，$\sqrt[3]{\mathrm{i}}=1\times\mathrm{e}^{\mathrm{i}\frac{\left(\frac{\pi}{2}+2k\pi\right)}{3}}=-\mathrm{i}$，

可得 $k=1$ 或 -1，因此

$$w(-\mathrm{i})=\sqrt[3]{-\mathrm{i}}=1\times \mathrm{e}^{\mathrm{i}\frac{\left(-\frac{\pi}{2}-2\pi\right)}{3}}=\mathrm{e}^{-\mathrm{i}\frac{5\pi}{6}}=-\frac{1}{2}(\sqrt{3}+\mathrm{i})$$

例 13 求 $w=\sqrt{(z-a)(z-b)}$ 的支点。

解： 令 $z-a=r_1\mathrm{e}^{\mathrm{i}\theta_1}$，$z-b=r_2\mathrm{e}^{\mathrm{i}\theta_2}$，则

$$w=\sqrt{r_1\mathrm{e}^{\mathrm{i}\theta_1}r_2\mathrm{e}^{\mathrm{i}\theta_2}}=\sqrt{r_1r_2}\,\mathrm{e}^{\mathrm{i}\frac{\theta_1+\theta_2+2k\pi}{2}}$$

可得

$$\begin{cases}w_1=\sqrt{r_1r_2}\,\mathrm{e}^{\mathrm{i}\frac{\theta_1+\theta_2}{2}} & k=0\\ w_2=\sqrt{r_1r_2}\,\mathrm{e}^{\mathrm{i}\left(\frac{\theta_1+\theta_2}{2}+\pi\right)} & k=1\end{cases}$$

① z 绕 a 点一周（C_1 包含 a，不包含 b）。

$\arg(z-a)$ 由 θ_1 变为 $\theta_1+2\pi$，$\arg(z-b)$ 由 θ_2 仍为 θ_2；

$\arg w_1$ 由 $\dfrac{\theta_1+\theta_2}{2}$ 变为 $\dfrac{\theta_1+2\pi+\theta_2}{2}=\dfrac{\theta_1+\theta_2}{2}+\pi$，

则 w_1 变为 w_2，因此 $z=a$ 为支点。同法可证 $z=b$ 也为支点（C_2 包含 b，不包含 a）。

② z 绕很大圆一周（包含 a、b），相当于∞和 0。

$\arg(z-a)$ 由 θ_1 变为 $\theta_1+2\pi$，$\arg(z-b)$ 由 θ_2 变为 $\theta_2+2\pi$；

$\arg w_1$ 由 $\dfrac{\theta_1+\theta_2}{2}$ 变为 $\dfrac{\theta_1+2\pi+\theta_2+2\pi}{2}=\dfrac{\theta_1+\theta_2}{2}+2\pi$；

$w_1=\sqrt{r_1r_2}\,\mathrm{e}^{\mathrm{i}\frac{\theta_1+\theta_2+2k\pi}{2}}=\sqrt{r_1r_2}\,\mathrm{e}^{\mathrm{i}\frac{\theta_1+\theta_2}{2}}$，$w_1$ 不变。

③ z 绕不含 a、b 的曲线一周。

$\arg(z-a)$，$\arg(z-b)$ 均不变；$\arg w_1$ 不变，w_1 不变。

除 $z=a$、b 外，其他均不是支点。

2.3.7 对数函数

若 $z=\mathrm{e}^w$，称 w 为 z 的自然对数函数，记作：

$$w=\mathrm{Ln}\,z \tag{2.45}$$

$z=0$ 时，$\mathrm{Ln}\,z$ 没有意义。

对数函数为多值函数，其多值性如下。假设 $z=r\mathrm{e}^{\mathrm{i}\theta}$，辐角 $\theta=\arg z$，同时令 $w=u+\mathrm{i}v$。由于

$$z=\mathrm{e}^w \tag{2.46}$$

从而可得

$$r\mathrm{e}^{\mathrm{i}\theta}=\mathrm{e}^{u+\mathrm{i}v}=\mathrm{e}^u\cdot\mathrm{e}^{\mathrm{i}v}$$

根据复数相等的性质，模与辐角对应相同，即

$$\begin{cases}r=\mathrm{e}^u\\ \mathrm{e}^{\mathrm{i}\theta}=\mathrm{e}^{\mathrm{i}v}\end{cases}$$

可得

$$u=\ln r=\ln|z|$$

$$v=\theta+2k\pi=\text{Arg } z=\arg z+2k\pi,\quad k=0,\pm1,\pm2,\cdots$$

$$\text{Ln } z=u+\mathrm{i}v=\ln|z|+\mathrm{i}\text{Arg } z \tag{2.47}$$

或

$$\text{Ln } z=\ln|z|+\mathrm{i}(\theta+2k\pi),\quad k=0,\pm1,\pm2,\cdots \tag{2.48}$$

例 14　求 Ln(−1)与 Ln(1+i)。

解：

$$\begin{aligned}\text{Ln}(-1)&=\ln|-1|+\mathrm{i}\text{Arg}(-1)\\&=0+\mathrm{i}(\pi+2k\pi)=(2k+1)\pi\mathrm{i},\quad k=0,\pm1,\pm2,\cdots\\\text{Ln}(1+\mathrm{i})&=\ln|1+\mathrm{i}|+\mathrm{i}\text{Arg}(1+\mathrm{i})\\&=\frac{1}{2}\ln2+\mathrm{i}\left(\frac{\pi}{4}+2k\pi\right)\\&=\frac{1}{2}\ln2+\left(2k+\frac{1}{4}\right)\pi\mathrm{i},\quad k=0,\pm1,\pm2,\cdots\end{aligned}$$

2.3.8　一般幂函数

一般幂函数的定义为

$$a^b=\mathrm{e}^{b\ln a} \tag{2.49}$$

对式(2.49)两边同时取对数，可得 $b\ln a=b\ln a$，复数形式下的幂函数可表示为

$$f(z)=z^s=\mathrm{e}^{s\ln z}=\mathrm{e}^{s\ln z+\mathrm{i}2k\pi},\quad k=0,\pm1,\pm2,\cdots \tag{2.50}$$

$$z^s=\mathrm{e}^{s\ln z}\mathrm{e}^{\mathrm{i}2k\pi}$$

① $s=n$ 整数，幂函数 z^n 为单值函数。

② n 为分数，$s=\dfrac{1}{n}$，$w=\sqrt[n]{z}$ 根式函数为多值函数。

③ s 为一般复常数，$w=z^s$ 是无穷多值函数。

例 15　求$(-1)^{\sqrt{2}}$，$1^{\sqrt{2}}$，1^{i}。

解：

$$\begin{aligned}(-1)^{\sqrt{2}}=\mathrm{e}^{\sqrt{2}\ln(-1)}&=\mathrm{e}^{\sqrt{2}}[\ln|-1|+\mathrm{i}\text{Arg}(-1)]=\mathrm{e}^{\sqrt{2}}[\mathrm{i}(\arg(-1)+2k\pi)]\\&=\mathrm{e}^{\sqrt{2}(2k+1)\pi\mathrm{i}},\quad k=0,\pm1,\pm2,\cdots\\1^{\sqrt{2}}=\mathrm{e}^{\sqrt{2}\ln1}&=\mathrm{e}^{\sqrt{2}(\ln|1|+\mathrm{i}\text{Arg }1)}=\mathrm{e}^{\sqrt{2}}[\mathrm{i}(\arg 1+2k\pi)]\\&=\mathrm{e}^{\sqrt{2}\cdot2k\pi\mathrm{i}}=\cos2\sqrt{2}k\pi+\mathrm{i}\sin2\sqrt{2}k\pi,\quad k=0,\pm1,\pm2\cdots\\\mathrm{i}^{\mathrm{i}}=\mathrm{e}^{\mathrm{i}\ln\mathrm{i}}&=\mathrm{e}^{\mathrm{i}[\ln|\mathrm{i}|+\mathrm{i}\text{Arg }\mathrm{i}]}=\mathrm{e}^{\mathrm{i}\left(\frac{\pi}{2}\mathrm{i}+2k\pi\mathrm{i}\right)}=\mathrm{e}^{-\frac{\pi}{2}-2k\pi}\end{aligned}$$

2.3.9　反三角函数

三角函数可以描述为

$$z=\sin w(\text{或 }\cos w,w=f(z)) \tag{2.51}$$

因此，反三角函数定义为

$$w=\arcsin z(\text{或 }w=\arccos z) \tag{2.52}$$

也称为反正弦(或反余弦函数)。

又有

$$z=\sin w=\frac{1}{2\mathrm{i}}(\mathrm{e}^{\mathrm{i}w}-\mathrm{e}^{-\mathrm{i}w}) \tag{2.53}$$

变化后为

$$(\mathrm{e}^{\mathrm{i}w})^2-2\mathrm{i}z\mathrm{e}^{\mathrm{i}w}-1=0$$

该方程的解可以描述为

$$\mathrm{e}^{\mathrm{i}w}=\mathrm{i}z+\sqrt{1-z^2} \tag{2.54}$$

从而可得

$$w=\arcsin z=\frac{1}{\mathrm{i}}\ln(\mathrm{i}z+\sqrt{1-z^2}) \tag{2.55}$$

或

$$w=\arccos z=\frac{1}{\mathrm{i}}\ln(z+\sqrt{1-z^2}) \tag{2.56}$$

例 16 求 arcsin 2。

解：

$$\begin{aligned}\arcsin 2&=\frac{1}{\mathrm{i}}\ln(\mathrm{i}2+\sqrt{1-2^2})=-\mathrm{i}\ln(2\mathrm{i}\pm\sqrt{3}\mathrm{i})\\&=-\mathrm{i}\left[\ln\left|2\mathrm{i}\pm\sqrt{3}\mathrm{i}\right|+\mathrm{i}\arg(2\mathrm{i}\pm\sqrt{3}\mathrm{i})\right]\\&=-\mathrm{i}\left[\ln(2\pm\sqrt{3})+\mathrm{i}\left(2k\pi+\frac{\pi}{2}\right)\right]\\&=\left(2k\pi+\frac{\pi}{2}\right)-\mathrm{i}\ln(2\pm\sqrt{3}),\quad k=0,\pm1,\pm2,\cdots\end{aligned}$$

习 题

1. 试推导极坐标形式下的柯西-黎曼条件。

$$\frac{\partial u}{\partial\rho}=\frac{1}{\rho}\frac{\partial v}{\partial\varphi},\quad \frac{1}{\rho}\frac{\partial u}{\partial\varphi}=-\frac{\partial v}{\partial\rho}$$

2. 某个区域上的解析函数如为实函数，试证明它必为常数。

3. 讨论下列函数的可导性和解析性。

(1) $w=\sqrt[5]{z^3}$；

(2) $w=2x^3+\mathrm{i}3y^3$；

(3) $w=|z|^2$；

(4) $w=\dfrac{1}{z}$。

4. 若函数 $f(z)$在区域 σ 上解析并满足下列条件之一，证明 $f(z)$必为常数。

(1) $\overline{f(z)}$在 σ 上解析；

(2) $|f(z)|=$常数($\neq0$)。

5. 已知函数 $f(z)=z^4$。

(1) 求实函数 u 和 v，使得 $f(z)=u+\mathrm{i}v$；

(2) 验证 u 和 v 满足柯西-黎曼方程；

(3) 求$\frac{df}{dz}$。

6. 已知解析函数的实部，求解析函数。

(1) $u=x^2-y^2+xy, f(i)=-1+i$；

(2) $u=2(x-1)y, f(2)=-i$；

(3) $u=e^{-x}(x\cos y+y\sin y), f(0)=1$；

(4) $u=x^4-6x^2y^2+y^4, f(0)=0$；

(5) $u=\ln\rho, f(1)=0$。

7. 已知解析函数 $f(z)$的虚部 $v=4x^3y-4xy^3$，且 $f(0)=0$，求该解析函数，并证明 u 和 v 是调和函数。

8. 已知一平面静电场的电场线簇是与实轴相切于原点的圆簇，求等势线簇，并求此电场的复势。

9. 计算下列数值。

(1) $(1+i)^i$；(2) $\mathrm{Ln}(1+i)$；(3) $\cos 5\varphi$；(4) 5^{2+3i}

10. 试证明下列各式。

(1) $\sin(iz)=i\,\mathrm{sh}\,z, \cos(iz)=\mathrm{ch}\,z$

(2) $\mathrm{ch}^2 z-\mathrm{sh}^2 z=1$

(3) $\mathrm{ch}(z_1+z_2)=\mathrm{ch}\,z_1\mathrm{ch}\,z_2+\mathrm{sh}\,z_1\mathrm{sh}\,z_2$

11. 求解下列方程。

(1) $\sin z=2$；(2) $e^z=1+i\sqrt{3}$；(3) $z^2-2iz-5=0$；(4) $\sin z+\cos z=0$。

12. 指出下列多值函数的支点及其阶。

(1) $\sqrt{z-a}$；(2) $\mathrm{Ln}(z-a)$。

13. 当 $z=0$ 时，规定多值函数 $w=\sqrt{z^2-1}=i$，求 $w(i)$的值。

第 3 章　复变函数的积分

3.1　复变函数积分的基本概念

复变函数的积分，尤其是复变函数中解析函数的积分，无论是在数学上还是在物理上，均有着十分重要的意义。因此本章研究复变函数的积分及其性质，为全面阐释解析函数提供重要依据。

3.1.1　复变函数积分的定义

复变函数的积分是复平面上的积分，与实变函数积分类似，它可以定义为和的极限。在实变函数中，积分代表曲线下的面积（函数值乘以 x 轴的一个微元 Δx），而复变函数的积分其物理意义较为复杂。复变函数的积分表示如下：

$$\sum_{k=1}^{n} f(\zeta_k)(z_k - z_{k-1}) \tag{3.1}$$

可以理解为三维空间的一小段曲线下的面积。当 $n \to \infty$，Δz_k 趋于零时，若式(3.1)的极限存在，且与 z_k 的分法无关，与 ζ_k 的选取无关，则

$$\sum_{k=1}^{n} f(\zeta_k)(z_k - z_{k-1}) = \sum_{k=1}^{\infty} f(\zeta_k)\Delta z_k \tag{3.2}$$

其中，$\Delta z_k = z_k - z_{k-1}$。将式(3.2)的和变为求积分，有

$$\int_l f(z)\mathrm{d}z = \lim_{\substack{n\to\infty \\ \max|\Delta z_k|\to 0}} \sum_{k=1}^{\infty} f(\zeta_k)\Delta z_k$$

其中，l 是 z 平面的一条简单闭曲线，称此极限值为复变函数 $f(z)$ 的积分。

3.1.2　复变函数积分的存在条件

若 $\zeta_k = \varepsilon_k + \mathrm{i}\eta_k$，$\Delta z_k = \Delta x_k + \mathrm{i}\Delta y_k$，其中 ε_k，η_k，x_k，y_k 均为实数，则

$$f(\zeta_k) = u(\varepsilon_k, \eta_k) + \mathrm{i}v(\varepsilon_k, \eta_k) = u_k + \mathrm{i}v_k \tag{3.3}$$

其中，$u_k = u(\varepsilon_k, \eta_k)$，$v_k = v(\varepsilon_k, \eta_k)$ 是实数。因而有

$$\begin{aligned}\sum_{k=1}^{n} f(\zeta_k)\Delta z_k &= \sum_{k=1}^{n}(u_k + \mathrm{i}v_k)(\Delta x_k + \mathrm{i}\Delta y_k) \\ &= \sum_{k=1}^{n}(u_k\Delta x_k - v_k\Delta y_k) + \mathrm{i}\sum_{k=1}^{n}(v_k\Delta x_k + u_k\Delta y_k)\end{aligned} \tag{3.4}$$

如果式(3.4)右端两个和数的极限分别存在（当 $n \to \infty$，$\max|\Delta z_k| \to 0$ 时），由数学分析中关于实线积分的知识可知，它们就是两个实线积分，即

$$\int_l u\mathrm{d}x - v\mathrm{d}y, \int_l v\mathrm{d}x + u\mathrm{d}y \tag{3.5}$$

于是当和数 $\sum_{k=1}^{n} f(\zeta_k)\Delta z_k$ 的极限存在时，有

$$\int_l f(z)\mathrm{d}z = \int_l u\mathrm{d}x - v\mathrm{d}y + \mathrm{i}\int_l v\mathrm{d}x + u\mathrm{d}y \tag{3.6}$$

由式(3.6)可以看出，只要两个实积分存在，则 $\int_l f(z)\mathrm{d}z$ 存在。因此复积分的存在条件为

① $f(z)$在 l 上分段光滑；

② $f(z)$在 l 上连续。

注： 凡无重点的曲线为简单曲线或 Jordan 曲线，具有连续转动切线的简单曲线称光滑曲线。由有限光滑曲线衔接而成的曲线称分段光滑曲线，简单折线是分段光滑曲线。

3.1.3　复变函数积分的性质

① 积分与求和互换。

$$\int_l \sum_{k=1}^{n} C_k f_k(z)\mathrm{d}z = \sum_{k=1}^{n} C_k \int_l f_k(z)\mathrm{d}z, \quad C_k \text{ 为复常数} \tag{3.7}$$

② 积分路径的分段求和。

若 $l = l_1 + l_2 + \cdots + l_n$ 为分段光滑曲线，则

$$\int_l f(z)\mathrm{d}z = \int_{l_1} f(z)\mathrm{d}z + \int_{l_2} f(z)\mathrm{d}z + \cdots + \int_{l_n} f(z)\mathrm{d}z \tag{3.8}$$

或

$$\int_l f(z)\mathrm{d}z = \sum_{k=1}^{n} \int_{l_k} f(z)\mathrm{d}z \tag{3.9}$$

③ 积分路径可逆。

$$\int_{l_{AB}} f(z)\mathrm{d}z = -\int_{l_{BA}} f(z)\mathrm{d}z \tag{3.10}$$

④ 积分不等式。

$$\left|\int_l f(z)\mathrm{d}z\right| \leqslant \int_l |f(z)||\mathrm{d}z| = \int_l |f(z)|\mathrm{d}s \tag{3.11}$$

其中，$\mathrm{d}s = |\mathrm{d}z| = \sqrt{\mathrm{d}x^2 + \mathrm{d}y^2}$ 是曲线 l 的弧元。式(3.11)的简单证明如下：

证明　由于 $\left|\sum_{k=1}^{n} f(\zeta_k)\Delta z_k\right| \leqslant \sum_{k=1}^{n} |f(\zeta_k)||\Delta z_k|$，两边取极限即得式(3.11)。

⑤ $\left|\int_l f(z)\mathrm{d}z\right| \leqslant MS$。其中，$M$ 为 $f(z)$ 在 l 上的一个上界，S 为 l 的长度。

3.1.4　复变函数积分的计算方法

下面以例题的形式介绍复变函数的积分运算方法。读者会发现，有些函数的积分运算与积分路径有关，而有些函数的积分运算与路径无关。积分运算与路径无关的这些函数在物理学中有着类似于保守力场所对应的函数的性质。在后面的学习中，须逐渐认识到解析函数在复变函数积分中的重要地位与作用，并将其与物理学中的保守力相对应。

1. 代数法

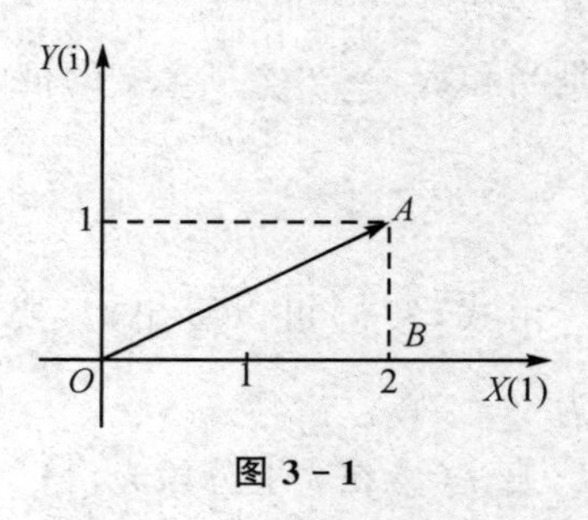

图 3-1

例 1 计算积分$\int_l z\mathrm{d}z$。

通过改变积分路径,对比积分结果的差别。积分路径如图 3-1 所示,分别为 OA 与 OBA。

解: 复变函数积分的一般思路为将复变量 z 变为 $x+\mathrm{i}y$,从而将积分变量分解成 x 与 y,并分别确定二者的积分变化范围。具体积分过程如下:

$$\int_l z\mathrm{d}z=\int(x+\mathrm{i}y)(\mathrm{d}x+\mathrm{id}y) \tag{3.12}$$

① 积分路径 $O\to A$。

OA 路径为一条直线,因此可以确定 $x=2y$,且 $\mathrm{d}x=2\mathrm{d}y$。积分变量的变化范围为 $x:0\to 2$,$y:0\to 1$,即

$$\begin{aligned}\int_l z\mathrm{d}z&=\int x\mathrm{d}x-y\mathrm{d}y+\mathrm{i}\int y\mathrm{d}x+x\mathrm{d}y\\&=\int_0^1 2y2\mathrm{d}y-y\mathrm{d}y+\mathrm{i}\int_0^1 2y\mathrm{d}y+2y\mathrm{d}y\\&=\frac{3}{2}+2\mathrm{i}\end{aligned}$$

② 积分路径 $O\to B\to A$。

将积分路径分解为两部分,$O\to B$ 与 $B\to A$。其中,$O\to B$,$x:0\to 2$,$y=0$,$\mathrm{d}y=0$;$B\to A$,$x=2$,$\mathrm{d}x=0$,$y:0\to 1$。从而可得

$$\begin{aligned}\int_l z\mathrm{d}z&=\int_{OB}x\mathrm{d}x-y\mathrm{d}y+\mathrm{i}\int_{OB}y\mathrm{d}x+x\mathrm{d}y+\int_{BA}x\mathrm{d}x-y\mathrm{d}y+\mathrm{i}\int_{BA}y\mathrm{d}x+x\mathrm{d}y\\&=\int_0^2 x\mathrm{d}x+0+0+0+0+\int_0^1-y\mathrm{d}y+0+\mathrm{i}\int_0^1 2\mathrm{d}y\\&=2-\frac{1}{2}+2\mathrm{i}\\&=\frac{3}{2}+2\mathrm{i}\end{aligned}$$

两条路径的积分结果相同,这是巧合还是有其中的原因呢。继续看下面的例题。

2. 变量代换法

例 2 计算$\int z^2\mathrm{d}z$。(变量代换方法的应用,积分路径与例 1 一致)。

解:

① 积分路径 $O\to A$。

变量代换法:

$$z(t)=x(t)+\mathrm{i}y(t)=2t+\mathrm{i}t,\quad 0\leqslant t\leqslant 1$$

$$\int z^2\mathrm{d}z=\int_0^1(2t+\mathrm{i}t)^2\mathrm{d}(2t+\mathrm{i}t)=\frac{1}{3}(2+11\mathrm{i})$$

直接积分法:

$$y=\frac{1}{2}x,\quad x=2y,\quad dx=2dy$$

$$\int z^2 dz=\int (x+iy)^2 d(x+iy)=\int_0^2 \left(x+\frac{i}{2}x\right)^2\left(1+\frac{i}{2}\right)dx=\frac{1}{3}(2+11i)$$

② 积分路径 $O\to B\to A$。

变量代换法：

$O\to B, y=0, z(t)=x(t)+iy(t)=2t, 0\leqslant t\leqslant 1$；

$B\to A, x=2, z(t)=x(t)+iy(t)=2+it, 0\leqslant t\leqslant 1$。

$$\begin{aligned}\int z^2 dz&=\int_{OB}(2t)^2 d(2t)+\int_{BA}(2+it)^2 d(2+it)\\&=\int_0^1 8t^3 dt+\int_0^1 (2+it)^2 i dt\\&=\frac{1}{3}(2+11i)\end{aligned}$$

直接积分法：

$O\to B: y=0, dy=0; B\to A: x=2, dx=0$。

$$\begin{aligned}\int z^2 dz&=\int (x^2-y^2+i2xy)d(x+iy)\\&=\int (x^2-y^2)dx-2\int xy dy+\int (x^2-y^2)dy+2i\int xy dy\\&=\frac{1}{3}(2+11i)\end{aligned}$$

例 3　计算 $\int \mathrm{Re}\, z dz$。(积分路径仍与例 1 一致)。

解：采用直接积分法计算。

① 积分路径 $O\to A$。

$$y=\frac{1}{2}x,\quad x=2y,\quad dx=2dy$$

$$\int \mathrm{Re}\, z dz=\int x d(x+iy)=\int_0^2 x\left(1+\frac{i}{2}\right)dx=2+i$$

② 积分路径 $O\to B\to A$。

$$O\to B: y=0, dy=0;\quad B\to A: x=2, dx=0$$

$$\int \mathrm{Re}\, z dz=\int x d(x+iy)=\int_0^2 x dx+\int_0^1 2d(2+iy)=2+2i$$

例题 3 是一个典型的积分结果与路径有关的例子。

3. 应用较为广泛的圆弧积分

例 4　在极坐标下计算圆弧积分：

$$\oint_l \frac{dz}{(z-a)^n}=\begin{cases}2\pi i, & n=1\\ 0, & n\neq 1 \text{ 的整数}\end{cases}$$

其中，路径为 $l: |z-a|=r$(以 a 为圆心，以 r 为半径的圆)。

解：已知 $|z-a|=r$，令 $z-a=re^{i\theta}$，且 $\theta=\arg(z-a)$，则

$$d(z-a)=dz=ire^{i\theta}d\theta$$

因此，

$$I=\oint_l \frac{\mathrm{i}r\mathrm{e}^{\mathrm{i}\theta}\mathrm{d}\theta}{r^n\mathrm{e}^{\mathrm{i}n\theta}}=\oint_0^{2\pi}\frac{\mathrm{i}r\mathrm{e}^{\mathrm{i}\theta}\mathrm{d}\theta}{(r\mathrm{e}^{\mathrm{i}\theta})^n}$$

当 $n=1$ 时

$$I=2\pi\mathrm{i}$$

当 $n\neq1$ 时

$$\begin{aligned}I&=\mathrm{i}\int_0^{2\pi}\frac{\mathrm{d}\theta}{r^{n-1}\mathrm{e}^{\mathrm{i}\theta(n-1)}}\\&=\frac{\mathrm{i}}{r^{n-1}}\int_0^{2\pi}\mathrm{e}^{-\mathrm{i}\theta(n-1)}\mathrm{d}\theta\\&=\frac{\mathrm{i}}{r^{n-1}}\int_0^{2\pi}\{\cos(n-1)\theta-\mathrm{i}\sin(n-1)\theta\}\,\mathrm{d}\theta\\&=0\end{aligned}$$

上面的被积函数变换中用到以下关系式：

$$\mathrm{e}^{\mathrm{i}\theta}=\cos\theta+\mathrm{i}\sin\theta$$

$$\mathrm{e}^{\mathrm{i}(n-1)\theta}=\cos[(n-1)\theta]+\mathrm{i}\sin[(n-1)\theta]$$

$$\mathrm{e}^{-\mathrm{i}(n-1)\theta}=\cos[(n-1)\theta]-\mathrm{i}\sin[(n-1)\theta]$$

例 4 的结果可以作为一个基本结论直接使用。

3.1.5 复变函数积分的物理意义

在详细讨论复变函数积分的物理意义之前，先回忆一下高等数学中关于实变函数的积分。以下表达式给出了实变函数积分的具体形式：

$$S=\int_a^b f(x)\mathrm{d}x$$

其中，x 代表实积分变量；$f(x)$ 是实变函数；a 与 b 代表积分的上下限。通常情况下，从积分的意义角度讲，实变函数的积分代表一段曲线下的面积。从物理意义的角度讲，实变函数积分相当于研究物体在一维作用力情况下，沿直线运动的做功问题。类似地，复变函数的积分表达式代表着何种物理意义呢？

将复变函数积分写成如下更为具体的形式：

$$\int_l(u+\mathrm{i}v)(\mathrm{d}x+\mathrm{i}\mathrm{d}y)$$

实际上，复变函数积分的自变量是一个二维变量，同时被积函数同样是一个二维函数形式。类比物理上二维平面上的矢量，大家可以联想到做功的矢量形式定义。一段有限长度路径的功可以描述为力和沿力方向上的位移的矢量积的积分，形式如下：

$$A=\int_l\vec{F}\cdot\mathrm{d}\vec{r}$$

在二维问题中，可以将力和位移均写成二元形式：

$$A=\int_l(F_x\vec{i}+F_y\vec{j})\cdot(\mathrm{d}x\vec{i}+\mathrm{d}y\vec{j})$$

对比复变函数积分与物理上做功的积分形式可以看出，复变函数积分是由物理上具有实际意义的功和能量问题简化而来的。考虑到复变函数积分变量需要与位置有关，可以联想到物体间受到的万有引力 $\vec{F}(r)$。当然还有其他物理意义的做功可以与复变函数积分类比，如

力矩的功 $A=\int_l \vec{M}\cdot \mathrm{d}\vec{\theta}$ 、电源的电动势 $\varphi=\int_l \vec{E}\cdot \mathrm{d}\vec{l}$ 等。

3.2　柯西积分定理

在物理学中，某函数的积分与路径无关，只与积分的初末位置有关，是有着具体的物理意义的。例如，保守力场中，保守力做功的过程。根据定义，功为力与沿着力的方向上的投影的乘积，保守力做功的曲线积分与路径无关。

在复变函数中，解析函数的积分与路径无关。下面给出具体的定理与推导过程。读者可类比物理学问题进行理解与分析。

3.2.1　单连通区域的柯西积分定理

假设 $f(z)$在单连通区域 σ 内解析，l 为 σ 内任意一条分段光滑曲线，则

$$\oint_l f(z)\mathrm{d}z=0 \tag{3.13}$$

下面给出单连通区域柯西积分定理的证明。

证明：

$$\oint_l f(z)\mathrm{d}z=\oint_l u\mathrm{d}x-v\mathrm{d}y+\mathrm{i}\oint_l v\mathrm{d}x+u\mathrm{d}y$$

且柯西-黎曼条件成立，即

$$\begin{cases}\dfrac{\partial u}{\partial x}=\dfrac{\partial v}{\partial y}\\[2ex]\dfrac{\partial u}{\partial y}=-\dfrac{\partial v}{\partial x}\end{cases}$$

$f'(z)$在 σ 内连续。根据格林公式：

$$\oint_l P\mathrm{d}x+Q\mathrm{d}y=\iint_{\sigma^*}\left(\frac{\partial Q}{\partial x}-\frac{\partial P}{\partial y}\right)\mathrm{d}x\mathrm{d}y$$

σ^* 为以 l 为边界的单连通区域，则

$$\oint_l f(z)\mathrm{d}z=\iint_{\sigma^*}\left(-\frac{\partial v}{\partial x}-\frac{\partial u}{\partial y}\right)\mathrm{d}\sigma+\mathrm{i}\iint_{\sigma^*}\left(\frac{\partial u}{\partial x}-\frac{\partial v}{\partial y}\right)\mathrm{d}\sigma$$

所以

$$\oint_l f(z)\mathrm{d}z=0$$

在理解单连通区域的柯西积分定理时，也可以类比物理学中的静电场与电势的概念。静电场的闭合路径积分等于零，因此解析函数 $f(z)$类似于静电场的场强分布。同时单连通区域也可以类比静电场所在区域。

例 5　计算积分$\oint_l \dfrac{\mathrm{d}z}{z-3}$，其积分路径为 l：$\begin{cases}|z-3|=2\\|z|=2\end{cases}$。

解：① $|z-3|=2$，$\oint_l \dfrac{\mathrm{d}z}{z-3}=2\pi\mathrm{i}$。

由例 3 的结论可知，当奇点在单连通区域内且 $n=1$ 时，可以直接得出结论。

② $|z|=2$，$\oint_l \frac{\mathrm{d}z}{z-3}=0$。

由单连通区域柯西积分定理知，$\oint_l f(z)\mathrm{d}z=0$。不满足$\oint_l \frac{\mathrm{d}z}{(z-a)^n}$的应用条件，$|z|=2<3$，奇点在闭合曲线外，函数在区域$|z|=2$内解析。

推论： 在单连通区域中的解析函数 $f(z)$的积分值只依赖于起点与终点，与积分路径无关。

设 $f(z)$在 σ 内解析，l_1、l_2 为 σ 内由 $A\to B$ 的任意分段光滑曲线，l_1^-、l_2^- 为 l_1、l_2 的反向曲线。

由柯西定理，有

$$\oint_l f(z)\mathrm{d}z=0=\int_{l_1} f(z)\mathrm{d}z+\int_{l_2}^{-} f(z)\mathrm{d}z=\int_{l_1} f(z)\mathrm{d}z-\int_{l_2} f(z)\mathrm{d}z$$

因此

$$\int_{l_1} f(z)\mathrm{d}z=\int_{l_2} f(z)\mathrm{d}z \tag{3.14}$$

故 $f(z)$只要是单连通区域内的解析函数，积分结果就与积分路径无关。

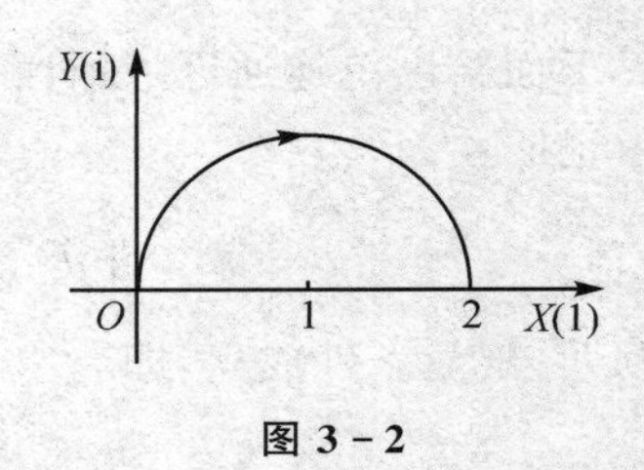

图 3-2

例 6 计算积分$\int_l \sin z\mathrm{d}z$，l：$|z-1|=1$ 的上半圆(见图 3-2)。

解： 由于 $\sin z$ 在全平面解析，因此选始末位置相同的直线路径进行积分即可。

沿 $y=0$，$x=0\to2$：

$$\int_{l_A} \sin z\mathrm{d}z=\int_{l_B} \sin z\mathrm{d}z=\int_0^2 \sin x\mathrm{d}x=1-\cos 2$$

3.2.2 不定积分与原函数(原函数定理)

问题：哪类函数积分与路径无关？对于复函数是否也有不定积分的概念，是否也有如下形式的牛顿-莱布尼茨公式？

$$\int_a^b f(z)\mathrm{d}z=F(b)-F(a)=F(z)\Big|_a^b$$

柯西定理已经回答了积分与路径无关的条件，也就是说，如果在单连通区域 σ 内 $f(z)$解析，则沿 σ 内任一曲线 l(分段光滑曲线)的积分$\int_l f(\zeta)\mathrm{d}\zeta$的值，只与其积分路径的起点与终点有关。积分值相当于电场中某点的电势。因此，当起点固定为 z_0，而令终点 z 为变点时，则不定积分$\int_{z_0}^z f(\zeta)\mathrm{d}\zeta$在 σ 内定义了一个单值函数：

$$F(z)=\int_{z_0}^z f(\zeta)\mathrm{d}\zeta \tag{3.15}$$

定理： 设 $f(z)$在单连通区域 σ 内解析，则由式(3.15)定义的函数 $F(z)$在 σ 内解析，且 $F'(z)=f(z)$。

证明： 在区域 σ 内的任意一点 z 的邻域中取一点 $z+\Delta z$，则由式(3.15)有

$$\frac{F(z+\Delta z)-F(z)}{\Delta z}=\frac{1}{\Delta z}\left[\int_{z_0}^{z+\Delta z} f(\zeta)\mathrm{d}\zeta-\int_{z_0}^{z} f(\zeta)\mathrm{d}\zeta\right]$$

由于 $f(z)$ 在单连通区域 σ 内解析,等号右端积分与路径无关。故 $\int_{z_0}^{z+\Delta z} f(\zeta)\mathrm{d}\zeta$ 积分路径可以选成先由 z_0 到 z,再由 z 到 $z+\Delta z$。于是有

$$\frac{F(z+\Delta z)-F(z)}{\Delta z}=\frac{1}{\Delta z}\left[\int_{z_0}^{z} f(\zeta)\mathrm{d}\zeta+\int_{z}^{z+\Delta z} f(\zeta)\mathrm{d}\zeta-\int_{z_0}^{z} f(\zeta)\mathrm{d}\zeta\right]=\frac{1}{\Delta z}\int_{z}^{z+\Delta z} f(\zeta)\mathrm{d}\zeta$$

又因为

$$f(z)=\frac{1}{\Delta z}\int_{z}^{z+\Delta z} f(z)\mathrm{d}\zeta$$

故有

$$\frac{F(z+\Delta z)-F(z)}{\Delta z}-f(z)=\frac{1}{\Delta z}\int_{z}^{z+\Delta z}[f(\zeta)-f(z)]\,\mathrm{d}\zeta$$

由于 $f(z)$ 在 σ 内连续,因此对于任意给定的 $\varepsilon>0$,可以找到 $\delta>0$,使当 $|\zeta-z|<\delta$ 时,$|f(\zeta)-f(z)|<\varepsilon$,因而有

$$\left|\frac{F(z+\Delta z)-F(z)}{\Delta z}-f(z)\right|=\left|\frac{1}{\Delta z}\int_{z}^{z+\Delta z}[f(\zeta)-f(z)]\,\mathrm{d}\zeta\right|<\frac{1}{|\Delta z|}\int_{z}^{z+\Delta z}\varepsilon\,|\mathrm{d}\zeta|=\varepsilon$$

即

$$\lim_{\Delta z\to 0}\frac{F(z+\Delta z)-F(z)}{\Delta z}=f(z)$$

亦即

$$F'(z)=f(z)$$

与数学分析一样,如果 $\phi'(z)=f(z)$,则称 $\phi(z)$ 为 $f(z)$ 的一个原函数。因此,由不定积分式(3.15)所定义的函数 $F(z)$ 就是被积函数 $f(z)$ 的一个原函数。$f(z)$ 的原函数并不唯一,它们只相差一个常数,即

$$\phi(z)=F(z)+C=\int_{z_0}^{z} f(\zeta)\mathrm{d}\zeta+C$$

$$\phi(z)-F(z)=C$$

$$\phi'(z)-F'(z)=0$$

$$\phi'(z)=F'(z)=f(z)$$

令 $z=z_0$,即终点等于起点,$\phi(z_0)=\int_{z_0}^{z_0} f(\zeta)\mathrm{d}\zeta+C=0+C$。所以

$$\int_{z_0}^{z} f(\zeta)\mathrm{d}\zeta=\phi(z)-\phi(z_0)$$

解析函数的曲线积分可通过求原函数得到,即

$$\int_{z_0}^{z} f(\zeta)\mathrm{d}\zeta=\phi(z)-\phi(z_0),\quad \phi'(z)=f(z) \tag{3.16}$$

例 7　计算 $\int_0^{\mathrm{i}} z\cos z\,\mathrm{d}z$。

解: 函数 $z\cos z$ 在复平面解析:

$$\int_0^{\mathrm{i}} z\cos z\mathrm{d}z=\int_0^{\mathrm{i}} z\mathrm{d}\sin z=z\sin z\Big|_0^{\mathrm{i}}-\int_0^{\mathrm{i}}\sin z\mathrm{d}z$$

$$=\mathrm{i}\sin\mathrm{i}+\cos z\Big|_0^{\mathrm{i}}$$

$$=\mathrm{i}\sin\mathrm{i}+\cos\mathrm{i}-1=\mathrm{e}^{-1}-1$$

多值函数在单值分支里是一个解析函数，如果它在单值分支内的一个单连通区域内解析，则在这个区域可用原函数定理。

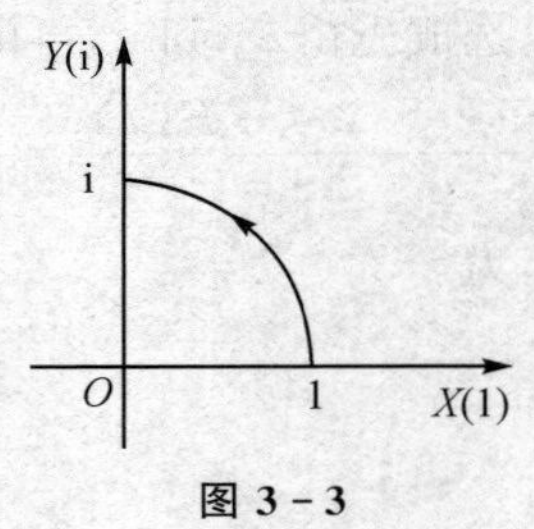

图 3－3

例 8　计算 $\int_1^{\mathrm{i}}\frac{\mathrm{Ln}(z+1)}{z+1}\mathrm{d}z$，积分路径见图 3－3。

解：$\frac{\mathrm{Ln}(z+1)}{z+1}$为多值函数，在单值分支是解析函数，在单值分支内可用原函数定理：

$$\int_1^{\mathrm{i}}\frac{\mathrm{Ln}(z+1)}{z+1}\mathrm{d}z=\frac{1}{2}\mathrm{Ln}^2(1+z)\Big|_1^{\mathrm{i}}$$

$$=\frac{1}{2}\left[\mathrm{Ln}^2(1+\mathrm{i})-\mathrm{Ln}^2 2\right]$$

$$=\frac{1}{2}\left[\left(\frac{1}{2}\ln 2+\frac{\pi}{4}\mathrm{i}\right)^2-(\ln 2+0)^2\right]$$

$$=-\frac{\pi^2}{32}-\frac{3}{8}\ln^2 2+\frac{\pi}{8}\ln 2\mathrm{i}$$

例 9　计算 $\int_0^{2+\mathrm{i}} z^2\mathrm{d}z$

解：函数 z^2 在复平面解析，$f(z)=z^2\Rightarrow\phi(z)=\frac{1}{3}z^3$，因此

$$\int_0^{2+\mathrm{i}} z^2\mathrm{d}z=\phi(z)-\phi(z_0)=\frac{1}{3}z^3\Big|_0^{2+\mathrm{i}}=\frac{2}{3}+\frac{11}{3}\mathrm{i}$$

例 10　计算 $\int_1^2\frac{\mathrm{d}z}{z}$，在区域 σ：$0<\arg z<2\pi$。

解：函数 $1/z$ 在 σ 上解析，则

$$f(z)=\frac{1}{z}$$

可得 $\phi(z)=\ln z$，因此

$$\int_1^2\frac{\mathrm{d}z}{z}=\ln z\Big|_1^2=\ln 2$$

3.2.3　柯西定理的推广

单连通区域的柯西定理指出，闭合曲线 l 及其内部均含在 $f(z)$的解析区域中，则

$$\oint_l f(z)\mathrm{d}z=0$$

推广：如图 3－4 所示，l 为区域 σ 的边界闭合围线，$f(z)$在 σ 区域内解析，且在 $\bar{\sigma}=\sigma+l$ 上连续，则仍有

$$\oint_l f(z)\mathrm{d}z=0 \tag{3.17}$$

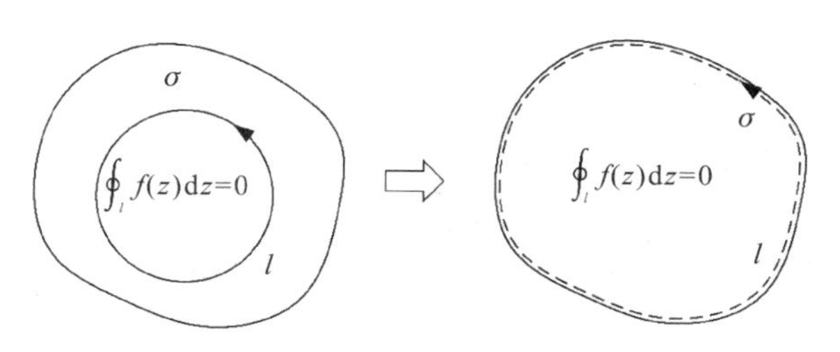

图 3-4

3.2.4　复连通区域的柯西积分定理

1. 双连通区域的柯西积分定理及证明

若 $f(z)$ 在双连通区域 σ 内解析，l 是 σ 内包围不解析区域的任意简单闭合路径，当 l 在 σ 内连续变化时，积分值 $\oint_l f(z)\mathrm{d}z$ 保持不变。l 在 σ 内连续变化指 l 在变化过程中所扫过的面积始终在解析区域内（见图 3-5）。

证明： 在双连通区域 σ 内，任选两条包围不解析区域的简单闭合路径 l_1、l_2（见图 3-6），只要证明如下积分相等即可。

$$\oint_{l_1} f(z)\mathrm{d}z = \oint_{l_2} f(z)\mathrm{d}z$$

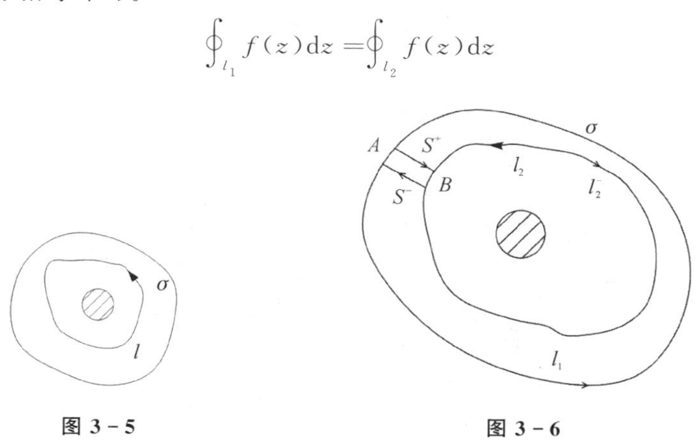

图 3-5　　　　图 3-6

在 l_1 上任取一点 A，在 l_2 上任取一点 B，则有

$$\oint_{l_1} f(z)\mathrm{d}z + \int_{S^+} f(z)\mathrm{d}z + \int_{S^-} f(z)\mathrm{d}z + \oint_{l_2^-} f(z)\mathrm{d}z = 0$$

$f(z)$ 在积分区域解析，可得

$$\oint_{l_1} f(z)\mathrm{d}z = \oint_{l_2} f(z)\mathrm{d}z \tag{3.18}$$

2. 复连通区域的柯西积分定理及证明

假设 l 为复连通区域 σ 内的一条简单闭曲线，$l_1, l_2, \cdots, l_n$ 是 l 内部的简单闭曲线，它们互不相交也不包含，并且以 $l_1, l_2, \cdots, l_n$ 为边界的区域全部含于 σ，如果 $f(z)$ 在 σ 的边界上连续，在 σ 内解析，则有

$$\oint_l f(z)\mathrm{d}z = \oint_{l_1} f(z)\mathrm{d}z + \oint_{l_2} f(z)\mathrm{d}z + \cdots + \oint_{l_n} f(z)\mathrm{d}z$$

或

$$\oint_r f(z)\mathrm{d}z=0$$

$$r=l+l_1^-+l_2^-+\cdots+l_n^-$$

证明：针对三连通区域，见图 3-7，有

$$\oint_l f(z)\mathrm{d}z+\oint_{l_1^-} f(z)\mathrm{d}z+\oint_{l_2^-} f(z)\mathrm{d}z+\int_{S_1^+} f(z)\mathrm{d}z+\int_{S_2^+} f(z)\mathrm{d}z+$$
$$\int_{S_1^-} f(z)\mathrm{d}z+\int_{S_2^-} f(z)\mathrm{d}z=0$$

其中，

$$\int_{S_1^+} f(z)\mathrm{d}z+\int_{S_1^-} f(z)\mathrm{d}z=0$$
$$\int_{S_2^+} f(z)\mathrm{d}z+\int_{S_2^-} f(z)\mathrm{d}z=0$$
$$\oint_l f(z)\mathrm{d}z=\oint_{l_1} f(z)\mathrm{d}z+\oint_{l_2} f(z)\mathrm{d}z$$
$$\oint_l f(z)\mathrm{d}z=\sum_{k=1}^{n}\oint_{l_k} f(z)\mathrm{d}z \tag{3.19}$$

推广为复连通区域的柯西积分定理，以区域边界为围线的闭合积分等价于围绕着区域内有限个奇点的小的闭合积分之和。

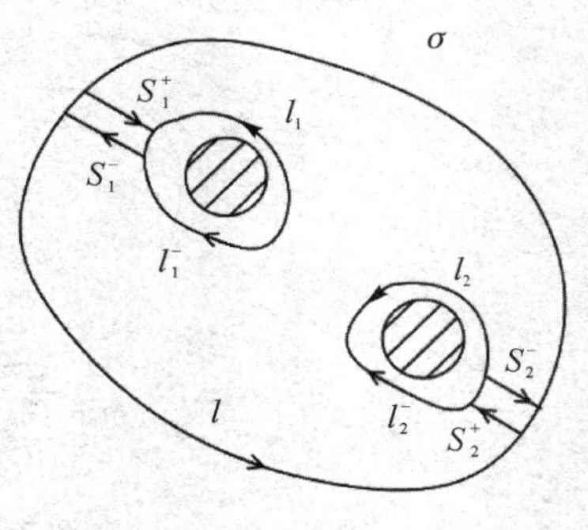

图 3-7

例 11 计算积分$\oint_l \frac{\mathrm{d}z}{(z-a)^n}$。其中，$n$ 为整数，l 为包围 $z=a$ 的任一闭合路径。

解：① 当 $n\leqslant 0$ 时，无奇点，$\frac{1}{(z-a)^n}$在 l 内及 l 上均解析，因此由单连通区域的柯西积分定理，有

$$\oint_l \frac{\mathrm{d}z}{(z-a)^n}=0,\quad n\leqslant 0$$

② 当 $n>0$ 时，$z=a$ 为$\frac{1}{(z-a)^n}$的奇点，在 l 内以 a 为圆心作一小圆 l_ε（含于内），则由复连通区域的柯西积分定理，有

$$\oint_l \frac{\mathrm{d}z}{(z-a)^n}=\oint_{l_\varepsilon} \frac{\mathrm{d}z}{(z-a)^n}=\begin{cases}2\pi\mathrm{i}, & n=1\\ 0, & n\neq 1\text{ 的正整数}\end{cases}$$

例 12　计算积分$\oint_l \frac{dz}{z^2-1}$，l 是圆周 $|z|=a$，$a>2$，见图 3-8。

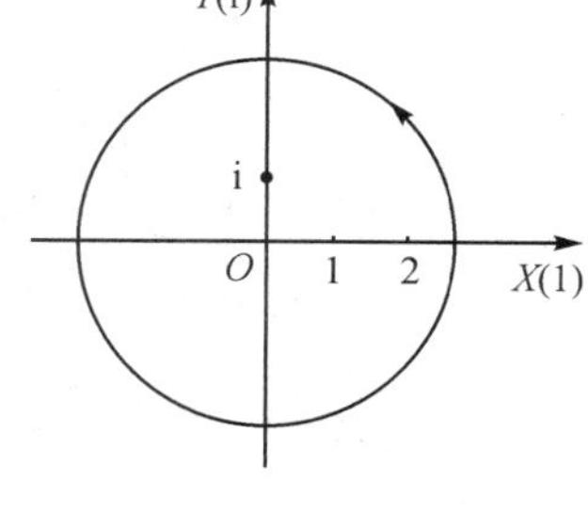

图 3-8

解：$f(z)=\frac{1}{z^2-1}=\frac{1}{2}\left(\frac{1}{z-1}-\frac{1}{z+1}\right)$，$\frac{1}{z^2-1}$ 在 l 内有两个奇点，$z=+1$ 和 $z=-1$，故在 l 内可作两个小圆 l_1 和 l_2。根据复连通区域柯西积分定理，得

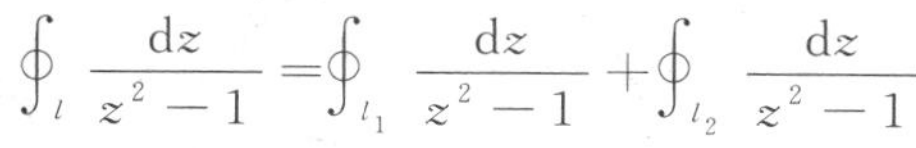

$$\oint_l \frac{dz}{z^2-1}=\oint_{l_1} \frac{dz}{z^2-1}+\oint_{l_2} \frac{dz}{z^2-1}$$

$$\oint_{l_1} \frac{dz}{z^2-1}=\frac{1}{2}\left(\oint_{l_1} \frac{dz}{z-1}-\oint_{l_1} \frac{dz}{z+1}\right)=\frac{1}{2}(2\pi i-0)=\pi i$$

$$\oint_{l_2} \frac{dz}{z^2-1}=\frac{1}{2}\left(\oint_{l_2} \frac{dz}{z-1}-\oint_{l_2} \frac{dz}{z+1}\right)=\frac{1}{2}(0-2\pi i)=-\pi i$$

$$\oint_l \frac{dz}{z^2-1}=\oint_{l_1} \frac{dz}{z^2-1}+\oint_{l_2} \frac{dz}{z^2-1}=0$$

例 13　计算积分$\oint_c \frac{dz}{z^2+1}$，c 是圆周 $|z|=3$。

解：$z^2+1=0$，$z=\pm i$ 为奇点。被积函数可表示为

$$\frac{1}{z^2+1}=\frac{1}{(z+i)(z-i)}=\frac{1}{2i}\left(\frac{1}{z-i}-\frac{1}{z+i}\right)$$

因此

$$\begin{aligned}\oint_c \frac{dz}{z^2+1}&=\oint_{c_1} \frac{dz}{z^2+1}+\oint_{c_2} \frac{dz}{z^2+1}\\&=\frac{1}{2i}\oint_{c_1}\left(\frac{1}{z-i}-\frac{1}{z+i}\right)dz+\frac{1}{2i}\oint_{c_2}\left(\frac{1}{z-i}-\frac{1}{z+i}\right)dz\\&=\frac{1}{2i}\left[\oint_{c_1} \frac{1}{z-i}dz+\oint_{c_2}\left(-\frac{1}{z+i}\right)dz\right]\\&=\frac{1}{2i}(2\pi i-2\pi i)\\&=0\end{aligned}$$

例 14　计算积分$\oint_{|z|=c} \frac{2z-1}{z^2-z}dz$，$c>2$，见图 3-9。

解：

$$\oint_{|z|=c} \frac{2z-1}{z^2-z}dz=\oint_{|z|=c}\left(\frac{1}{z-1}+\frac{1}{z}\right)dz=\oint_{l_1} \frac{1}{z}dz+\oint_{l_2} \frac{1}{z-1}dz$$

其中，$\oint_{l_1} \frac{1}{z-1}dz=0$，$\oint_{l_2} \frac{1}{z}dz=0$，因此

$$\oint_{|z|=c} \frac{2z-1}{z^2-z}dz=2\pi i+2\pi i=4\pi i$$

例 15　计算积分$\oint_{|z|=2} \frac{3z-1}{z(z-1)}dz$。

解：

$$f(z)=\frac{3z-1}{z(z-1)}=\frac{3}{z-1}-\frac{1}{z(z-1)}=\frac{2}{z-1}+\frac{1}{z}$$

在 $|z|=2$ 内有两个奇点，$z=0$ 和 $z=1$，故在内可作两个小圆 l_1 和 l_2，见图 3-10，因此，

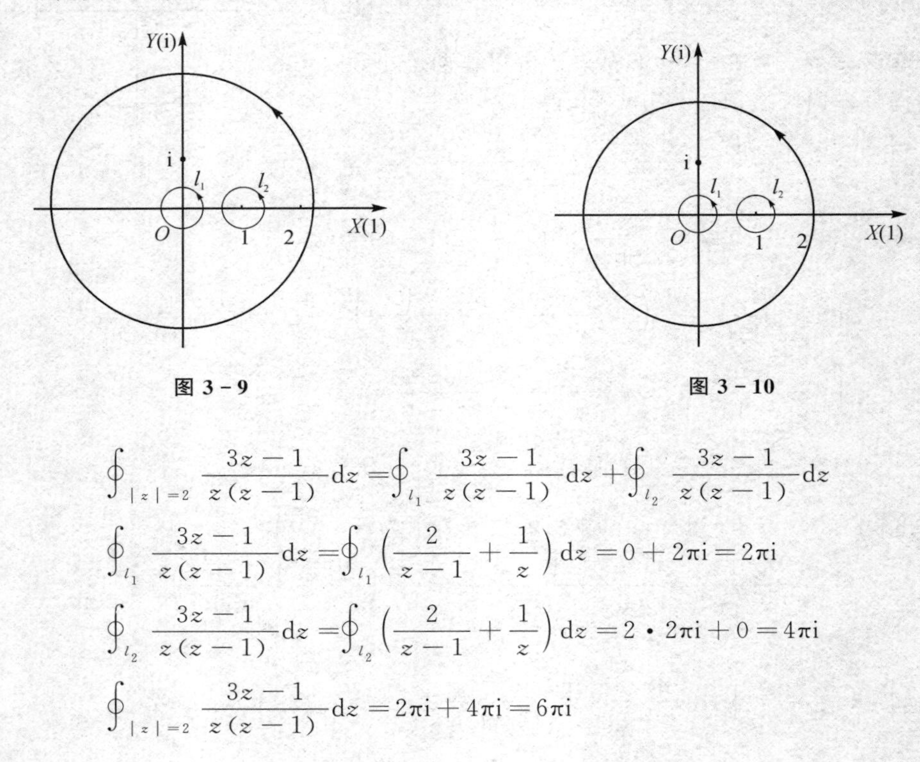

图 3-9　　　　图 3-10

$$\oint_{|z|=2}\frac{3z-1}{z(z-1)}\mathrm{d}z=\oint_{l_1}\frac{3z-1}{z(z-1)}\mathrm{d}z+\oint_{l_2}\frac{3z-1}{z(z-1)}\mathrm{d}z$$

$$\oint_{l_1}\frac{3z-1}{z(z-1)}\mathrm{d}z=\oint_{l_1}\left(\frac{2}{z-1}+\frac{1}{z}\right)\mathrm{d}z=0+2\pi\mathrm{i}=2\pi\mathrm{i}$$

$$\oint_{l_2}\frac{3z-1}{z(z-1)}\mathrm{d}z=\oint_{l_2}\left(\frac{2}{z-1}+\frac{1}{z}\right)\mathrm{d}z=2\cdot 2\pi\mathrm{i}+0=4\pi\mathrm{i}$$

$$\oint_{|z|=2}\frac{3z-1}{z(z-1)}\mathrm{d}z=2\pi\mathrm{i}+4\pi\mathrm{i}=6\pi\mathrm{i}$$

3.3　柯西积分公式

3.3.1　柯西积分公式及证明

设 l 为区域 σ 的边界围线，若 $f(z)$ 在区域 σ 内解析，在 $\bar{\sigma}=\sigma+l$ 上连续，a 为 σ 内任意一点，则

$$f(a)=\frac{1}{2\pi\mathrm{i}}\oint_l\frac{f(z)}{z-a}\mathrm{d}z \tag{3.20}$$

式(3.20)就是柯西积分公式，简称为柯西公式。将式(3.20)整理后可得

$$\oint_l\frac{f(z)}{z-a}\mathrm{d}z=2\pi\mathrm{i}f(a) \tag{3.21}$$

证明： 令 $g(z)=\dfrac{f(z)}{z-a}$ 在 σ 内除 $z=a$ 外均解析，在 σ 内以 a 为圆心、以充分小的 ρ 为半径作圆周 l_ρ，则在以复围线 $l+l_\rho$ 为边界的复连通区域对 $g(z)$ 使用复连通区域柯西定理，得

$$\oint_l\frac{f(z)}{z-a}\mathrm{d}z=\oint_{l_\rho}\frac{f(z)}{z-a}\mathrm{d}z \tag{3.22}$$

可见式(3.22)与 l_ρ 的半径 ρ 无关。只须证明适当选取半径 ρ，使得 $\oint_{l_\rho}\frac{f(z)}{z-a}\mathrm{d}z=2\pi\mathrm{i}f(a)$ 即可。

式(3.22)可进一步表示为

$$\oint_{l_\rho}\frac{f(z)}{z-a}\mathrm{d}z=\oint_{l_\rho}\frac{f(z)-f(a)}{z-a}\mathrm{d}z+\oint_{l_\rho}\frac{f(a)}{z-a}\mathrm{d}z$$

其中，

$$\oint_{l_\rho}\frac{f(z)}{z-a}\mathrm{d}z=f(a)\cdot\oint_{l_\rho}\frac{1}{z-a}\mathrm{d}z=2\pi\mathrm{i}f(a),\quad n=1$$

由 $f(z)$ 的连续性知，对于任意的 $\varepsilon>0$，存在 $\delta>0$，使得当 $|z-a|<\delta$(即 $\rho<\delta$)时，有 $|f(z)-f(a)|<\varepsilon$ 。因此，只要取 $\rho\to0$，便有

$$\left|\oint_{l_\rho}\frac{f(z)-f(a)}{z-a}\mathrm{d}z\right|\leqslant\max_{(\text{在}l_\rho\text{上})}|f(z)-f(a)|\cdot\frac{1}{\rho}\cdot2\pi\rho<2\pi\varepsilon$$

$$\oint_{l_\rho}\frac{f(z)-f(a)}{z-a}\mathrm{d}z=0$$

即柯西公式成立。故

$$\oint_{l}\frac{f(z)}{z-a}\mathrm{d}z=2\pi\mathrm{i}f(a)$$

即

$$f(a)=\frac{1}{2\pi\mathrm{i}}\oint_{l}\frac{f(z)}{z-a}\mathrm{d}z \tag{3.23}$$

更一般地写为

$$f(z)=\frac{1}{2\pi\mathrm{i}}\oint_{l}\frac{f(\zeta)}{\zeta-z}\mathrm{d}\zeta \tag{3.24}$$

柯西积分公式的几点说明：

① 柯西积分公式是复变函数的一个重要公式，是研究复变函数的重要工具。

② 说明解析函数 $f(z)$在区域内部的任意一点的值可以用边界上的积分值表示。或者只要知道解析函数在区域边界的值，区域内部任一点的值都可知。柯西积分公式说明解析函数相互关联的性质(实函数没有)。

③ 给出一种解析函数积分表示方法。z 是 σ 内的自变量，单连通区域柯西积分公式定义了一个解析函数。

数学骑士——柯西

$$f(z)=\frac{1}{2\pi\mathrm{i}}\oint_{l}\frac{f(\zeta)}{\zeta-z}\mathrm{d}\zeta$$

④ 提供了一种计算积分的方法。

例 16　计算积分 $I=\oint_{l}\frac{\mathrm{e}^z}{z(z^2+1)}\mathrm{d}z$。其中，$l:|z-\mathrm{i}|=\frac{1}{2}$。

解：

$$\frac{\mathrm{e}^z}{z(z^2+1)}=\frac{\mathrm{e}^z}{z(z+\mathrm{i})(z-\mathrm{i})}$$

有奇点 $z=0,z=\pm\mathrm{i}$，如图 3-11 所示，仅 $z=\mathrm{i}$ 在 $|z-\mathrm{i}|=\frac{1}{2}$内。

根据柯西积分公式可得

$$I=\oint_{l}\frac{\left[\dfrac{e^{z}}{z(z+i)}\right]}{z-i}dz=\oint_{l_1}\frac{\left[\dfrac{e^{z}}{z(z+i)}\right]}{z-i}dz$$

$$f(i)=\frac{e^{z}}{z(z^{2}+1)}\bigg|_{z=i}$$

$$I=2\pi i f(i)=-\pi ie^{i}=\pi(\sin 1-i\cos 1)$$

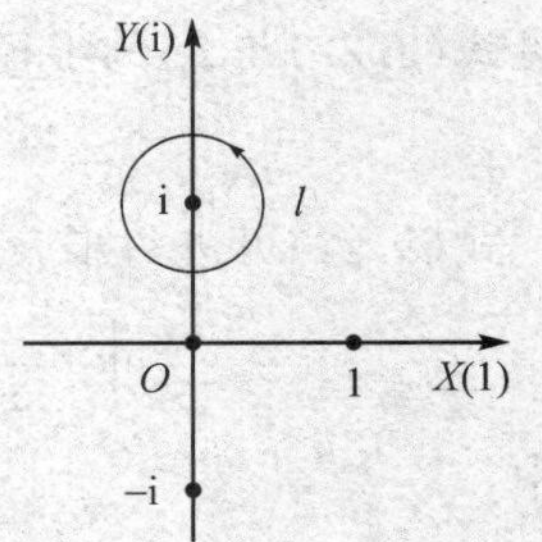

图 3-11

3.3.2 复连通区域的柯西积分公式

以三连通区域为例(见图 3-12)

$$f(z)=\frac{1}{2\pi i}\oint_{l}\frac{f(\zeta)}{\zeta-z}d\zeta+\frac{1}{2\pi i}\oint_{l_1^-}\frac{f(\zeta)}{\zeta-z}d\zeta+\frac{1}{2\pi i}\oint_{l_2^-}\frac{f(\zeta)}{\zeta-z}d\zeta$$

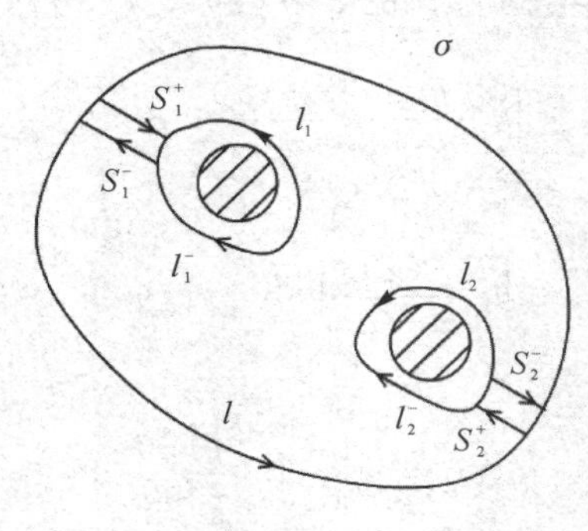

图 3-12

柯西积分公式对于复连通区域也成立,只要把 l 理解成区域全部边界的正向即可,l,l_1,l_2 是简单闭合回路,l_1^-,l_2^- 是 l_1,l_2 的相反方向。

证明: 作割线 S_1^+,S_1^-,S_2^+,S_2^-。$f(z)$在该区域解析。

$$f(z)=\frac{1}{2\pi i}\oint_{l}\frac{f(\zeta)}{\zeta-z}d\zeta+\frac{1}{2\pi i}\left(\oint_{l_1^-}\frac{f(\zeta)}{\zeta-z}d\zeta+\oint_{l_2^-}\frac{f(\zeta)}{\zeta-z}d\zeta+\oint_{S_1^+}\frac{f(\zeta)}{\zeta-z}d\zeta+\oint_{S_1^-}\frac{f(\zeta)}{\zeta-z}d\zeta+\oint_{S_2^+}\frac{f(\zeta)}{\zeta-z}d\zeta+\oint_{S_2^-}\frac{f(\zeta)}{\zeta-z}d\zeta\right)$$

其中,

$$\oint_{S_1^+}\frac{f(\zeta)}{\zeta-z}d\zeta+\oint_{S_1^-}\frac{f(\zeta)}{\zeta-z}d\zeta=0$$

$$\oint_{S_2^+}\frac{f(\zeta)}{\zeta-z}d\zeta+\oint_{S_2^-}\frac{f(\zeta)}{\zeta-z}d\zeta=0$$

$$f(z)=\frac{1}{2\pi i}\left(\oint_{l}\frac{f(\zeta)}{\zeta-z}d\zeta+\oint_{l_1^-}\frac{f(\zeta)}{\zeta-z}d\zeta+\frac{1}{2\pi i}\oint_{l_2^-}\frac{f(\zeta)}{\zeta-z}d\zeta\right)$$

l_1^-,l_2^- 与 l 的正方向相同。复连通区域积分应理解成对区域所有边界的正方向积分。

说明:一个解析函数 $f(z)$在 σ 内的值可由它在该区域边界上的值 $f(\zeta)$确定。柯西积分公式对于复连通区域仍然成立,只要把 l 理解成全部边界的正向。

对于复连通区域而言,有

$$f(z)=\frac{1}{2\pi i}\oint_{l}\frac{f(\zeta)}{\zeta-z}d\zeta+\frac{1}{2\pi i}\sum_{k=1}^{n}\oint_{l_k^-}\frac{f(\zeta)}{\zeta-z}d\zeta \tag{3.25}$$

z 为 $f(z)$ 在闭合环路内的奇点。

3.3.3 无界区域的柯西积分公式

设 $f(z)$ 在闭合路径 $\bar{l}$ 外单值解析，在 $\bar{l}$ 上直到 $\bar{l}$ 外连续，并且 $z\to\infty$ 时 $f(z)$ 一致趋于 0（即任给一个 $\varepsilon>0$，就可以找到一个较大的数 R_1，当 $|z|>R_1$ 时，使得 $|f(z)|<\varepsilon$），则有

$$f(z)=\frac{1}{2\pi i}\oint_{l^-}\frac{f(\zeta)}{\zeta-z}d\zeta \tag{3.26}$$

z 为 $\bar{l}$ 外任意一点，式(3.26)虽用得不多，但可使大家了解柯西积分公式在无边界区域也适用。

证明： 以 $z=0$ 为圆心，R 为半径作一个足够大的圆 C_R，将 l、z 都包含。当 $R\to\infty$ 时，C_R 上有

$$f(z)=\frac{1}{2\pi i}\oint_{C_R}\frac{f(\zeta)}{\zeta-z}d\zeta+\frac{1}{2\pi i}\oint_{l^-}\frac{f(\zeta)}{\zeta-z}d\zeta$$

$|f(z)|<\varepsilon$。又

$$\left|\oint_{C_R}\frac{f(\zeta)}{\zeta-z}d\zeta\right|\leqslant\oint_{C_R}\frac{|f(\zeta)|}{|\zeta-z|}|d\zeta|<\frac{\varepsilon}{R-|z|}\cdot 2\pi R=2\pi\varepsilon\to 0$$

计算复连通区域的闭合曲线积分，一般不用复连通区域柯西积分公式，改用：

$$\begin{cases}\text{复连通区域柯西积分定理}\quad \oint_{l}f(z)dz=\sum_{k=1}^{\infty}\oint_{l_k}f(z)dz\\ \text{单连通区域柯西积分公式}\quad f(a)=\frac{1}{2\pi i}\oint_{l}\frac{f(z)}{z-a}dz\end{cases}$$

3.3.4 柯西积分公式的几个推论

1. 解析函数任意阶导数

设 l 为区域 σ 的边界围线，$f(z)$ 在 σ 内解析，在 $\bar{\sigma}=\sigma+l$ 上连续，在 σ 内 $f(z)$ 的任意阶导数

$$f^{(n)}(z)=\frac{n!}{2\pi i}\oint_{l}\frac{f(\zeta)}{(\zeta-z)^{n+1}}d\zeta,\quad n=1,2,\cdots \tag{3.27}$$

证明略。

例 17 计算积分 $\oint_{l}\frac{e^z}{z^n}dz$，$n=0,\pm1,\pm2\cdots$，$l$：$|z|=1$。

解： ① 若 $n\leqslant0$，$f(z)=e^z z^{-n}$ 解析，由单连通区域柯西定理得 $\oint_{l}f(z)dz=0$；

② 若 $n=1$，$\oint_{l}\frac{e^z}{z^n}dz=2\pi i$；该结果不是从 $\oint_{l}\frac{dz}{(z-a)^n}$ 而来，而是从单连通区域的柯西积分公式 $f(z)=\frac{1}{2\pi i}\oint_{l}\frac{f(\zeta)}{\zeta-z}d\zeta$，$z=0$ 得到，即

$$2\pi i\cdot f(0)=\oint_{l}\frac{f(\zeta)}{\zeta-0}d\zeta=\oint_{l}\frac{f(\zeta)}{\zeta}d\zeta$$

又因为 $f(0)=1$,所以

$$\oint_l \frac{e^z}{z}dz=2\pi i$$

注:要区分

$$\begin{cases}\oint_l \dfrac{dz}{(z-a)^n}, & \text{只是分母有}(z-a)^n\text{,无其他形式} \\ f(a)=\dfrac{1}{2\pi i}\oint_l \dfrac{f(\zeta)}{\zeta-a}d\zeta, & \text{柯西积分公式只有 } n=1 \text{ 的情况}\end{cases}$$

而任意阶导数 $f^n(z)=\dfrac{n!}{2\pi i}\oint_l \dfrac{f(\zeta)}{(\zeta-z)^{n+1}}d\zeta$, $n=1,2,\cdots$ 相当于扩展了柯西积分公式 $n>1$。

③ 若 $n>1$,则

$$\oint_l \frac{e^z}{z^n}dz=\frac{2\pi i}{(n-1)!}\ \frac{d^{n-1}}{dz^{n-1}}e^z\bigg|_{z=0}=\frac{2\pi i}{(n-1)!}$$

2. 柯西型积分

$$f(z)=\frac{1}{2\pi i}\oint_l \frac{\varphi(\zeta)}{\zeta-z}d\zeta$$

$$f^{(p)}(z)=\frac{n!}{2\pi i}\oint_l \frac{\varphi(\zeta)}{(\zeta-z)^{p+1}}d\zeta$$

只要 $f(z)$在 l 上连续,即使 l 不闭合,证明也成立。在闭合或不闭合的曲线 l 上连续的 $\varphi(\zeta)$均有

$$f(z)=\frac{1}{2\pi i}\oint_l \frac{\varphi(\zeta)}{\zeta-z}d\zeta,\quad f^{(p)}(z)=\frac{n!}{2\pi i}\oint_l \frac{\varphi(\zeta)}{(\zeta-z)^{p+1}}d\zeta \tag{3.28}$$

定理 设 $f(t,z)$是 t 和 z 的连续函数,$a\leqslant t\leqslant b$,$z\in\bar{\sigma}=\sigma+l$;对于 $[a,b]$ 中的任何 t 值,$f(t,z)$是$\bar{\sigma}$ 中的单值解析函数,则含参量的定积分所表示的函数为

$$F(z)=\int_a^b f(t,z)\,dt$$

也是 σ 内解析函数,而且

$$F'(z)=\int_a^b \frac{\partial f(t,z)}{\partial z}dt \tag{3.29}$$

证明 $f(z)$在 σ 内解析,$z\in\sigma$,由柯西积分公式有

$$f(t,z)=\frac{1}{2\pi i}\oint_l \frac{f(t,\zeta)}{\zeta-z}d\zeta$$

$$F(z)=\int_a^b f(t,z)\,dt=\int_a^b dt\ \frac{1}{2\pi i}\oint_l \frac{f(t,\zeta)}{\zeta-z}d\zeta=\frac{1}{2\pi i}\oint_l \frac{1}{\zeta-z}\left[\int_a^b f(t,z)\,dt\right]d\zeta$$

这是一个柯西型积分,由于 $\int_a^b f(\Delta t,\zeta)\,dt$ 连续,故 $F(z)$为 σ 内的解析函数,且

$$F'(z)=\frac{1}{2\pi i}\oint_l \frac{1}{(\zeta-z)^2}\left[\int_a^b f(t,z)\,dt\right]d\zeta$$

推论 n 阶导数公式:

$$F'(z)=\int_a^b\left[\frac{1}{2\pi i}\oint_l \frac{f(t,\zeta)}{\zeta-z}d\zeta\right]dt=\int_a^b \frac{\partial f(t,z)}{\partial z}dt$$

3. 柯西不等式

若 $f(z)$在单连通区域 σ 内解析，l 是 σ 内一条简单闭合路径，则

$$|f^{(n)}(z)| \leqslant \frac{n!\ ML}{2\pi d^{n+1}}$$

其中，z 是 l 内的一点，L 是 l 的长度，M 是 $f(z)$在 l 上的上界，d 是 z 到 l 的最短距离。

$$|f^{(n)}(z)| \leqslant \frac{n!}{2\pi}\oint_l \frac{|f(\zeta)|}{|\zeta - z|^{n+1}}|\mathrm{d}\zeta| \leqslant \frac{n!}{2\pi}M\oint_l \frac{|\mathrm{d}\zeta|}{|\zeta - z|^{n+1}}$$

若 σ 内用一个以 $z=0$ 为圆心、R 为半径的圆周 C_R 代替 l，则

$$|f^{(n)}(z)| \leqslant \frac{n!\ M}{R^n}$$

柯西不等式是对解析函数各阶导数模的估计式，表明解析函数在解析点的各阶导数的模与它的解析区域大小相关。

习　题

1. 计算积分 $\int_{-1}^{1}|z|\mathrm{d}z$，积分路径取：(1)直线段；(2)单位圆周的上半；(4)单位圆周的下半。

2. 计算积分 $\int_{1+\mathrm{i}}^{2+4\mathrm{i}} z^2\mathrm{d}z$，积分路径取：(1)沿抛物线 $x=t, y=t^2$，其中 $1\leqslant t\leqslant 2$；(2)沿连接 $1+\mathrm{i}$ 与 $2+4\mathrm{i}$ 的直线；(3)沿从 $1+\mathrm{i}$ 到 $2+\mathrm{i}$，然后再到 $2+4\mathrm{i}$ 的直线。

3. 计算积分 $\int_{\mathrm{i}}^{-\mathrm{i}}(z^2-z+2)\mathrm{d}z$，积分路径为单位圆的上半圆周。

4. 计算下列积分。

(1) $\int_0^{\pi+2\mathrm{i}}\cos\frac{z}{2}\mathrm{d}z$；(2) $\int_1^{1+\frac{\pi}{2}} z\mathrm{e}^z\mathrm{d}z$。

5. 计算 $I=\int_l \frac{\mathrm{d}z}{(z-a)^n}$。其中，$n$ 为整数，l 为以 a 为中心、r 为半径的上半圆周。

6. 计算积分 $\oint_l \frac{\mathrm{d}z}{(z-a)(z-b)}$。其中，闭合曲线 l：

(1) 不包围 a，也不包围 b；(2) 包围 a，不包围 b；(3) 既包围 a，也包围 b。

7. 由积分 $\oint_{|z|=1}\frac{\mathrm{d}z}{z+2}$ 的值证明：

$$\int_0^{2\pi}\frac{1+2\cos\theta}{5+4\cos\theta}\mathrm{d}\theta = 0$$

8. 计算下列积分，其中 l 均为 $|z|=2$。

(1) $\oint_l \frac{2z^2-z+1}{z-1}\mathrm{d}z$；(2) $\oint_l \frac{\sin\frac{\pi}{4}z}{z^2-1}\mathrm{d}z$；(3) $\oint_l \frac{z+2}{(z+1)z}\mathrm{d}z$；(4) $\oint_l \frac{1}{z^4-1}\mathrm{d}z$。

9. 计算下列积分。

(1) $\oint_l \frac{\cos\pi z}{(z-1)^5}\mathrm{d}z$；(2) $\oint_l \frac{\mathrm{e}^z}{(z^2+1)^2}\mathrm{d}z$；(3) $\oint_l \frac{z-\sin z}{z^6}\mathrm{d}z$；(4) $\oint_l \frac{2z^2-z+1}{(z-1)^3}\mathrm{d}z$。

其中，l：$|z|=a$，$a>1$。

10. 已知 $f(z)=\oint_l \frac{3\xi^2+7\xi+1}{\xi-2}\mathrm{d}\xi$，$l$ 为圆 $|\xi|=3$，求 $f'(1+\mathrm{i})$。

11. 计算积分 $\frac{1}{2\pi\mathrm{i}}\oint_l \frac{\mathrm{e}^z}{z(1-z)^3}\mathrm{d}z$，若：(1) $z=0$ 在 l 内，$z=1$ 在 l 外；(2) $z=1$ 在 l 内，$z=0$ 在 l 外；(3) $z=0$，$z=1$ 均在 l 内。

第4章 级 数

复变函数的幂级数比实变函数的幂级数在应用中更丰富。复变函数中,复变函数项级数是研究解析函数的另一个重要工具。读者通过本章的学习,可以发现复变函数的泰勒级数可以描述解析点的性质,罗朗级数可以描述函数奇点的性质。

4.1 复变函数项级数

4.1.1 复级数

在区域 σ 内定义一个无限的复数序列 $f_n, n=0,1,2,\cdots$

$$\sum_{n=0}^{\infty} f_n = f_0 + f_1 + \cdots + f_n + \cdots \tag{4.1}$$

称为复级数,该复数序列的每项均为复数。它的部分和

$$F_k = f_0 + f_1 + f_2 + \cdots + f_k, \quad k=0,1,2,\cdots \tag{4.2}$$

所构成的序列 $\{F_k\}$ 收敛(极限存在),即

$$\lim_{k\to\infty} F_k = F$$

则称级数 $\sum_{n=1}^{\infty} f_n$ 收敛于 F。

4.1.2 复变函数项级数

对于复变函数项级数,在区域 σ 内定义一个无限的复变函数项序列 $f_n(z), n=0,1,2,\cdots$

$$\sum_{n=0}^{\infty} f_n(z) = f_0(z) + f_1(z) + \cdots + f_n(z) + \cdots \tag{4.3}$$

定义其部分和

$$F_k(z) = f_0(z) + f_1(z) + \cdots + f_k(z), \quad k=0,1,2,\cdots$$

部分和的集组成一个序列 $\{F_k(z)\}, k=0,1,2,\cdots$,在区域 σ 内序列极限存在:

$$\lim_{k\to\infty} F_k(z) = F(z)$$

即 $\forall \varepsilon > 0$,存在正整数 $N(\varepsilon, z)$,当 $k > N$ 时,满足

$$|F_k(z) - F(z)| < \varepsilon \tag{4.4}$$

称复变函数项级数在 σ 内收敛于 $F(z)$。

如果上述 N 不依赖于 z,则有如下一致收敛概念:$\forall \varepsilon > 0$,存在与 z 无关的正整数 $N(\varepsilon)$,当 $k > N$ 时,对一切 $z \in \sigma$ 均满足

$$|F_k(z) - F(z)| < \varepsilon$$

则称复变函数项级数在 σ 内一致收敛于 $F(z)$。

4.1.3 复变函数项级数一致收敛的判别

1. 柯西一致收敛判据

$\sum_{n=0}^{\infty} f_n(z)$ 在 σ 上一致收敛的充分必要条件是：$\forall \varepsilon>0$，存在与 z 无关的正整数 $N(\varepsilon)$，当 $n>N$ 时，对于一切 $z\in\sigma$ 及任意的自然数 p 均有

$$|f_{n+1}(z)+f_{n+2}(z)+\cdots+f_{n+p}(z)|<\varepsilon,\quad p=1,2,\cdots$$

由柯西一致收敛判据可得一种常用的一致收敛的判别法。

2. 一致收敛判别法(M 判别法)

若 $F_n(z)$ 在区域 σ 内有定义，$\sum_{n=0}^{\infty} M_n$ 为一收敛的正项级数，并且在 σ 上恒有

$$|F_n(z)|<M_n \tag{4.14}$$

则 $\sum_{n=0}^{\infty} f_n(z)$ 在 σ 内一致收敛。由于 $\sum_{n=0}^{\infty} M_n$ 是常数项级数，因此 $\sum_{n=0}^{\infty} f_k(z)$ 的收敛性质和在 σ 中的点 z 无关，根据一致收敛的定义知，其在 σ 内一致收敛。

一致收敛判别法把判别复变函数项级数的一致收敛性转化为判别正项级数的收敛性，而正项级数的收敛性的判别是比较容易的。

3. 一致收敛的性质

① 连续性。

若 $f_n(z)$ 在区域 σ 内连续，且 $\sum_{n=0}^{\infty} f_n(z)$ 在 σ 内一致收敛于 $F(z)$，则 $F(z)$ 也在 σ 内连续。

② 逐项可积性。

若 $f_n(z)$ 在简单曲线 l 上连续，且 $\sum_{n=0}^{\infty} f_n(z)$ 在 l 上一致收敛于 $F(z)$，则

$$\int_l F(z)\,\mathrm{d}z=\int_l \sum_{n=0}^{\infty} f_n(z)\,\mathrm{d}z=\sum_{n=0}^{\infty}\left[\int_l f_n(z)\,\mathrm{d}z\right] \tag{4.15}$$

③ 逐项可导。

若 $f_n(z)$ 在区域 σ 内解析，且级数 $\sum_{n=0}^{\infty} f_n(z)$ 在 σ 内一致收敛于 $F(z)$，则 $F(z)$ 在 σ 内解析，且

$$\frac{\mathrm{d}F(z)}{\mathrm{d}z}=\frac{\mathrm{d}}{\mathrm{d}z}\left[\sum_{n=0}^{\infty} f_n(z)\right]=\sum_{n=0}^{\infty}\frac{\mathrm{d}f_n(z)}{\mathrm{d}z} \tag{4.16}$$

在 σ 内级数可逐项求导至任意阶，且有

$$F^{(n)}(z)=\sum_{k=0}^{\infty} f_k^{(n)}(z)$$

例 1 判断收敛性。

(1) $\sum_{n=1}^{\infty}\left(\frac{1}{2^n}+\frac{\mathrm{i}}{n}\right)$； (2) $\sum_{n=1}^{\infty}\frac{(2\mathrm{i})^n}{n^n}$； (3) $\sum_{n=1}^{\infty}\left[\frac{(-1)^n}{n}+\frac{\mathrm{i}}{2^n}\right]$

解：(1) 因为 $\sum_{n=1}^{\infty}\frac{1}{n}$ 是调和级数，是发散的，所以原复变函数项级数发散。

(2) 因为 $\left|\frac{(2\mathrm{i})^n}{n^n}\right|=\frac{2^n}{n^n}<\left(\frac{1}{2}\right)^n$，所以级数 $\sum_{n=1}^{\infty}\frac{2^n}{n^n}$ 收敛，$\sum_{n=1}^{\infty}\frac{(2\mathrm{i})^n}{n^n}$ 绝对收敛。

(3) 由于 $\sum_{n=1}^{\infty}\frac{1}{2^n}$ 和 $\sum_{n=1}^{\infty}\frac{(-1)^n}{n}$ 是交错级数，是发散的，故原复变函数项级数是发散的。

4.2 幂级数

4.2.1 幂级数的定义

由幂级数组成的无穷级数

$$\sum_{k=0}^{\infty}a_k(z-b)^k=a_0+a_1(z-b)+\cdots+a_k(z-b)^k+\cdots \tag{4.17}$$

称为以 b 为中心的幂级数，其中 $a_0,\cdots,a_k,b$ 都是复常数。

4.2.2 幂级数的收敛性(阿贝定理)

若级数在某点 $z\to z_0$ 收敛，则它在以 b 为圆心、$|z_0-b|$ 为半径的圆内绝对收敛，而且在任何一个较小的闭圆 $|z-b|\leqslant\rho(\rho<|z_0-b|)$ 范围内一致收敛。

证明：级数在 z_0 点收敛，根据级数收敛的必要条件：

$$\lim_{k\to\infty}a_k(z-b)^k=0 \tag{4.18}$$

存在一正数 $h(\exists h)$，使得

$$|a_k(z-b)^k|<h,\quad k=0,1,2,\cdots \tag{4.19}$$

$$|a_k(z-b)^k|=\left|a_k(z_0-b)^k\cdot\frac{(z-b)^k}{(z_0-b)^k}\right|$$

$$=|a_k(z_0-b)^k|\cdot\left|\frac{(z-b)^k}{(z_0-b)^k}\right|<h\left|\frac{(z-b)^k}{(z_0-b)^k}\right|<h\,\frac{\rho^k}{|z_0-b|^k}$$

其中，$\sum_{k=0}^{\infty}\frac{\rho^k}{|z_0-b|^k}$ 是一个收敛的常数项级数(几何级数)。$\frac{\rho}{|z-b|}<1$ 由 M 判别法在 $|z-b|\leqslant\rho(\rho<|z-b|)$ 中一致收敛。在 σ 内，$|F_k(z)|\leqslant M_k$，且 M_k 为与 z 无关的正数，$\sum_{k=0}^{\infty}M_k$ 收敛，$\sum_{k=0}^{\infty}F_k(z)$ 在 σ 内一致收敛。

例 2 讨论 $\sum_{k=0}^{\infty}z^k=1+z+z^2+\cdots$ 的收敛性质。

解：

① 当 $|z|<1$，$|z^k|\leqslant|z|^k\leqslant q^k<1$，正项级数 $\sum_{k=0}^{\infty}q^k$ 收敛。$\sum_{k=0}^{\infty}|z^k|$ 收敛，$\sum_{k=0}^{\infty}z^k$ 绝对收敛。$\sum_{k=0}^{\infty}z^k$ 为

$$F_k(z)=1+z+\cdots+z^{k-1}=\frac{1-z^k}{1-z}$$

又因为$\lim\limits_{k\to\infty} z^k=0$,所以

$$\lim_{k\to\infty}F_k(z)=\lim_{k\to\infty}\frac{1-z^k}{1-z}=\frac{1}{1-z}$$

② 当$|z|\geqslant 1$,$|z^k|\geqslant 1$时,不可能以零为极限,$\lim\limits_{k\to\infty}F_k(z)\neq 0$,从而级数发散。因此,$\sum\limits_{k=0}^{\infty}z^k$ 在$|z|<1$内收敛,收敛半径$R=1$,且

$$\sum_{k=0}^{\infty}z^k=\frac{1}{1-z},\quad |z|<1 \tag{4.20}$$

由式(4.20)可进一步推出

$$\sum_{k=0}^{\infty}(-1)^k z^k=\frac{1}{1+z},\quad |z|<1 \tag{4.21}$$

对式(4.20)和式(4.21)两边微分,有

$$\sum_{k=0}^{\infty}kz^{k-1}=\frac{1}{(1-z)^2},\quad |z|<1 \tag{4.22}$$

$$\sum_{k=0}^{\infty}(-1)^{k-1}kz^{k-1}=\frac{1}{(1+z)^2},\quad |z|<1 \tag{4.23}$$

再将式(4.22)和式(4.23)中的k用$k+1$替换,可得

$$\sum_{k=0}^{\infty}(k+1)z^k=\frac{1}{(1-z)^2},\quad |z|<1 \tag{4.24}$$

$$\sum_{k=0}^{\infty}(-1)^k(k+1)z^k=\frac{1}{(1+z)^2},\quad |z|<1 \tag{4.25}$$

推论:若级数在$z=z_1$发散,则在圆$|z-b|=|z_1-b|$外处处发散。

下面应用反证法证明该推论:

若$|z-b|=|z_1-b|$外一点$z=z_2$收敛,则$|z-b|=|z_2-b|$内收敛,与$z=z_1$发散矛盾。

4.2.3 收敛半径

收敛圆及收敛半径:

幂级数的收敛区域和发散区域是不可能相间的。因此对于幂级数,必然存在一个以b为圆心,以R($0\leqslant R<\infty$)为半径的圆,在圆内级数一致收敛,在圆外级数发散,这个圆称为幂级数的收敛圆,R为收敛半径。

1. 比值判别法

若

$$\lim_{k\to\infty}\left|\frac{f_{k+1}}{f_k}\right|=\lim_{k\to\infty}\left|\frac{a_{k+1}}{a_k}\right|\cdot\frac{|z-b|^{k+1}}{|z-b|^k}=\lim_{k\to\infty}\left|\frac{a_{k+1}}{a_k}\right|\cdot|z-b|$$

$$\lim_{k\to\infty}\left|\frac{a_{k+1}}{a_k}\right|\cdot|z-b|\begin{cases}<1,\text{收敛}\\>1,\text{发散}\end{cases} \tag{4.26}$$

$$|z-b|<\lim_{k\to\infty}\left|\frac{a_k}{a_{k+1}}\right|，收敛 \tag{4.27}$$

$$|z-b|>\lim_{k\to\infty}\left|\frac{a_{k+1}}{a_k}\right|，发散 \tag{4.28}$$

则，收敛半径为

$$R=\lim_{k\to\infty}\left|\frac{a_k}{a_{k+1}}\right| \tag{4.29}$$

例 3　求级数 $\sum\limits_{k=0}^{\infty}z^k,\sum\limits_{k=0}^{\infty}\frac{z^k}{k},\sum\limits_{k=0}^{\infty}\frac{z^k}{k^2}$ 的收敛半径，并讨论它们在收敛圆周上的敛散性。

解：

① $R=\lim\limits_{k\to\infty}\left|\frac{a_k}{a_{k+1}}\right|=\lim\limits_{k\to\infty}\left|\frac{1}{1}\right|=1$；

② $R=\lim\limits_{k\to\infty}\left|\frac{a_k}{a_{k+1}}\right|=\lim\limits_{k\to\infty}\left|\frac{\frac{1}{k}}{\frac{1}{k+1}}\right|=1$；

③ $R=\lim\limits_{k\to\infty}\left|\frac{a_k}{a_{k+1}}\right|=\lim\limits_{k\to\infty}\left|\frac{\frac{1}{k^2}}{\frac{1}{(k+1)^2}}\right|=1$。

三个级数的收敛半径均为 1，当 $|z|<1$ 时，收敛。但在收敛圆周上（$|z|=1$），它们的敛散性却不一样。

$\sum\limits_{k=0}^{\infty}z^k$ 在 $|z|=1$ 上由于一般项不趋于零，故处处发散。

$\sum\limits_{k=0}^{\infty}\frac{z^k}{k}$ 在 $z=1$ 上是调和级数，发散；在 $z=-1$ 上是交错级数，收敛。

$\sum\limits_{k=0}^{\infty}\frac{z^k}{k^2}$ 在 $|z|=1$ 上是一个 p 级数，收敛。

2. 根式判别法

应用正项级数的根式判别法可得收敛半径的另一种表达式。若

$$\lim_{k\to\infty}\sqrt[k]{|a_k||z-b|^k}=\lim_{k\to\infty}\sqrt[k]{|a_k|}\,|z-b|<1 \tag{4.30}$$

则

$$|z-b|<\frac{1}{\lim\limits_{k\to\infty}\sqrt[k]{|a_k|}} \tag{4.31}$$

因此正项级数收敛。

令

$$R=\frac{1}{\lim\limits_{k\to\infty}\sqrt[k]{|a_k|}} \tag{4.32}$$

则

$$R = \lim_{k\to\infty} \frac{1}{\sqrt[k]{|a_k|}} = \lim_{k\to\infty} \frac{1}{|a^k|^{\frac{1}{k}}} \tag{4.33}$$

例 4 求 $\sum_{n=0}^{\infty} \frac{1}{2^{2n}} \cdot z^{2n}$ 的收敛半径。

解: 用根式判别法,可得

$$R = \frac{1}{\lim_{n\to\infty} \left| \frac{1}{2^{2n}} \right|^{\frac{1}{2n}}} = 2$$

用比值判别法,可得

$$\lim_{n\to\infty} \left| \frac{f_{n+1}}{f_n} \right| = \lim_{n\to\infty} \left| \frac{\frac{1}{2^{2(n+1)}} \cdot z^{2(n+1)}}{\frac{1}{2^{2n}} \cdot z^{2n}} \right| = \lim_{n\to\infty} \left| \frac{2^{2n}}{2^{2n+2}} \cdot z^2 \right| \begin{cases} <1,\text{收敛} \\ >1,\text{发散} \end{cases}$$

其中,$\frac{|z|^2}{2^2}<1$ 收敛,$|z|<2$;$\frac{|z|^2}{2^2}>1$ 发散,$|z|>2$。因此 $R=2$。

但若直接写为

$$R = \lim_{n\to\infty} \left| \frac{a_n}{a_{n+1}} \right| = \lim_{n\to\infty} \left| \frac{\frac{1}{2^{2n}}}{\frac{1}{2^{2n+2}}} \right| = 4$$

则结果错误,因为比值中出现的并不是 $|z-b|$ 的一次方。

4.3 泰勒级数

布鲁克·泰勒

幂级数在其收敛圆内可代表一个解析函数。反之,解析函数在其解析区域内可展开为幂级数,这种展开即称为泰勒展开。泰勒展开后的幂级数称为泰勒级数。

4.3.1 泰勒定理

设 $f(z)$ 在区域 σ 内解析,则在该区域内任意一点 $z=b$ 的邻域 $|z-b|<R$(包含于 σ 内),$f(z)$ 可展开为如下唯一的幂函数:

$$f(z) = \sum_{k=0}^{\infty} a_k (z-b)^k \tag{4.34}$$

$f(z)$ 在 b 的一个邻域内的泰勒展开式系数为

$$a_k = \frac{1}{k!} f^{(k)}(b), \quad k=0,1,2,\cdots \tag{4.35}$$

其中,a_k 简称为 $f(z)$ 在 b 的泰勒系数,收敛范围为 $|z-b|<R$,收敛半径是 R。

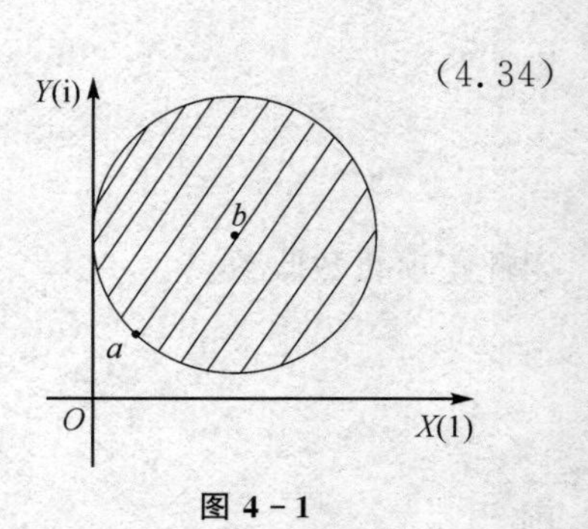

图 4-1

设 a 是 $f(z)$ 离展开中心 b 最近的奇点,如图 4-1 所示,则泰勒展开的收敛半径为 $R=|a-b|$,说明 $f(z)$ 在

$|z-b|<|a-b|$ 内处处解析，大于 $|a-b|$ 不解析，同时收敛半径不小于 $|a-b|$。因此只能 $R=|a-b|$（可以理解为 $|z-b|<|a-b|$ 是 $z=b$ 的最大邻域）。

证明： 假设 $w=f(z)$ 在单连通区域 σ 内解析，b 是 σ 内的一点，b 的一个邻域 $|z-b|<R$ 也在 σ 内，其边界为 C_R。由柯西积分公式得

$$\begin{aligned} f(z) &= \frac{1}{2\pi \mathrm{i}} \oint_{C_R} \frac{f(\xi)}{\xi - z} \mathrm{d}\xi \\ &= \frac{1}{2\pi \mathrm{i}} \oint_{C_R} \frac{f(\xi)}{\xi - b - (z-b)} \mathrm{d}\xi \\ &= \frac{1}{2\pi \mathrm{i}} \oint_{C_R} \frac{f(\xi)}{(\xi - b)\left(1 - \dfrac{z-b}{\xi - b}\right)} \mathrm{d}\xi \end{aligned}$$

对于 C_R 上的任意一点，有

$$|z-b|<|\xi-b|$$

即

$$\left|\frac{z-b}{\xi-b}\right|<1$$

$$\frac{1}{1-\dfrac{z-b}{\xi-b}} = \sum_{n=0}^{\infty}\left(\frac{z-b}{\xi-b}\right)^n = \sum_{n=0}^{\infty}\frac{1}{(\xi-b)^n}\cdot(z-b)^n$$

则

$$\begin{aligned} f(z) &= \frac{1}{2\pi \mathrm{i}} \oint_{C_R} \frac{f(\xi)}{\xi - z} \mathrm{d}\xi \\ &= \frac{1}{2\pi \mathrm{i}} \oint_{C_R} \sum_{n=0}^{\infty} \frac{f(\xi)}{(\xi-b)^{n+1}}(z-b)^n \mathrm{d}\xi \\ &= \sum_{n=0}^{\infty}\left[\frac{1}{2\pi \mathrm{i}} \oint_{C_R} \frac{f(\xi)}{(\xi-b)^{n+1}} \mathrm{d}\xi\right](z-b)^n \\ &= \sum_{n=0}^{\infty} a_n (z-b)^n \end{aligned}$$

其中，

$$a_n = \frac{1}{2\pi \mathrm{i}} \oint_{C_R} \frac{f(\xi)}{(\xi-b)^{n+1}} \mathrm{d}\xi = \frac{1}{n!} f^{(n)}(b)$$

若 $w=f(z)$ 在单连通区域 σ 内解析，且 b 是内点，则能展开成泰勒级数的 b 点的邻域有无穷多个，最大的邻域 $|z-b|<|z_A-b|$，其中 z_A 是离 b 点最近的奇点，相应的泰勒级数收敛半径为 $R=|z_A-b|$。

例 5　将 $w=\dfrac{1}{1+z}$ 在 $z=z_0$ 点展开成泰勒级数，并指出收敛范围。

解： 在 $z=z_0$ 展开，泰勒级数形式上应为 $a_n(z-z_0)^n$，又因为 $z=-1$ 为 $\dfrac{1}{1+z}$ 唯一的奇点，所以收敛半径为 $R=|(-1)-z_0|=|1+z_0|$，相应的收敛范围为 $|z-z_0|<|1+z_0|$，即 $\dfrac{|z-z_0|}{|1+z_0|}<1$，故

$$f(z)=\frac{1}{1+z}=\frac{1}{1+z_0+z-z_0}$$
$$=\frac{1}{1+\frac{z-z_0}{1+z_0}}\cdot\frac{1}{1+z_0}$$
$$=\frac{1}{1+z_0}\cdot\sum_{k=0}^{\infty}(-1)^k\cdot\left(\frac{z-z_0}{1+z_0}\right)^k$$
$$=\sum_{n=0}^{\infty}(-1)^k\cdot\frac{(z-z_0)^k}{(1+z_0)^{k+1}}$$

为收敛圆$|z-z_0|<|1+z_0|$内的泰勒级数。

4.3.2 泰勒展开方法

① 用泰勒定理展开：

$$f(z)=\sum_{k=0}^{\infty}a_k(z-b)^k$$
$$a_k=\frac{1}{k!}f^{(k)}(b),\quad k=0,1,2,\cdots$$

② 用已知的例题结论实现泰勒展开。

通过下面的例题，学习并比较用不同的方法实现函数的泰勒展开。

例 6 求 $f(z)=\mathrm{e}^z$ 在 $z=0$ 处的泰勒展开式。e^z 在复平面处处解析，∞是它的奇点。

解： 在 $z=0$ 处，用泰勒定理展开：

$$a_k=\frac{1}{k!}f^{(k)}(b)=\frac{1}{k!}\cdot\frac{\mathrm{d}^k\mathrm{e}^z}{\mathrm{d}z^k}\Big|_{z=0}=\frac{1}{k!},\quad k=0,1,2,\cdots$$

于是 e^z 在 $z=0$ 处的展开为

$$\mathrm{e}^z=1+z+\frac{z^2}{2!}+\cdots+\frac{z^k}{k!}+\cdots,\quad |z|<\infty$$
$$\mathrm{e}^z=\sum_{k=0}^{\infty}\frac{z^k}{k!},|z|<\infty$$

例 7 将 $f(z)=\frac{1}{1-z}$在 $z=0$ 处展开为泰勒级数。

解： $\frac{1}{1-z}$在 $z=0$ 的邻域内解析，其中 $z=1$ 是奇点，因此泰勒展开的收敛范围为$|z|<1$。由泰勒定理可得

$$a_k=\frac{1}{k!}\cdot\frac{\mathrm{d}^k\left(\frac{1}{1-z}\right)}{\mathrm{d}z^k}\Bigg|_{z=0}=\frac{k!}{k!}=1$$

$[(1-z)^{-1}]'=(-1)(-1)(1-z)^{-2}$, $\quad a_1=(-1)^2$

$[(1-z)^{-1}]''=(-1)(-1)(-1)(-2)(1-z)^{-3}$, $\quad a_2=(-1)^4$

$[(1-z)^{-1}]'''=(-1)(-1)(-1)(-2)(-1)(-3)(1-z)^{-4}$, $\quad a_3=(-1)^6$

$[(1-z)^{-1}]''''=(-1)(-1)(-1)(-2)(-1)(-3)(-1)(-4)(1-z)^{-5}$, $\quad a_4=(-1)^8$

因此可归纳为

$$\frac{1}{1-z}=1+z+z^2+\cdots+z^k+\cdots=\sum_{k=0}^{\infty}z^k,\quad |z|<1$$

当然也可用例 2 中式(4.20)直接得到结论。

例 8　将 $f(z)=\dfrac{1}{1+z}$ 在 $z=0$ 处展开为泰勒级数。

解： 由于 $z=-1$ 是 $\dfrac{1}{1+z}$ 的奇点，因此泰勒级数的收敛半径为 $|z|<1$，由泰勒定理可得

$$a_k=\frac{1}{k!}\cdot\frac{\mathrm{d}^k\left(\dfrac{1}{1+z}\right)}{\mathrm{d}z^k}\Bigg|_{z=0}=(-1)^k,\quad k=0,1,2,\cdots$$

$$[(1+z)^{-1}]'=(-1)(1+z)^{-2},\qquad a_1=(-1)^1$$

$$[(1+z)^{-1}]''=(-1)(-2)(1+z)^{-3},\qquad a_2=(-1)^2$$

$$[(1+z)^{-1}]'''=(-1)(-2)(-3)(1+z)^{-4},\qquad a_3=(-1)^3$$

$$[(1+z)^{-1}]''''=(-1)(-2)(-3)(-4)(1+z)^{-5},\qquad a_4=(-1)^4$$

因此可归纳为

$$f(z)=\frac{1}{1+z}=1-z+z^2-z^3+\cdots+z^k(-1)^k+\cdots,\quad |z|<1$$

即

$$\frac{1}{1+z}=\sum_{k=0}^{\infty}(-1)^k z^k\quad 或\quad \frac{1}{1+z}=\frac{1}{1-(-z)}=\sum_{k=0}^{\infty}(-z)^k$$

例 9　将 $f(z)=\sin z$ 与 $f(z)=\cos z$ 在 $z=0$ 处进行泰勒展开。

解：

$$\sin z=\frac{\mathrm{e}^{\mathrm{i}z}-\mathrm{e}^{-\mathrm{i}z}}{2\mathrm{i}}=\frac{1}{2\mathrm{i}}\left[\sum_{k=0}^{\infty}\frac{(\mathrm{i}z)^k}{k!}-\sum_{k=0}^{\infty}\frac{(-\mathrm{i}z)^k}{k!}\right]=\sum_{k=0}^{\infty}\frac{(-1)^k z^{2k+1}}{(2k+1)!},\quad |z|<\infty$$

$$\cos z=\frac{\mathrm{e}^{\mathrm{i}z}+\mathrm{e}^{-\mathrm{i}z}}{2}=\sum_{k=0}^{\infty}\frac{(-1)^k z^{2k}}{(2k)!},\quad |z|<\infty$$

例 10　将 $\dfrac{1}{1-z^2}$ 在 $z=0$ 的邻域进行泰勒展开。

解：

方法一：

已知 $\dfrac{1}{1-z}=\sum\limits_{k=0}^{\infty}z^k$，　$|z|<1$，设 $z^2=t$，则

$$\frac{1}{1-z^2}=\frac{1}{1-t}=\sum_{k=0}^{\infty}t^k,\quad |z|<1;$$

因此

$$\frac{1}{1-z^2}=\sum_{k=0}^{\infty}z^{2k},\quad |z|<1$$

方法二：

$$\begin{aligned}\frac{1}{1-z^2}&=\frac{1}{2}\left(\frac{1}{1+z}+\frac{1}{1-z}\right)\\&=\frac{1}{2}\left[\sum_{k=0}^{\infty}(-1)^k z^k+\sum_{k=0}^{\infty}z^k\right]\\&=1+(1-1)z+(1-1+1)z^2+(-1+1-1+1)z^3+\cdots\\&=1+z^2+z^4+\cdots\\&=\sum_{k=0}^{\infty}z^{2k}\end{aligned}$$

例 11　将 $f(z)=\frac{z}{z+2}$ 在 $z=\pm1$ 处分别展开为泰勒级数。

解：奇点 $z=-2$。

以 $z=-1$ 为中心将 $f(z)$ 展开为 $\sum_{k=0}^{\infty}a_k[z-(-1)]^k$ 形式的泰勒级数，因此 $|z-(-1)|<|-2-(-1)|$，即在 $|z+1|<1$ 范围内收敛。

$$\begin{aligned}f(z)&=\frac{z}{z+2}=\frac{z+1-1}{z+1+1}=\frac{z+1}{1+(z+1)}+\frac{1}{1+(z+1)}\\&=(z+1)\cdot\frac{1}{1+(z+1)}-\frac{1}{1+(z+1)}\\&=(z+1)\cdot\sum_{k=0}^{\infty}(-1)^k(z+1)^k-\sum_{k=0}^{\infty}(-1)^k(z+1)^k\\&=\sum_{k=0}^{\infty}(-1)^k(z+1)^{k+1}+\sum_{k=0}^{\infty}(-1)^{k+1}(z+1)^k,\quad |z+1|<1\end{aligned}$$

以 $z=1$ 为中心将 $f(z)$ 展开为 $\sum_{k=0}^{\infty}a_k(z-1)^k$ 形式的泰勒级数，因此 $|z-1|<|-2-1|$，即在 $|z-1|<3$ 范围内展开，即 $\left|\frac{z-1}{3}\right|<1$。

$$\begin{aligned}f(z)&=\frac{z}{z+2}=\frac{z-1+1}{z-1+3}=\frac{z-1}{(z-1)+3}+\frac{1}{(z-1)+3}\\&=(z-1)\cdot\frac{1}{1+\frac{z-1}{3}}\cdot\frac{1}{3}+\frac{1}{3}\frac{1}{1+\frac{z-1}{3}}\\&=\frac{z-1}{3}\cdot\sum_{k=0}^{\infty}(-1)^k\left(\frac{z-1}{3}\right)^k+\frac{1}{3}\sum_{k=0}^{\infty}(-1)^k\left(\frac{z-1}{3}\right)^k\\&=\sum_{k=0}^{\infty}(-1)^k\left(\frac{z-1}{3}\right)^{k+1}+\sum_{k=0}^{\infty}(-1)^k\frac{(z-1)^k}{3^{k+1}},\quad\left|\frac{z-1}{3}\right|<1\end{aligned}$$

例 12　将 $f(z)=\frac{1}{z^2}$ 在 $z=1$ 点展开为泰勒级数。

解：$z=0$ 为 $\frac{1}{z^2}$ 奇点，要求在 $z=1$ 处展开，即在 $|z-1|<|0-1|=1$ 为收敛半径，在此收敛范围内，根据如下导数关系：

$$\frac{1}{z^2}=-\left(\frac{1}{z}\right)'$$

先将$\frac{1}{z}$展开：

$$\frac{1}{z}=\frac{1}{1+z-1}=\frac{1}{1+(z-1)}=\sum_{k=0}^{\infty}(-1)^k(z-1)^k$$

再对展开结果求导，有

$$\left(\frac{1}{z}\right)'=\sum_{k=0}^{\infty}(-1)^k k(z-1)^{k-1}$$

即

$$\frac{1}{z^2}=(-1)\cdot\left(\frac{1}{z}\right)'=\sum_{k=0}^{\infty}(-1)^{k+1}(z-1)^{k-1}k$$

例 13 将$\frac{1}{(1+z)^2}$与$\frac{1}{(1-z)^2}$在 $z=0$ 处进行泰勒展开。

解： 根据如下关系：

$$\begin{cases}\dfrac{1}{(1+z)^2}=-\dfrac{\mathrm{d}}{\mathrm{d}z}\left(\dfrac{1}{1+z}\right)\\ \dfrac{1}{(1-z)^2}=\dfrac{\mathrm{d}}{\mathrm{d}z}\left(\dfrac{1}{1-z}\right)\end{cases}$$

可利用$\frac{1}{1-z}$和$\frac{1}{1+z}$的展开结果，且两个函数的收敛范围$|z|<1$，即

$$\frac{1}{1-z}=1+z+z^2+\cdots+z^k=\sum_{k=0}^{\infty}z^k,\quad |z|<1$$

$$\frac{1}{1+z}=1-z+z^2-z^3+\cdots+(-1)^k z^k=\sum_{k=0}^{\infty}(-1)^k z^k,\quad |z|<1$$

将上面两个等式两边同时求导可得

$$\frac{\mathrm{d}}{\mathrm{d}z}\left(\frac{1}{1-z}\right)=\sum_{k=0}^{\infty}kz^{k-1}$$

$$\frac{\mathrm{d}}{\mathrm{d}z}\left(\frac{1}{1+z}\right)=\sum_{k=0}^{\infty}(-1)^k kz^{k-1}$$

因此，有

$$\frac{1}{(1-z)^2}=\sum_{k=0}^{\infty}kz^{k-1}$$

$$\frac{1}{(1+z)^2}=-\sum_{k=0}^{\infty}(-1)^k kz^{k-1}=\sum_{k=0}^{\infty}(-1)^{k+1}kz^{k-1}$$

例 14 将$\frac{z^2}{(1+z)^2}$展开为$(z-1)$的正幂。

解： 将$\frac{z^2}{(1+z)^2}$展开为 $\sum_{k=0}^{\infty}a_k(z-1)^k$ 形式，即以 $z=1$ 为展开中心。因为$\frac{z^2}{(1+z)^2}$的奇点为 $z=-1$，所以其在$|z-1|<|(-1)-1|=2$的范围内收敛，即$\left|\frac{z-1}{2}\right|<1$。

先将函数写为多项分式，即

$$\frac{z^2}{(1+z)^2}=\left(\frac{z+1-1}{1+z}\right)^2=1-\frac{2}{1+z}+\frac{1}{(1+z)^2} \tag{4.36}$$

其中，

$$\frac{1}{1+z}=\frac{1}{2+z-1}=\frac{1}{2}\cdot\frac{1}{1+\dfrac{z-1}{2}}$$

设 $t=\dfrac{z-1}{2}$，可得

$$\frac{1}{1+z}=\frac{1}{2}\cdot\frac{1}{1+t}=\frac{1}{2}\cdot\sum_{k=0}^{\infty}(-1)^k t^k=\frac{1}{2}\sum_{k=0}^{\infty}(-1)^k\left(\frac{z-1}{2}\right)^k$$

再根据如下导数关系：

$$\frac{1}{(1+z)^2}=-\frac{\mathrm{d}}{\mathrm{d}z}\left(\frac{1}{1+z}\right)$$

由逐项可导性质，可得

$$\frac{\mathrm{d}}{\mathrm{d}z}\left(\frac{1}{1+z}\right)=\frac{\mathrm{d}}{\mathrm{d}z}\left[\frac{1}{2}\sum_{k=0}^{\infty}(-1)^k\left(\frac{z-1}{2}\right)^k\right]=\frac{1}{2}\sum_{k=0}^{\infty}(-1)^k\frac{k}{2}\left(\frac{z-1}{2}\right)^{k-1}$$

将 $k-1$ 用 k' 代替，即 $k=k'+1$，有

$$\frac{\mathrm{d}}{\mathrm{d}z}\left(\frac{1}{1+z}\right)=\frac{1}{2}\sum_{k=0}^{\infty}(-1)^{k+1}\frac{k+1}{2}\left(\frac{z-1}{2}\right)^k$$

将多项式中各项的展开结果代回式(4.36)，可得

$$\begin{aligned}\frac{z^2}{(1+z)^2}&=1-\sum_{k=0}^{\infty}(-1)^k\left(\frac{z-1}{2}\right)^k-\frac{1}{2}\sum_{k=0}^{\infty}(-1)^{k+1}\frac{k+1}{2}\left(\frac{z-1}{2}\right)^k\\&=1-\sum_{k=0}^{\infty}(-1)^k\left(\frac{z-1}{2}\right)^k+\frac{1}{2}\sum_{k=0}^{\infty}(-1)^k\frac{k+1}{2}\left(\frac{z-1}{2}\right)^k\\&=\frac{1}{4}+\sum_{k=0}^{\infty}(-1)^k\frac{(k-3)}{2^k+2}(z-1)^k,\quad \frac{|z-1|}{2}<1\end{aligned}$$

例 15 将 $\dfrac{z^2}{(1+z)^2}$ 在 $z=0$ 处进行泰勒展开。

解：因为 $\dfrac{z^2}{(1+z)^2}$ 的奇点 $z=-1$，所以其在 $|z-0|<|-1-0|=1$，即 $|z|<1$ 范围内收敛。

先将函数写为多项分式：

$$\frac{z^2}{(1+z)^2}=1-\frac{2}{1+z}+\frac{1}{(1+z)^2} \tag{4.37}$$

利用如下经典泰勒展开结果：

$$\frac{1}{1+z}=\sum_{k=0}^{\infty}(-1)^k z^k$$

再根据导数关系和逐项可导性质，可得

$$\frac{1}{(1+z)^2}=-\frac{\mathrm{d}}{\mathrm{d}z}\left(\frac{1}{1+z}\right)=-\sum_{k=0}^{\infty}(-1)^k k z^{k-1}$$

令 $k-1=k'$，$k=k'+1$，$k+1=k'+2$，则

$$\frac{1}{(1+z)^2}=\sum_{k=0}^{\infty}(-1)^k(k+1)z^k$$

将多项式中各项的展开结果代回式(4.37)，可得

$$\frac{z^2}{(1+z)^2}=1-2\sum_{k=0}^{\infty}(-1)^k z^k+\sum_{k=0}^{\infty}(-1)^k(k+1)z^k$$
$$=1+\sum_{k=0}^{\infty}(-1)^k(k-1)z^k,\quad |z|<1$$

4.4 罗朗级数

用泰勒级数表示圆形区域的解析函数是很方便的，但有些函数在讨论区域内有奇点，泰勒级数不适用，因此引入罗朗级数。罗朗级数等价于环域内的解析函数，其环域为 $r<|z-b|<R\ (0\leqslant r<R<\infty)$。将函数进行罗朗展开后，可得如下形式的罗朗级数：

$$\sum_{k=-\infty}^{\infty}c_k(z-b)^k=\cdots+c_{-2}(z-b)^{-2}+c_{-1}(z-b)^{-1}+c_0+$$
$$c_1(z-b)^1+c_2(z-b)^2+\cdots$$

4.4.1 罗朗级数收敛性定理

罗朗级数在环域 $r<|z-b|<R$ 内的和函数是解析函数，并且在任意较小的同心闭环域 $r'\leqslant|z-b|\leqslant R'\ (r<r'<R'<R)$ 上一致收敛。

证明：

$$\sum_{k=-\infty}^{\infty}c_k(z-b)^k=\sum_{k=0}^{\infty}c_k(z-b)^k+\sum_{k=-\infty}^{-1}c_k(z-b)^k$$
$$=\sum_{k=0}^{\infty}c_k(z-b)^k+\sum_{k=1}^{\infty}c_{-k}(z-b)^{-k}$$

其中，

$$\sum_{k=0}^{\infty}c_k(z-b)^k$$

称为**罗朗级数正则部**，其等价于幂级数，由于收敛半径为 R，因此在收敛圆 $|z-b|<R'\ (R'<R)$ 上一致收敛。

$$\sum_{k=1}^{\infty}c_{-k}(z-b)^{-k}\tag{4.38}$$

称为罗朗级数的主部。令 $\xi=\dfrac{1}{z-b}$，则

$$\sum_{k=1}^{\infty}c_{-k}(z-b)^{-k}=\sum_{k=1}^{\infty}c_{-k}\xi^k\ (\text{幂级数})\tag{4.39}$$

假设收敛半径为 $\dfrac{1}{r}$，则在收敛圆内，即当 $|\xi|<\dfrac{1}{r}$ 时，幂级数的和函数是一个解析函数，且

在较小的闭圆 $|\xi|<\frac{1}{r'}\left(\frac{1}{r'}<\frac{1}{r}\right)$ 上一致收敛，亦即当 $|z-b|>r$ 时，$\sum_{k=1}^{\infty}c_{-k}(z-b)^{-k}$ 是解析函数，且在较大的闭圆 $|z-b|\geqslant r'>r$ 上一致收敛。另外，当 $r<R$ 时，$\sum_{k=0}^{\infty}c_k(z-b)^k$ 与 $\sum_{k=1}^{\infty}c_{-k}(z-b)^{-k}$ 均收敛，且在 $r<|z-b|<R$ 和 $r'\leqslant|z-b|\leqslant R'$ 共同一致收敛。

罗朗定理：在环域 $r<|z-b|<R$ 内解析的函数 $f(z)$，必可展开为唯一的罗朗级数：

$$f(z)=\sum_{k=-\infty}^{\infty}c_k(z-b)^k \tag{4.40}$$

其中，

$$c_k=\frac{1}{2\pi i}\int_l\frac{f(\xi)}{(\xi-b)^{k+1}}d\xi \tag{4.41}$$

式中，l 为圆周 $|z-b|=\rho$，$r<r'<\rho<R'<R$。

唯一性证明略。

收敛范围：设 a、a' 是 $f(z)$ 的两个相邻的奇点，则罗朗展开 $\sum_{k=-\infty}^{\infty}c_k(z-b)^k$ 必在环域 $|a-b|<|z-b|<|a'-b|$ 收敛，环域如图 4-2 所示。

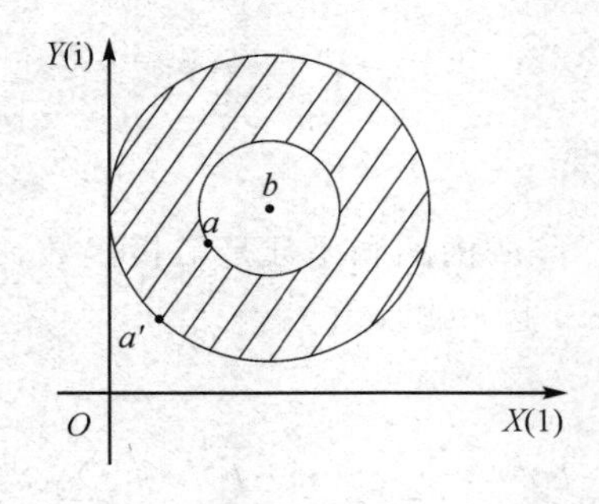

图 4-2

4.4.2 罗朗展开方法

理论上可以利用公式直接展开，但罗朗级数系数只有积分形式，计算困难。由于罗朗展开是唯一的，因此可借助其他已知级数展开，简化过程。在某点展开罗朗级数应考虑所有能使级数收敛的区域。

例 16 将 $\frac{1}{z(z-1)}$ 在 $0<|z|<1$，$1<|z|<\infty$ 分别进行罗朗展开。

解：① $0<|z|<1$。

$$\frac{1}{z(z-1)}=-\frac{1}{z}\cdot\frac{1}{1-z}=-\frac{1}{z}\sum_{k=0}^{\infty}z^k=-\sum_{k=0}^{\infty}z^{k-1}$$

② $1<|z|<\infty$ 即 $\frac{1}{|z|}<1$，所以写成 $\frac{1}{z}$ 形式，即

$$\frac{1}{z(z-1)}=\frac{1}{z}\cdot\frac{1}{z\left(1-\frac{1}{z}\right)}=\frac{1}{z^2}\cdot\sum_{k=0}^{\infty}\left(\frac{1}{z}\right)^k=\sum_{k=0}^{\infty}\frac{1}{z^{k+2}}$$

用下面一个例题讨论收敛范围。

例 17　讨论将 $f(z)=\dfrac{1}{z(z-1)\left(z-\dfrac{3}{2}\right)}$ 分别以 $z=0, z=1, z=\dfrac{3}{2}$ 为中心展开成罗朗级数时的收敛范围。

解： 以 $z=0$ 为中心展开为 $\sum\limits_{k=0}^{\infty} c_k z^k$ 形式，收敛环域为

$$0<|z|<1,\quad 1<|z|<\frac{3}{2},\quad |z|>\frac{3}{2}$$

以 $z=1$ 为中心展开为 $\sum\limits_{k=0}^{\infty} c_k (z-1)^k$ 形式，收敛环域为

$$0<|z-1|<\frac{1}{2},\quad \frac{1}{2}<|z-1|<1,\quad |z-1|>1$$

以 $z=\dfrac{3}{2}$ 为中心展开为 $\sum\limits_{k=0}^{\infty} c_k \left(z-\dfrac{3}{2}\right)^k$ 形式，收敛环域为

$$0<\left|z-\frac{3}{2}\right|<\frac{1}{2},\quad \frac{1}{2}<\left|z-\frac{3}{2}\right|<\frac{3}{2},\quad \left|z-\frac{3}{2}\right|>\frac{3}{2}$$

例 18　将函数 $f(z)=\dfrac{1}{(z-1)(z-2)}$

① 在 $z=0$ 邻域展开；

② 以 $z=0$ 为中心展开；

③ 在 $|z-1|>1$ 范围展开。

解： ① 函数 $f(z)$ 以 $z=1, z=2$ 为奇点，在 $z=0$ 邻域展开，即以 $z=0$ 为展开中心，则 $0<|z|<1$。

先将函数写为多项分式：

$$f(z)=\frac{1}{(z-1)(z-2)}=\frac{1}{z-2}-\frac{1}{z-1}$$

分别将 $\dfrac{1}{z-2}$ 和 $\dfrac{1}{z-1}$ 展开：

$$\frac{1}{z-2}=-\frac{1}{2}\frac{1}{1-\dfrac{z}{2}}=-\frac{1}{2}\cdot\sum_{k=0}^{\infty}\left(\frac{z}{2}\right)^k=-\sum_{k=0}^{\infty}\frac{z^k}{2^{k+1}}$$

$$\frac{1}{z-1}=-\frac{1}{1-z}=-\sum_{k=0}^{\infty}z^k$$

则 $f(z)=\dfrac{1}{z-2}-\dfrac{1}{z-1}=\sum\limits_{k=1}^{\infty}-\left(1+\dfrac{1}{2^{k+1}}\right)z^k$ 属于泰勒展开。

② 以 $z=0$ 为中心进行罗朗展开，要考虑所有的解析区域，即 $0<|z|<1, 1<|z|<2, |z|>2$ 三个解析环域。

在 $0<|z|<1$ 解析环域已展开，过程见①，因此直接有

$$f(z)=\frac{1}{z-2}-\frac{1}{z-1}=\sum_{k=1}^{\infty}-\left(1+\frac{1}{2^{k+1}}\right)z^k$$

下面讨论环域 $1<|z|<2$,即$\frac{|z|}{2}<1$或$\frac{1}{|z|}<1$。仍先将函数写为如下多项分式:

$$f(z)=\frac{1}{z-2}-\frac{1}{z-1}$$

其中,

$$\frac{1}{z-2}=-\frac{1}{2}\cdot\frac{1}{1-\frac{z}{2}}=-\frac{1}{2}\sum_{k=0}^{\infty}\left(\frac{z}{2}\right)^k=-\sum_{k=0}^{\infty}\frac{z^k}{2^{k+1}}$$

$$\frac{1}{z-1}=\frac{1}{z}\cdot\frac{1}{1-\frac{1}{z}}=\frac{1}{z}\cdot\sum_{k=0}^{\infty}\left(\frac{1}{z}\right)^k=\sum_{k=0}^{\infty}\frac{1}{z^{k+1}}$$

因此有

$$f(z)=\frac{1}{z-2}-\frac{1}{z-1}=-\sum_{k=0}^{\infty}\frac{z^k}{2^{k+1}}-\sum_{k=0}^{\infty}\frac{1}{z^{k+1}}$$

再讨论环域 $|z|>2$,即$\frac{2}{|z|}<1$或$\frac{1}{|z|}<\frac{1}{2}<1$。因为

$$\frac{1}{z-2}=\frac{1}{z}\cdot\frac{1}{1-\frac{2}{|z|}}=\frac{1}{z}\cdot\sum_{k=0}^{\infty}\left(\frac{2}{z}\right)^k=\sum_{k=0}^{\infty}\frac{2^k}{z^{k+1}}$$

$$\frac{1}{z-1}=\frac{1}{z}\cdot\frac{1}{1-\frac{1}{z}}=\frac{1}{z}\cdot\sum_{k=0}^{\infty}\left(\frac{1}{z}\right)^k=\sum_{k=0}^{\infty}\frac{1}{z^{k+1}}$$

所以

$$f(z)=\frac{1}{z-2}-\frac{1}{z-1}=\sum_{k=0}^{\infty}\frac{2^k}{z^{k+1}}+\frac{1}{z^{k+1}}=\sum_{k=0}^{\infty}\frac{2^k+1}{z^{k+1}}$$

③ 在 $|z-1|>1$ 展开,即$\frac{1}{|z-1|}<1$,则有

$$\frac{1}{z-2}=\frac{1}{z-1-1}=\frac{1}{z-1}\cdot\frac{1}{1-\frac{1}{z-1}}=\frac{1}{z-1}\sum_{k=0}^{\infty}\left(\frac{1}{z-1}\right)^k=\sum_{k=0}^{\infty}\left(\frac{1}{z-1}\right)^{k+1}$$

因为$\frac{1}{z-1}$不用展开,所以

$$f(z)=\sum_{k=0}^{\infty}\frac{1}{(z-1)^{k+1}}-\frac{1}{z-1}=\sum_{k=1}^{\infty}\frac{1}{(z-1)^{k+1}}=\sum_{k=2}^{\infty}\frac{1}{(z-1)^k}$$

4.5 函数的零点与奇点

4.5.1 解析函数的零点

① m 阶零点。

若 $f(z)=(z-b)^mQ(z)$ (m 为正整数)在 b 的邻域内解析,且 $Q(b)\neq0$,则称 $z=b$ 是 $f(z)$的m 阶零点。$Q(z)$在 b 的邻域内解析,可以将 $f(z)$在该邻域内泰勒展开为

$$f(z)=(z-b)^m Q(z)$$
$$=a_0(z-b)^m+a_1(z-b)^{m+1}+\cdots+a_n(z-b)^{m+n}+\cdots,\quad a_0\neq 0 \tag{4.42}$$

式(4.42)说明 m 阶零点有下列性质：

$$f'(b)=f''(b)=\cdots=f^{(m-1)}(b)=0,\quad f^{(m)}(b)\neq 0 \tag{4.43}$$

② **m 阶零点的判别方法。**

$$f^{(m)}(b)\neq 0$$

例 19　$z=0$ 是 $f(z)=z-\sin z$ 的几阶零点？

解：将 $f(z)=z-\sin z$ 在 $z=0$ 的邻域展开为泰勒级数：

$$f(z)=\frac{z^3}{3!}-\frac{z^5}{5!}+\cdots+(-1)^n\frac{z^{2n+1}}{(2n+1)!}+\cdots$$

因为 $f^{(3)}(0)\neq 0$，所以 $z=0$ 是 $f(z)$ 的三阶零点。

③ 若函数是多个函数的乘积或商，计算每个函数零点，当存在相同的零点时，阶数进行加减。如 $z=b$ 是 $f_1(z)$ 的 m 阶零点，同时是 $f_2(z)$ 的 n 阶零点，则

$$f_1(z)=(z-b)^m Q_1(z),\qquad Q_1(b)\neq 0$$
$$f_2(z)=(z-b)^n Q_2(z),\qquad Q_2(b)\neq 0$$

$z=b$ 是 $f(z)=f_1(z)\cdot f_2(z)$ 的 $m+n$ 阶零点，是 $\dfrac{f_1(z)}{f_2(z)}$ 的 $m-n$ 阶零点，$m>n$。

例 20　求 $f(z)=z^3\sin z$ 的零点及其阶数。

解：令 $z^3\sin z=0$，可求得方程零点，即 $z=0$ 和 $z=k\pi, k=\pm1,\pm2,\cdots$。

$f(z)$ 相当于 $f_1(z)\cdot f_2(z)$，即 $f_1(z)=z^3$ 和 $f_2(z)=\sin z$。

① 令 $f_1(z)=z^3$，$f_1^{(3)}(0)\neq 0$，则 $z=0$ 是 $f_1(z)$ 的三阶零点；$z=k\pi, k=\pm1,\pm2,\cdots$ 不是 $f_1(z)$ 的零点。

② 令 $f_2(z)=\sin z$，有 $(\sin z)'\Big|_{z=0}=\cos z\Big|_{z=0}=1$，则 $z=0$ 是 $f_2(z)$ 的一阶零点；又因为 $(\sin z)'\Big|_{z=k\pi}=\cos z\Big|_{z=k\pi}=(-1)^k$，则 $z=k\pi, k=\pm1,\pm2,\cdots$ 也是 $f_2(z)$ 的一阶零点。

③ 令 $f(z)=f_1(z)\cdot f_2(z)$，根据函数乘积或商的零点阶数法则，则有 $z=0$ 为 4 阶零点；$z=k\pi, k=\pm1,\pm2,\cdots$ 为一阶零点。

4.5.2　函数的孤立奇点

1. 孤立奇点的定义

函数的奇点即函数不解析的点，又分为孤立奇点和非孤立奇点。

① 若单值函数 $f(z)$ 在某点 b 不解析，而在 b 的某一去心邻域 $0<|z-b|<\varepsilon$（去圆心 $z=b$ 的某个圆）内解析，则称 $z=b$ 是 $f(z)$ 的一个**孤立奇点**。如：

- $z=0$ 是 $\dfrac{1}{z(z-1)}$ 的一个孤立奇点，在 $0<|z|<1$ 解析。
- $z=1$ 也是 $\dfrac{1}{z(z-1)}$ 的一个孤立奇点，在 $0<|z-1|<1$ 解析。

孤立奇点的去心邻域可展开为罗朗级数。例如：在 $0<|z-1|<1$ 展开为

$$f(z)=\frac{1}{z(z-1)}=\frac{1}{z-1}\cdot\frac{1}{1+(z-1)}$$
$$=\frac{1}{z-1}\sum_{k=0}^{\infty}(-1)^k(z-1)^k$$
$$=\sum_{k=0}^{\infty}(-1)^k(z-1)^{k-1}$$

对于分式函数 $w=\frac{P(z)}{Q(z)}$，满足 $Q(z_k)=0$ 的点是孤立奇点。例如：$f(z)=\frac{1}{(z-1)(z-2)}$，$z=1$，$z=2$ 为孤立奇点。孤立奇点并不唯一。

② 若在 $z=b$ 无论多小的邻域内，都有除去 $z=b$ 以外的奇点，则称 $z=b$ 为 $f(z)$的**非孤立奇点**。

例 21 讨论 $f(z)=\left(\sin\frac{1}{z}\right)^{-1}$ 的奇点。

解： $z=0$ 是它的奇点。满足 $\sin\frac{1}{z}=0$ 的点也是奇点，即 $z_n=\frac{1}{n\pi}$，$n=\pm1,\pm2,\cdots$。

$z=0$ 是非孤立奇点，不存在 $z=0$ 的一个去心邻域，使得 $f(z)$在其中解析。例如，$z=0$ 若是孤立奇点，当 $z_n=\frac{1}{n\pi}$，n 非常大时，使得 $z=0$ 的去心邻域内又包含了 $z_n=\frac{1}{n\pi}$的另外一个奇点。

$z_n=\frac{1}{n\pi}$是孤立奇点，不管 n 如何大，总能找到一个使 $f(z)$在其中解析的去心邻域。

$z=0$ 是 $z_n=\frac{1}{n\pi}$的极限点，即$\lim\limits_{n\to\infty}z_n=\lim\limits_{n\to\infty}\frac{1}{n\pi}=0$。一般而言，如果函数奇点的个数是有限的，则都为孤立奇点；对无穷多奇点而言，其极限点为非孤立奇点。

4.5.3 孤立奇点的分类

若 $z=b$ 是 $w=f(z)$的孤立奇点，则 $0<|z-b|<\delta$ 中函数可展开成罗朗级数，即

$$f(z)=\sum_{n=-\infty}^{\infty}C_n(z-b)^n=\sum_{n=-\infty}^{-1}C_n(z-b)^n+\sum_{n=0}^{\infty}C_n(z-b)^n \tag{4.44}$$

按照在奇点展开的罗朗级数的负幂次的项数，孤立奇点可分为可去奇点、m 阶极点、本性奇点。

(1) 可去奇点

$z=b$ 是 $w=f(z)$的孤立奇点，但在 $z=b$ 展开成罗朗级数，不含负幂

$$f(z)=\sum_{n=0}^{\infty}C_n(z-b)^n=C_0+C_1(z-b)+\cdots+C_n(z-b)^n+\cdots \tag{4.45}$$

在孤立奇点展开的形式与泰勒级数一致。

可去奇点的性质：

孤立奇点 $z=b$ 是函数 $w=f(z)$的可去奇点的充要条件是

$$\lim_{z\to b}f(z)=C_0\text{（有限值）} \tag{4.46}$$

即 $f(b)=C_0$ 可以将 $f(z)$ 在 b 点看作解析函数。

例 22　将 $\frac{\sin z}{z}$ 在 $z=0$ 展开成罗朗级数。

解：

$$f(z)=\frac{\sin z}{z}=\frac{1}{z}\sum_{k=0}^{\infty}(-1)^k\frac{z^{2k+1}}{(2k+1)!}=1-\frac{1}{3!}z^2+\cdots+(-1)^k\frac{z^{2k}}{(2k+1)!}+\cdots$$

因为 $f(z)$ 在 $z=0$ 展开后，级数不含负幂，所以 $z=0$ 是可去奇点，并且

$$\lim_{z\to 0}\frac{\sin z}{z}=1$$

(2) m 阶极点

$z=b$ 是 $w=f(z)$ 的孤立奇点，$w=f(z)$ 在 $z=b$ 点展开的罗朗级数含有有限的负幂，级数最高的负幂次是 m 次，即

$$f(z)=\frac{C_{-m}}{(z-b)^m}+\frac{C_{-m+1}}{(z-b)^{m-1}}+\cdots+\frac{C_{-1}}{(z-b)}+C_0+C_1(z-b)+\cdots,\quad C_{-m}\neq 0 \tag{4.47}$$

也可写成 $f(z)=\frac{P(z)}{(z-b)^m}$ 或 $f(z)=\frac{P(z)}{Q(z)}$，$P(z)$，$Q(z)$ 在 $z=b$ 解析，$P(b)\neq 0$。

① 若 $z=b$ 是 $Q(z)$ 的 m 阶零点，且 $P(b)\neq 0$，则 $z=b$ 是 $w=\frac{P(z)}{Q(z)}$ 的 m 阶极点。

② 若 $z=b$ 是 $P(z)$ 的 n 阶零点，是 $Q(z)$ 的 m 阶零点，并且 $m>n$，那么 $z=b$ 是 $w=\frac{P(z)}{Q(z)}$ 的 $(m-n)$ 阶极点。

极点的性质

孤立奇点 $z=b$ 是函数 $w=f(z)$ 的极点的充要条件为

$$\lim_{z\to b}f(z)=\infty\quad\text{或}\quad\lim_{z\to b}(z-b)^m f(z)=C_{-m}\neq 0 \tag{4.48}$$

例 23　找出 $w=\frac{e^z-1}{z^3\sin z}$ 的奇点，并指出它们的阶。

解： $z=0$ 是 e^z-1 的一阶零点，是 $z^3\sin z$ 的 4 阶零点。因此，$z=0$ 是 w 的 3 阶极点。

又因为 $z=k\pi$，$k=\pm 1,\pm 2,\cdots$ 是 $z^3\sin z$ 的一阶零点，$e^{k\pi}-1\neq 0$，所以，$z=k\pi$ 是 w 的一阶极点。

(3) 本性奇点

b 是 $w=f(z)$ 的孤立奇点，若 $w=f(z)$ 在 b 点展开的罗朗级数具有无穷多的负幂项，那么 b 点称为 $w=f(z)$ 的本性奇点。

本性奇点的性质：

孤立奇点 $z=b$ 是函数 $w=f(z)$ 的本性奇点的充要条件为

$$\lim_{z\to b}f(z)\text{ 不存在} \tag{4.49}$$

例 24　将 $w=e^{\frac{1}{z}}$ 在 $z=0$ 展开。

解： 已知经典的级数展开结果

$$e^t=\sum_{k=0}^{\infty}\frac{1}{k!}t^k$$

令 $t=\frac{1}{z}$，则 $\mathrm{e}^{\frac{1}{z}}=\sum_{k=0}^{\infty}\frac{1}{k!}\frac{1}{z^{k}}$ 含有无穷多次负幂，$\lim_{y\to0}\lim_{x\to0^{+}}\frac{1}{\mathrm{e}^{z}}=\infty$，$\lim_{y\to0}\lim_{x\to0^{-}}\frac{1}{\mathrm{e}^{z}}=0$，此外 $\lim_{z\to0}f(z)$ 不存在，符合本性奇点的性质，$z=0$ 是本性奇点。

4.5.4 无界区域的罗朗定理

若 $w=f(z)$ 在 $|z|>R$ 解析(不包括 $z=\infty$)，在 $|z|>R$ 的函数值可以用一个收敛的级数表示：

$$f(z)=\sum_{n=-\infty}^{\infty}C_{n}z^{n} \tag{4.50}$$

式中，$C_{n}=\frac{1}{2\pi\mathrm{i}}\int_{l}\frac{f(\xi)}{(\xi-b)^{k+1}}\mathrm{d}\xi$。

式(4.50)是 $f(z)$ 在 $z=\infty$ 的罗朗展开式。

① 适用于圆 $|z|>R$ 外任意一点；

② 若 $f(z)$ 在 $|z|>R$ 外解析，则 $z=\infty$ 是 $f(z)$ 的孤立奇点。

4.5.5 无穷远点的性质

若存在正数 R，$f(z)$ 在以 $z=0$ 为圆心、R 为半径的圆外每一点 $|z|>R$(包括 $z=\infty$)都可导，则称 $f(z)$ 在无穷远点的邻域内解析。若以 $z=0$ 为圆心，R 为半径作圆 $|z|>R$，只要 R 足够大，在圆外，除无穷远点外 $f(z)$ 别无奇点，即 $f(z)$ 在 ∞ 点的某去心邻域 $R<|z|<\infty$ 中解析，则称无穷远点为 $f(z)$ 的一个孤立奇点。

例如，$f(z)=\frac{\sin z}{z}$，当 $|z|>0$ 除无穷远点，无其他奇点，即在 $R<|z|<\infty$ 范围为解析，故无穷远点为一个孤立奇点。

将 $f(z)$ 在无穷远点展开为罗朗级数，只要将 $f(z)$ 在以 $z=0$ 为中心、以 R 为半径的环域 $R<|z|<\infty$ 展开即可。若 $f(z)$ 在有限区域中无奇点，展开即为 $|z|<\infty$ 的泰勒展开式。若 $z=\infty$ 为孤立奇点，则其分类如下：

① 若 $f(z)$ 在无穷远点的罗朗展开不含正幂，则称 $z=\infty$ 为 $f(z)$ 的可去奇点。

$$f(z)=C_{0}+\frac{C_{-1}}{z}+\frac{C_{-2}}{z^{2}}\cdots,\quad R<|z|<\infty$$

② 若 $f(z)$ 在无穷远点的罗朗展开含有限项正幂，则称 $z=\infty$ 为 $f(z)$ 的 m 阶极点。

$$f(z)=C_{m}z^{m}+C_{m-1}z^{m-1}+\cdots+C_{1}z+C_{0}+\frac{C_{-1}}{z}+\frac{C_{-2}}{z^{2}}+\cdots,\quad R<|z|<\infty$$

③ 若 $f(z)$ 在无穷远点的罗朗展开含无限项正幂，则称 $z=\infty$ 为 $f(z)$ 的本性奇点。

$$f(z)=\cdots+C_{m}z^{m}+C_{m-1}z^{m-1}+\cdots+C_{1}z+C_{0}+\frac{C_{-1}}{z}+\frac{C_{-2}}{z^{2}}+\cdots,\quad R<|z|<\infty$$

例 25 $f(z)=\frac{1}{(z-1)(z-2)}$ 在 $z=\infty$ 展开为级数。

解：由于 $f(z)$ 在 $|z|>2$ 外解析，$z=\infty$ 是孤立奇点，展开半径为 $|z|>2$，即 $\frac{2}{|z|}<1$。

$$f(z)=\frac{1}{z-2}-\frac{1}{z-1}=\frac{1}{z}\frac{1}{\left(1-\frac{2}{z}\right)}-\frac{1}{z}\frac{1}{\left(1-\frac{1}{z}\right)}=\frac{1}{z}\sum_{n=0}^{\infty}\left(\frac{2}{z}\right)^{n}-\frac{1}{z}\sum_{n=0}^{\infty}\left(\frac{1}{z}\right)^{n}$$

展开后级数不含正幂,因此 $z=\infty$ 为 $f(z)$ 的可去奇点。

例 26 将 $f(z)=e^z$ 在 $z=\infty$ 展开成级数。

解:因为 e^z 在全平面解析,$z=\infty$ 是孤立奇点,$|z|>R$,且函数可展开为

$$e^z=\sum_{n=0}^{\infty}\frac{z^n}{n!}$$

罗朗展开含无限项正幂,所以 $z=\infty$ 为 $f(z)$ 的本性奇点。

习 题

1. 确定下列级数的收敛半径。

(1) $\sum\limits_{k=0}^{\infty}\frac{z^k}{k!}$; (2) $\sum\limits_{k=1}^{\infty}\frac{k}{2^k}z^k$; (3) $\sum\limits_{k=1}^{\infty}\frac{k!}{k^k}z^k$;

(4) $\sum\limits_{k=0}^{\infty}(k+a^k)z^k$; (5) $\sum\limits_{k=1}^{\infty}[z+(-1)^k]^k z^k$。

2. 已知级数 $\sum\limits_{k=0}^{\infty}a_k\frac{z^k}{k!}$ 和 $\sum\limits_{k=1}^{\infty}b_k\frac{z^k}{k!}$ 的收敛半径分别为 R_1 和 R_2,试确定下列级数的收敛半径。

(1) $\sum\limits_{k=0}^{\infty}a_k{}^n z^k$; (2) $\sum\limits_{k=1}^{\infty}\frac{1}{a_k}z^k$; (3) $\sum\limits_{k=1}^{\infty}a_k b_k z^k$; (4) $\sum\limits_{k=1}^{\infty}\frac{b_k}{a_k}z^k$。

3. z 为何值时,幂级数 $\sum\limits_{n=0}^{\infty}\left(\frac{z-i}{2}\right)^{k+1}$ 收敛?

4. z 为何值时,幂级数 $\sum\limits_{n=1}^{\infty}\left(\frac{z}{k}\right)^{k}$ 收敛?

5. 将下列函数在 $z=0$ 点展开为幂级数,并指出其收敛范围。

(1) $\frac{1}{(1-z)^2}$; (2) $\frac{1}{az+b}$(a,b 为复数,$b\neq 0$); (3) $\frac{1}{e^{1-z}}$; (4) $\arctan z$;

(5) $\frac{1}{1+z+z^2}$。

6. 在 $z=i$ 和 $z=1$ 的邻域上,把函数 $f(z)=\frac{z-1}{z+1}$ 展开为泰勒级数,并指出它的收敛半径。

7. 将下列函数按 $(z-1)$ 的幂展开,并指明其收敛范围。

(1) $\cos z$; (2) $\frac{z^2}{(z+1)^2}$; (3) $\frac{z}{z+2}$; (4) $\sin(2z-z^2)$。

8. 利用泰勒级数求积分 $\int_0^z \sin z^2\,dz$。

9. 将 $Ln(1+z)$ 在 $z=0$ 的邻域内展开为泰勒级数。

10. 将函数 $f(z)=\frac{1}{z(1-z)}$ 在下列区域中展开为级数。

(1) $|z|>1$； (2) $0<|z-1|<1$； (3) $1<|z+1|<2$。

11. 将函数 $f(z)=\frac{1}{z(z-1)\left(z-\frac{3}{2}\right)}$ 分别以 $z=0, z=1, z=\frac{3}{2}$ 为中心展开为级数，并指出收敛范围。

12. 将函数 $\frac{1}{(z-a)(z-b)}$，$0<|a|<|b|$，在 $z=0$，$z=a$ 的邻域内及在圆环 $|a|<|z|<|b|$ 内展开为罗朗级数。

13. 将下列函数在指定环域内展开为罗朗级数。

(1) $\frac{z^2-2z+5}{(z-2)(z^2+1)}$，$1<|z|-2$；

(2) $\sin z\sin\frac{1}{z}$，$0<|z|<\infty$。

14. 在给定点的(去心)邻域，将函数展开为罗朗级数，并确定展开式成立的区域。

(1) $\frac{1}{(z-a)^k}$，$a\neq 0$，k 为自然数，$z=0$；

(2) $\sin\frac{z}{1-z}$，$z=1$。

15. 求出下列函数的奇点(包括 $z=\infty$)，并确定它们是哪一类奇点(对于极点，要指出它们的阶)。

(1) $\frac{z-1}{z(z^2+4)^2}$； (2) $\frac{z^5}{(1-z)^2}$； (3) $\frac{1}{\sin z+\cos z}$； (4) $\frac{1-e^z}{1+e^z}$； (5) $\tan^2 z$；

(6) z^2； (7) $\frac{z}{z+1}$； (8) $\frac{e^z}{1+z^2}$； (9) $\frac{z^2+1}{e^z}$； (10) $ze^{\frac{1}{z}}$； (11) $\sin\left(\frac{1}{\sin\frac{1}{z}}\right)$；

(12) $\frac{z^7}{(z^2-4)^2\cos\frac{1}{z-2}}$。

第5章　留数定理

前面章节已经介绍的闭合曲线积分的一些计算方法如下：

① 若 $f(z)$ 在 σ 内解析，则

$$\oint_l f(z)\mathrm{d}z = 0 \quad \text{柯西积分定理}$$

② 当 $f(z)$ 在 l 内有一阶极点时，有

$$\oint_l f(z)\mathrm{d}z = \oint_l \frac{\varphi(z)}{z-a}\mathrm{d}z = 2\pi\mathrm{i}\varphi(a)$$

③ 当 $f(z)$ 在 l 内有 n 阶极点时，由解析函数 n 阶导数可得

$$\oint_l f(z)\mathrm{d}z = \oint_l \frac{g(z)}{(z-a)^n}\mathrm{d}z = \frac{2\pi\mathrm{i}}{(n-1)!}g^{(n-1)}(a)$$

④ 当 $f(z)$ 在 l 内有有限个孤立奇点(不一定是极点)时，有

$$\oint_l f(z)\mathrm{d}z = ?$$

只有复连通区域柯西积分定理(可以解决积分路径中有有限个极点的问题)。问题的引入：柯西定理和柯西积分公式只能解决极点型奇点的积分，不能解决本性奇点问题，如：

$$\oint_{|z|=1} \mathrm{e}^{\frac{1}{z}}\mathrm{d}z$$

$$\oint_{|z|=\frac{1}{3}} \sin\frac{2}{z}\mathrm{d}z$$

均不能计算。但展开为级数之后，积分可以简化计算：

$$\oint_{|z|=1} \mathrm{e}^{\frac{1}{z}}\mathrm{d}z = \oint_{|z|=1}\left(1+\frac{1}{z}+\frac{1}{2!\ z^2}+\cdots\right)\mathrm{d}z = 2\pi\mathrm{i}$$

$$\oint_{|z|=\frac{1}{3}} \sin\frac{2}{z}\mathrm{d}z = \oint_{|z|=\frac{1}{3}}\left(\frac{2}{z}-\frac{8}{3!\ z^3}+\cdots\right)\mathrm{d}z = 2\pi\mathrm{i}\times 2$$

结果都等于 $2\pi\mathrm{i}C_{-1}$，其中 C_{-1} 是 $f(z)$ 在孤立奇点 b_k 某去心邻域罗朗展开的负一次幂的系数，C_{-1} 称为留数。下面通过详细的推导给出留数的定义与性质。

5.1　留数的基本概念

5.1.1　留数的概念与留数定理

若函数 $f(z)$ 在简单闭曲线 l 上及其内部解析，根据柯西积分定理

$$\oint_l f(z)\mathrm{d}z = 0$$

可知，若 l 的内部 $f(z)$ 有孤立奇点 z_0，则积分 $\oint_l f(z)\mathrm{d}z$ 一般不等于0。此积分可以利用罗朗

级数展开方法进行计算。

如果函数 $w=f(z)$ 在 z_0 的去心邻域 $0<|z-z_0|<r$ 内解析，z_0 是 $w=f(z)$ 的孤立奇点，l 是 $0<|z-z_0|<r$ 内包围 z_0 的一条简单闭合曲线，则

$$\text{Res}\,[f(z_0)]=\frac{1}{2\pi i}\oint_l f(z)\,dz$$

为 $w=f(z)$ 在 z_0 的点的留数。其中，l 的方向与区域 $0<|z-z_0|<r$ 边界的正向相同。

由于 z_0 是 $w=f(z)$ 的孤立奇点，可以在 z_0 的一个去心邻域 $0<|z-z_0|<\delta$ 内将 $f(z)$ 展开成罗朗级数：

$$f(z)=\sum_{n=-\infty}^{-2}C_n(z-z_0)^n+\frac{C_{-1}}{z-z_0}+\sum_{n=0}^{\infty}C_n(z-z_0)^n \tag{5.1}$$

将其代入留数定义，有

$$\frac{1}{2\pi i}\oint_l f(z)\,dz=\frac{1}{2\pi i}\int_l\left[\sum_{n=-\infty}^{-2}C_n(z-z_0)^n+\frac{C_{-1}}{z-z_0}+\sum_{n=0}^{\infty}C_n(z-z_0)^n\right]dz$$

由于 l 是包围 z_0 的任一条简单闭曲线，由柯西积分定理得

$$\frac{1}{2\pi i}\oint_l\frac{C_n}{(z-z_0)^n}dz=0,\quad n\neq 1$$

因此只有 $n=-1$ 的一项

$$\frac{1}{2\pi i}\oint_l\frac{C_{-1}}{z-z_0}dz=C_{-1}\,\frac{2\pi i}{2\pi i}=C_{-1}$$

故

$$\text{Res}\,[f(z_0)]=\frac{1}{2\pi i}\oint_l f(z)\,dz=C_{-1} \tag{5.2}$$

留数可以定义为：$w=f(z)$ 在孤立奇点展开成罗朗级数，展开系数 C_{-1} 就是函数在该点的留数（只有孤立奇点才有留数）。

下面通过积分结果证明留数定理。假设 $f(z)$ 函数在闭合路径 l 内有 n 孤立奇点，则

$$\oint_l f(z)\,dz=2\pi i\sum_{k=1}^{n}\text{Res}\,[f(b_k)]$$

该积分值等于 $2\pi i$ 倍的 l 内所围的孤立奇点留数之和。

证明：在 l 内分别以 b_k（孤立奇点）为圆心、R_k 为半径作小圆 $l_k(k=1,2,\cdots,n)$，l_k 均含于 l 内，又彼此相互隔离。由复连通区域的柯西定理，有

$$\oint_l f(z)\,dz=\sum_{k=1}^{n}\oint_{l_k}f(z)\,dz=\oint_{l_1}+\oint_{l_2}+\cdots+\oint_{l_k}f(z)\,dz$$

在孤立奇点 b_1 的邻域将 $f(z)$ 展开为罗朗级数：

$$f(z)=\sum_{k=-\infty}^{\infty}C_k(z-b_1)^k,\quad 0<|z-b_1|<R_1$$

两边同时积分，得

$$\oint_{l_1}f(z)\,dz=\sum_{k=-\infty}^{\infty}C_k\oint_{l_1}(z-b)^k\,dz$$

当 $k=-1$ 时，

$$\oint_l\frac{dz}{z-b}=2\pi i$$

当 $k \neq -1$ 时，

$$\oint_{l}(z-b)^{k}\mathrm{d}z=0$$

因此，

$$\oint_{l_1}f(z)\mathrm{d}z=\sum_{k=-\infty}^{\infty}C_k\oint_{l_1}\frac{\mathrm{d}z}{(z-b)^{-k}}\bigg|_{k=-1}=C_{-1}\cdot 2\pi\mathrm{i}=2\pi\mathrm{i}\cdot\mathrm{Res}[f(b_1)] \tag{5.3}$$

$$\mathrm{Res}[f(b_1)]=C_{-1} \tag{5.4}$$

该积分值为函数在 b_1 点罗朗展开的负一次幂的系数，也为函数在 b_1 点的留数。推广到多个奇点，有

$$\oint_{l_k}f(z)\mathrm{d}z=2\pi\mathrm{i}\mathrm{Res}[f(b_k)],\quad k=1,2,\cdots,n$$

$$\oint_{l}f(z)\mathrm{d}z=\sum_{k=1}^{\infty}\oint_{l_k}f(z)\mathrm{d}z=2\pi\mathrm{i}\sum_{k=1}^{n}\mathrm{Res}f(b_k) \tag{5.5}$$

同时，

$$\mathrm{Res}[f(b_k)]=\frac{1}{2\pi\mathrm{i}}\oint_{l_k}f(z)\mathrm{d}z,\quad k=1,2,\cdots,n$$

式(5.5)即为**留数定理**。

5.1.2 留数的计算方法

为利用留数定理计算积分，必须先计算函数在孤立奇点的留数。一般将 $f(z)$ 在孤立奇点展开成罗朗级数，系数 C_{-1} 就是留数。下面根据奇点的类型，讨论函数在奇点的留数。

① 可去奇点的留数：若 z_0 是 $f(z)$ 的可去奇点，则 $f(z)$ 在 z_0 的去心邻域内展开成罗朗级数时没有负幂，从而 $C_{-1}=0$，即

$$\mathrm{Res}[f(z_0)]=0 \tag{5.6}$$

② 本性奇点的留数：若 z_0 是 $f(z)$ 的本性奇点，计算留数的唯一方法是将 $f(z)$ 在 z_0 的去心邻域展开成罗朗级数，求其负一次幂的系数 C_{-1}。

③ 极点的留数：如果孤立奇点 z_0 是函数 $w=f(z)$ 的极点，则有以下三点规则。

规则一：若 z_0 是 $f(z)$ 的一阶极点，则

$$\mathrm{Res}[f(z_0)]=\lim_{z\to z_0}(z-z_0)f(z) \tag{5.7}$$

证明：已知

$$f(z)=\frac{C_{-1}}{z-z_0}+\sum_{n=0}^{\infty}C_n(z-z_0)^n,\quad C_{-1}\neq 0$$

将上式两边同乘以 $z-z_0$，则

$$(z-z_0)f(z)=C_{-1}+\sum_{n=0}^{\infty}C_n(z-z_0)^{n+1}$$

等式两边取极限，有

$$C_{-1}=\lim_{z\to z_0}(z-z_0)f(z)$$

规则二：对于分式函数 $w=f(z)=\dfrac{P(z)}{Q(z)}$，如果 $P(z)$，$Q(z)$ 在 z_0 解析，并且 $P(z_0)\neq 0$，若 z_0 是 $Q(z)$ 的一阶零点，则 z_0 是 $f(z)$ 的一阶极点，且有

$$\operatorname{Res}[f(z_0)]=\frac{P(z_0)}{Q'(z_0)} \tag{5.8}$$

证明：已知 z_0 是 $Q(z)$的一阶零点，则 $Q(z_0)=0$，$Q'(z_0)\neq 0$，且 $P(z_0)\neq 0$，因此 z_0 是 $\frac{P(z)}{Q(z)}$的一阶极点。根据式(5.7)有

$$\begin{aligned}\operatorname{Res}[f(z_0)]&=\lim_{z\to z_0}\frac{(z-z_0)P(z)}{Q(z)}\\&=\lim_{z\to z_0}(z-z_0)\frac{P(z)}{Q(z)-Q(z_0)}\\&=\lim_{z\to z_0}\frac{P(z)}{\dfrac{Q(z)-Q(z_0)}{z-z_0}}=\frac{P(z_0)}{Q'(z_0)}\end{aligned}$$

规则三：如果 z_0 是 $f(z)$的 m 阶极点，则

$$\begin{aligned}\operatorname{Res}[f(z_0)]&=\lim_{z\to z_0}\frac{1}{(m-1)!}[(z-z_0)^m f(z)]^{(m-1)}\\&=\frac{1}{(m-1)!}\frac{\mathrm{d}^{m-1}}{\mathrm{d}z^{m-1}}[(z-z_0)^m f(z)]\Big|_{z=z_0}\end{aligned} \tag{5.9}$$

证明：已知 z_0 是 $f(z)$的 m 阶极点，则

$$f(z)=\frac{C_{-m}}{(z-z_0)^m}+\frac{C_{-m+1}}{(z-z_0)^{m-1}}+\cdots+\frac{C_{-1}}{z-z_0}+\sum_{n=0}^{\infty}C_n(z-z_0)^n,\quad C_{-m}\neq 0$$

上式两边同乘$(z-z_0)^m$，有

$$(z-z_0)^m f(z)=C_{-m}+\cdots+(z-z_0)^{m-1}C_{-1}+(z-z_0)^m\sum_{n=0}^{\infty}C_n(z-z_0)^n$$

对上式求导，得

$$\frac{\mathrm{d}^{m-1}}{\mathrm{d}z^{m-1}}[(z-z_0)^m f(z)]=(m-1)!\,C_{-1}+g(z-z_0)$$

$g(z-z_0)$为含有 $z-z_0$ 的正幂函数，则

$$C_{-1}=\frac{1}{(m-1)!}\frac{\mathrm{d}^{m-1}}{\mathrm{d}z^{m-1}}[(z-z_0)^m f(z)]\Big|_{z=z_0}$$

因此，若设 b 为 $f(z)$的 n 阶极点，则

$$\operatorname{Res}[f(b)]=\frac{1}{2\pi\mathrm{i}}\oint_{l_k}f(z)\mathrm{d}z=\frac{1}{(n-1)!}\frac{\mathrm{d}^{n-1}}{\mathrm{d}z^{n-1}}[(z-b)^n f(z)]\Big|_{z=b}$$

特别地，当 $n=1$，b 为 $f(z)$的单极点(一阶极点)时，有

$$\operatorname{Res}[f(b)]=\lim_{z\to b}[(z-b)\cdot f(z)] \tag{5.10}$$

例 1 $f(z)=\frac{z\mathrm{e}^z}{(z-a)^3}$，求 $\operatorname{Res}[f(a)]$。

解：由函数形式可知，$z=a$ 是函数的三阶极点，根据规则三可得

$$\operatorname{Res}[f(a)]=\frac{1}{2!}\cdot\frac{\mathrm{d}^2}{\mathrm{d}z^2}\left[(z-a)^3\frac{z\mathrm{e}^z}{(z-a)^3}\right]\Big|_{z=a}=\frac{1}{2}\mathrm{e}^a(2+a)$$

例 2 $f(z)=\frac{1}{1+z^2}$，求 $\operatorname{Res}[f(\mathrm{i})]$。

解： $f(z)$的奇点 $z=\mathrm{i}$ 是单极点(不是只有一个，是一阶极点)，因此

$$\mathrm{Res}\left[f(\mathrm{i})\right]=\lim_{z\to i}(z-\mathrm{i})f(z)=\lim_{z\to i}(z-\mathrm{i})\frac{1}{(z-\mathrm{i})(z+\mathrm{i})}=\frac{1}{2\mathrm{i}}$$

例 3　$f(z)=\dfrac{\mathrm{e}^{\mathrm{i}z}}{1+z^2}$，求 $\mathrm{Res}\left[f(\mathrm{i})\right]$。

解： i 是 $f(z)$的一阶极点，根据求一阶极点的留数的规则一和规则二有两种计算留数的方法。

方法一(依据规则一)：

$$\mathrm{Res}\left[f(\mathrm{i})\right]=\lim_{z\to \mathrm{i}}(z-\mathrm{i})\frac{\mathrm{e}^{\mathrm{i}z}}{(z-\mathrm{i})(z+\mathrm{i})}=\frac{1}{2\mathrm{ei}}$$

方法二(依据规则二)：

由于 $f(z)=\dfrac{P(z)}{Q(z)}$，则 $P(z)=\mathrm{e}^{\mathrm{i}z}$，$Q(z)=1+z^2$，$Q'(z)=2z$，因此

$$\mathrm{Res}\left[f(\mathrm{i})\right]=\left.\frac{P(z)}{Q'(z)}\right|_{z=\mathrm{i}}=\frac{1}{2\mathrm{ei}}$$

例 4　计算积分 $I=\displaystyle\int_{|z|=1}\frac{1}{\varepsilon z^2+2z+\varepsilon}\mathrm{d}z$，$0<\varepsilon<1$。

解： 被积函数的奇点 $z=\dfrac{-1\pm\sqrt{1-\varepsilon^2}}{\varepsilon}$；在$|z|=1$ 内奇点为 $z_0=\dfrac{-1+\varepsilon\sqrt{1-\varepsilon^2}}{\varepsilon}$，是一阶极点(单极点)，故

$$\mathrm{Res}\left[f(z_0)\right]=\lim_{z\to z_0}(z-z_0)\frac{1}{\varepsilon z^2+2z+\varepsilon}=\frac{1}{2\sqrt{1+\varepsilon^2}}$$

$$I=2\pi\mathrm{i}\cdot\mathrm{Res}\left[f(z_0)\right]=\frac{\pi\mathrm{i}}{\sqrt{1-\varepsilon^2}}$$

例 5　求 $f(z)=\dfrac{1}{\sin z}$在孤立奇点的留数。

解： 当 $\sin z=0$ 时，$z=n\pi$(n 是整数)，它是 $\sin z$ 的一阶零点，也是 $f(z)=\dfrac{1}{\sin z}$的一阶极点。根据求一阶极点留数的规则一可得

$$\mathrm{Res}\left[f(n\pi)\right]=\lim_{z\to n\pi}(z-n\pi)\cdot\frac{1}{\sin z}=\lim_{z\to n\pi}\frac{1}{\cos n\pi}=(-1)^n$$

例 6　求 $f(z)=\dfrac{\sin z}{\mathrm{e}^z-1}$的留数。

解： 由题目可知分母 e^z-1 以 $z=2k\pi\mathrm{i}$，$k=0,\pm1,\pm2,\cdots$为一阶零点，而 $\sin z$ 的零点 $z=n\pi$，$n=0,\pm1,\pm2,\cdots$。

因为$\lim\limits_{z\to0}f(z)=\lim\limits_{z\to0}\dfrac{\sin z}{\mathrm{e}^z-1}=1$，所以 $z=0$ 是 $f(z)$的可去奇点，$\mathrm{Res}\ f(0)=0$。

当 $z_k=2k\pi\mathrm{i}$，$k=0,\pm1,\pm2,\cdots$时，$\sin z_k\neq0$，因此 z_k 是 $f(z)$的一阶极点，根据求一阶极点留数的规则一，可得

$$\mathrm{Res}\ f(2k\pi\mathrm{i})=\lim_{z\to2k\pi\mathrm{i}}\frac{\sin z}{(\mathrm{e}^z-1)'}=\left.\frac{\sin z}{\mathrm{e}^z}\right|_{z=2k\pi\mathrm{i}}=\sin 2k\pi\mathrm{i}=i\sin 2k\pi$$

例 7 求 $f(z)=\dfrac{z-\sin z}{z^{6}}$在 $z=0$ 点的留数。

解： $z=0$ 是 z^{6} 的 6 阶零点，是 $z-\sin z$ 的 3 阶零点。

因为

$$\begin{cases} z-\sin z & z=0\Rightarrow 0 \\ f'=(1-\cos z) & z=0\Rightarrow 0 \\ f''=\sin z & z=0\Rightarrow 0 \\ f'''=\cos z & z=0\Rightarrow 1 \end{cases}$$

所以 $z=0$ 是函数 $f(z)$的 3 阶极点。

$$\operatorname{Res}[f(0)]=\frac{1}{2!}\cdot\frac{\mathrm{d}^{2}}{\mathrm{d}z^{2}}\left(z^{3}\ \frac{z-\sin z}{z^{6}}\right)=-\frac{1}{5!}$$

例 8 求 $f(z)=\dfrac{\mathrm{e}^{z}-1}{\sin^{3}z}$在 $z=0$ 的留数。

解： $z=0$ 是 $\mathrm{e}^{z}-1$ 的一阶极点。

罗朗展开式为

$$\frac{\mathrm{e}^{z}-1}{\sin^{3}z}=\frac{C_{-2}}{z^{2}}+\frac{C_{-1}}{z}+\varphi(z),\quad \varphi(z)\text{ 在 } z=0 \text{ 解析}$$

两边同乘以 $\sin^{3}z$，有

$$\mathrm{e}^{z}-1=\left(z+\frac{z^{2}}{2!}+\cdots\right)=\left(\frac{C_{-2}}{z^{2}}+\frac{C_{-1}}{z}+\varphi(z)\right)\left(z-\frac{z^{3}}{3!}+\frac{z^{5}}{5!}+\cdots\right)^{3}$$

对比系数，C_{-1} 对应 z^{2} 项。因此

$$C_{-1}=\frac{1}{2}=\operatorname{Res}[f(0)]$$

例 9 求积分$\oint_{|z|=1}\mathrm{e}^{\frac{1}{z^{2}}}\mathrm{d}z$。

解： $|z|=1$ 内部只有一个奇点 $z=0$。在 $z=0$ 的去心邻域，罗朗展开为

$$\mathrm{e}^{\frac{1}{z^{2}}}=1+\frac{1}{z^{2}}+\frac{1}{2!}\cdot\left(\frac{1}{z^{2}}\right)^{2}+\cdots$$

故

$$\operatorname{Res}[f(0)]=0$$

5.1.3 无穷远点的留数

若函数 $f(z)$的有限个孤立奇点 $z_{1},z_{2},\cdots,z_{n}$ 集中在半径为R 的有限圆周 C_{R} 内，$f(z)$在 $R<|z|<\infty$内解析，$z=\infty$是它的孤立奇点，则 $f(z)$在 $z=\infty$的留数定义为

$$\operatorname{Res}[f(\infty)]=\frac{1}{2\pi\mathrm{i}}\cdot\oint_{l^{-}}f(z)\mathrm{d}z \tag{5.11}$$

l^{-}的方向与$|z|>R$ 区域的正向相同。将 $f(z)$在 $z=\infty$的邻域展开成罗朗级数，有

$$f(z)=\cdots+\frac{C_{-m}}{z^{m}}+\cdots+\frac{C_{-1}}{z}+C_{0}+C_{1}z+\cdots+C_{m}z^{m}+\cdots$$

$$\frac{1}{2\pi i}\cdot\oint_{l^-} f(z)\mathrm{d}z=\frac{1}{2\pi i}\cdot\oint_{l^-}\left(\cdots+\frac{C_{-m}}{z^m}+\cdots+\frac{C_{-1}}{z}+C_0+C_1z+\cdots+C_mz^m+\cdots\right)\mathrm{d}z$$

$$=\frac{1}{2\pi i}\cdot\oint_{l^-}\frac{C_{-1}}{z}\mathrm{d}z$$

$$=-C_{-1}$$

因此，

$$\mathrm{Res}[f(\infty)]=-C_{-1} \tag{5.12}$$

1. 无穷远点留数的计算方法

若 $z=\infty$ 是 $f(z)$ 的孤立奇点，在 $z=\infty$ 邻域将其展开为罗朗级数。如：

$$\sin\left(\frac{1}{z}\right)=\frac{1}{z}-\frac{1}{3!}\cdot\left(\frac{1}{z}\right)^3+\cdots+\frac{(-1)^n}{(2n+1)!}\cdot\left(\frac{1}{z}\right)^{2n+1}+\cdots$$

$$\mathrm{Res}[f(\infty)]=-C_{-1}=-1$$

若 $z=\infty$ 是 $f(z)$ 的可去奇点（无正幂），且 $\lim\limits_{z\to\infty}f(z)=0$，则不用罗朗展开，因为 $f(z)$ 在 $z=\infty$ 展开为

$$f(z)=\frac{C_{-1}}{z}+\frac{C_{-2}}{z^2}+\cdots+\frac{C_{-m}}{z^m}+\cdots$$

$$\mathrm{Res}[f(\infty)]=-C_{-1}=-\lim_{z\to\infty}zf(z) \tag{5.13}$$

例 10　求 $f(z)=\dfrac{1}{(z-1)(z-2)}$ 的 $\mathrm{Res}[f(\infty)]$。

解：

$$\lim_{z\to\infty}\frac{1}{(z-1)(z-2)}=0$$

$$\mathrm{Res}[f(\infty)]=-\lim_{z\to\infty}z\frac{1}{(z-1)(z-2)}=0$$

2. 全平面留数之和为零

根据复变函数积分性质：

$$\oint_l f(z)\mathrm{d}z+\oint_{l^{-1}}f(z)\mathrm{d}z=0$$

可得

$$\sum_{n=1}^{k}\mathrm{Res}[f(z_n)]+\mathrm{Res}[f(z),\infty]=0 \tag{5.14}$$

其在 z 平面存在有限个孤立奇点的函数，它在全平面留数之和为零。

例 11　求 $f(z)=e^{\frac{1}{z}}$ 的本性奇点 z=0 的留数。

解：

$$e^{\frac{1}{z}}=\sum_{k=0}^{\infty}\frac{1}{k!}\left(\frac{1}{z}\right)^k=1+\frac{1}{z}+\frac{1}{2!}\frac{1}{z^2}+\cdots,\quad |z|>0$$

$$\mathrm{Res}[f(0)]=C_{-1}=1$$

例 12　求 $f(z)=\dfrac{ze^z}{(z-a)^3}$ 在 $z=\infty$ 的留数。

解： 由于 $z=\infty$ 为本性奇点，不易求解，但已知全平面留数之和为零，即

$$\text{Res}\,[f(a)] + \text{Res}\,[f(\infty)] = 0$$

$$\text{Res}\,[f(\infty)] = -a = -\frac{1}{2}(2+a)\,e^{a}$$

例 13 计算$\oint_c \dfrac{dz}{(z+i)^{10}(z-1)(z-3)}$,$c$ 为$|z|=2$ 正向。

解:$|z|=2$ 的奇点有 $z=1$,$z=-i$,其中 $z=-i$ 为 10 阶极点。$|z|>2$ 内的奇点为 $z=3$,$z=\infty$。由全平面留数和为零,有

$$\text{Res}\,[f(-i)] + \text{Res}\,[f(1)] + \text{Res}\,[f(3)] + \text{Res}\,[f(\infty)] = 0$$

则

$$\text{Res}\,[f(-i)] + \text{Res}\,[f(1)] = -\text{Res}\,[f(3)] + \text{Res}\,[f(\infty)]$$

先求 $z=\infty$的留数,即

$$\text{Res}\,[f(\infty)] = C_{-1} = \lim_{z\to\infty} zf(z) = \lim_{z\to\infty} z\cdot\frac{1}{(z+i)^{10}(z-1)(z-3)} = 0$$

再求 $z=3$ 的留数,$z=3$ 是 $f(z)$的一阶极点,根据规则一可得

$$\text{Res}\,[f(3)] = \lim_{z\to 3}(z-3)\cdot f(z) = \frac{1}{2(3+i)^{10}}$$

根据留数定理 $\text{Res}\,[f(-i)] + \text{Res}\,[f(1)] = -\text{Res}\,[f(3)] + \text{Res}\,[f(\infty)]$ 可得积分结果为

$$\begin{aligned}\oint_c f(z)\,dz &= 2\pi i\{\text{Res}\,[f(1)] + \text{Res}\,[f(-i)]\}\\ &= -2\pi i\text{Res}\,[f(3)]\\ &= -\frac{\pi i}{(3+i)^{10}}\end{aligned}$$

5.2 留数定理在计算积分中的应用

留数定理可用于解决解析函数的闭合积分,进而转变为求被积函数曲线部分的奇点留数。应用留数定理可以求实函数积分与广义积分。对于实函数 $f(x)$,x 轴上的一段有限线段 $[a,b]$求积分$\int_a^b f(x)\,dx$ 时,可补充一条或 n 条辅助曲线$\mathcal{T}$,使之与 $[a,b]$ 构成闭合回路 $l=\mathcal{T}+[a,b]$,闭合回路 l 围成区域σ。将 $f(x)$推广到复数域中的函数为 $f(z)$。辅助函数$f(z)$在σ 内除有限个奇点 z_k,$k=1,2\cdots n$ 外解析,在σ 的边界上连续,则由留数定理可知

$$\oint_l f(z)\,dz = \int_a^b f(x)\,dx + \int_{\mathcal{T}} f(z)\,dz = 2\pi i\sum_{k=1}^{n}\text{Res}\,[f(z_k)]$$

若$\int_{\mathcal{T}} f(z)\,dz$ 可以计算,则可得实积分$\int_a^b f(x)\,dx$。

5.2.1 三角函数有理式的积分

利用留数定理计算如下形式三角函数有理式的积分:

$$\int_0^{2\pi} R(\cos\theta,\sin\theta)\,d\theta$$

其中，$R(\cos\theta,\sin\theta)$是 $\cos\theta$、$\sin\theta$ 的有理函数，在 $0\leqslant\theta\leqslant 2\pi$ 上连续。计算方法如下：

令 $z=e^{i\theta}$，则 $dz=ie^{i\theta}d\theta=iz\,d\theta$，根据欧拉公式，知

$$\cos\theta=\frac{e^{i\theta}+e^{-i\theta}}{2}=\frac{z^2+1}{2z}$$

$$\sin\theta=\frac{e^{i\theta}-e^{-i\theta}}{2}=\frac{z^2-1}{2iz}$$

其中，θ 从 0 变化到 2π，相应的 z 沿 $|z|=1$ 逆时针方向转一周，则

$$R(\cos\theta,\sin\theta)\,d\theta=R\left(\frac{z^2+1}{2z},\ \frac{z^2-1}{2iz}\right)\frac{dz}{iz}=f(z)\,dz$$

由于 $R(\cos\theta,\sin\theta)$是 $\cos\theta$、$\sin\theta$ 的有理函数，在 $0\leqslant\theta\leqslant 2\pi$ 上连续，因此在 $|z|=1$ 内无奇点，其积分可由下式计算：

$$\int_0^{2\pi}R(\cos\theta,\sin\theta)\,d\theta=\oint_{|z|=1}f(z)\,dz=2\pi i\sum_{k=1}^{n}\mathrm{Res}[f(z_k)]$$

其中，z_k 是 $f(z)$在单位圆内的奇点。

若被积函数 $R(\cos\theta,\sin\theta)$为 θ 的偶函数，则

$$\int_0^{2\pi}R(\cos\theta,\sin\theta)\,d\theta=\frac{1}{2}\int_{-\pi}^{\pi}R(\cos\theta,\sin\theta)\,d\theta$$

$$=\frac{1}{2}\oint_{|z|=1}f(z)\,dz=\pi i\sum_{k=1}^{n}\mathrm{Res}[f(z_k)]$$

例 14　利用留数定理计算积分 $\int_0^{\pi}\frac{d\theta}{2+\cos\theta}$。

解： 令 $z=e^{i\theta}$

$$I=\int_0^{\pi}\frac{d\theta}{2+\cos\theta}=\frac{1}{2}\int_0^{2\pi}\frac{d\theta}{2+\cos\theta}=\frac{1}{2}\oint_{|z|=1}\frac{\frac{dz}{iz}}{2+\frac{z^2+1}{2z}}$$

$$=\frac{1}{i}\oint_{|z|=1}\frac{dz}{z^2+4z+1}$$

对应的复变函数积分的被积函数为

$$f(z)=\frac{1}{z^2+4z+1}$$

其分母 $z^2+4z+1=0$ 有两个根，即

$$z_1=-2+\sqrt{3},\quad z_2=-2-\sqrt{3}$$

其中，$z_1=-2+\sqrt{3}$在单位圆 $|z|=1$ 内。因此由留数定理可得

$$I=\int_0^{\pi}\frac{d\theta}{2+\cos\theta}=\frac{2\pi i}{i}\cdot\mathrm{Res}[f(-2+\sqrt{3})]=2\pi\frac{1}{2z+4}\bigg|_{z=-2+\sqrt{3}}=\frac{\pi}{\sqrt{3}}$$

例 15　证明积分 $I=\int_0^{2\pi}\frac{d\theta}{a\pm b\cos\theta}=\int_0^{2\pi}\frac{d\theta}{a\pm b\sin\theta}=\frac{2\pi}{\sqrt{a^2-b^2}}$，$|a|>|b|$。

证明： 令 $z=e^{i\theta}$，则有 $dz=iz\,d\theta$，三角函数的复表示

$$\cos\theta=\frac{z^2+1}{2z},\quad \sin\theta=\frac{z^2-1}{2iz}$$

代入积分并整理，有

$$dz = iz\,d\theta$$

$$\int_0^{2\pi} \frac{d\theta}{a \pm b\cos\theta} = \oint_{|z|=1} \frac{\frac{dz}{iz}}{a \pm b\left(\frac{z^2+1}{2z}\right)} = \frac{2}{i}\int \frac{dz}{2az \pm (bz^2+b)}$$

$$= \frac{2}{i}\cdot\int \frac{dz}{bz^2 \pm 2az + b}$$

其分母 $bz^2+2az+b=0$ 有两个根，即

$$z_1 = \frac{-2a+\sqrt{4a^2-4b^2}}{2b} = \frac{1}{b}(-a+\sqrt{a^2-b^2})$$

$$z_2 = \frac{-2a-\sqrt{4a^2-4b^2}}{2b} = \frac{1}{b}(-a-\sqrt{a^2-b^2})$$

其中，$|z_2|>1$，$|z_1|<1$，$z_1z_2=1$，可见 z_1 在单位圆 $|z|=1$ 内，其留数为

$$\mathrm{Res}[f(z_1)] = \lim_{z\to z_1}(z-z_1)f(z) = (z-z_1)\frac{1}{b(z-z_1)(z-z_2)}\bigg|_{z=z_1}$$

$$= \frac{1}{b(z_1-z_2)}$$

根据留数定理，可求积分：

$$\int_0^{2\pi} \frac{d\theta}{a \pm b\cos\theta} = \frac{2}{i}\cdot\oint_{|z|=1} \frac{dz}{bz^2 \pm 2az + b} = \frac{2}{i}\cdot 2\pi i\cdot \mathrm{Res}[f(z_1)]$$

$$= \frac{2}{i}\cdot\frac{2\pi i}{b}\cdot\frac{1}{\left(\frac{2\sqrt{a^2-b^2}}{b}\right)} = \frac{2\pi}{\sqrt{a^2-b^2}}$$

同理，已知

$$I = \int_0^{2\pi} \frac{d\theta}{a \pm b\sin\theta}$$

令 $z=e^{i\theta}$，则 $dz=iz\,d\theta$，将其与三角函数的复数表示：

$$\sin\theta = \frac{z^2-1}{2iz},\ dz = iz\,d\theta$$

代入积分并整理，有

$$\int_0^{2\pi} \frac{d\theta}{a \pm b\sin\theta} = \int_0^{2\pi} \frac{\frac{dz}{iz}}{a \pm b\left(\frac{z^2-1}{2iz}\right)} = 2\int_0^{2\pi} \frac{dz}{2iaz \pm b(z^2-1)} = 2\int_0^{2\pi} \frac{dz}{bz^2 \pm 2iaz - b}$$

被积函数的分母 $bz^2+2iaz-b=0$ 有两个根，即

$$z_1 = \frac{-2ia+i\sqrt{a^2-b^2}}{b}$$

$$z_2 = \frac{-2ia-i\sqrt{a^2-b^2}}{b}$$

其中，$|z_1|<1$，$|z_2|>1$，$z_1z_2=1$，可见 z_1 在单位圆 $|z|=1$ 内，其留数为

$$\mathrm{Res}[f(z_1)]=\lim_{z\to z_1}(z-z_1)f(z)=\lim_{z\to z_1}(z-z_1)\cdot\frac{1}{b(z-z_1)(z-z_2)}\bigg|_{z=z_1}=\frac{1}{b(z_1-z_2)}$$

根据留数定理，可求积分

$$I=\int_0^{2\pi}\frac{\mathrm{d}\theta}{a\pm b\sin\theta}=\mp 2\cdot 2\pi\mathrm{i}\mathrm{Res}[f(z_1)]$$

$$=2\cdot 2\pi\mathrm{i}\cdot\frac{1}{b\cdot\dfrac{2\mathrm{i}\sqrt{a^2-b^2}}{b}}=\frac{2\pi}{\sqrt{a^2-b^2}}$$

故 $I=\int_0^{x}\frac{\mathrm{d}\theta}{a+b\cos\theta}=\int_0^{2x}\frac{\mathrm{d}\theta}{a\pm b\sin\theta}=\frac{2x}{\sqrt{a^2-b^2}}(|a|>|b|)$ 得证。

例 16 计算积分 $\int_0^{2\pi}\frac{\sin^2\theta}{5+3\cos\theta}\mathrm{d}\theta$。

解： 利用三角函数关系式，化简被积函数：

$$\int_0^{2\pi}\frac{\sin^2\theta}{5+3\cos\theta}\mathrm{d}\theta=\int_0^{2\pi}\frac{1-\cos 2\theta}{2(5+3\cos\theta)}\mathrm{d}\theta$$

$$=\frac{1}{2}\int_0^{2\pi}\frac{\mathrm{d}\theta}{5+3\cos\theta}-\frac{1}{2}\int_0^{2\pi}\frac{\cos 2\theta}{5+3\cos\theta}\mathrm{d}\theta$$

$$=I_1-I_2$$

先计算 I_1：

$$I_1=\frac{1}{2}\oint_{|z|=1}\frac{1}{5+3\dfrac{z^2+1}{2z}}\cdot\frac{\mathrm{d}z}{\mathrm{i}z}=\frac{1}{\mathrm{i}}\oint_{|z|=1}\frac{\mathrm{d}z}{3z^2+10z+3}$$

分母 $3z^2+10z+3=0$ 有两个根，即 $z_1=-\frac{1}{3}$，$z_2=-3$，其中 $z_1=-\frac{1}{3}\in|z|=1$，根据留数定理可得

$$I_1=\frac{1}{\mathrm{i}}\cdot 2\pi\mathrm{i}\mathrm{Res}[f(z_1)]=2\pi\cdot(z-z_1)f(z)\Big|_{z=z_1}=2\pi\cdot\frac{1}{6z_1+10}=\frac{\pi}{4}$$

同理

$$I_2=\frac{1}{2}\mathrm{Re}\left(\int_0^{2\pi}\frac{\mathrm{e}^{\mathrm{i}2\theta}}{5+3\cos\theta}\right),\quad \mathrm{Re}(\mathrm{e}^{\mathrm{i}2\theta})=\cos 2\theta,\quad \mathrm{e}^{\mathrm{i}2\theta}=(\mathrm{e}^{\mathrm{i}\theta})^2=z^2$$

$$I_2=\mathrm{Re}\frac{1}{\mathrm{i}}\cdot\oint_{|z|=1}\frac{z^2}{3z^2+10z+3}\mathrm{d}z=\mathrm{Re}\left(2\pi\frac{z_1^2}{6z_1+10}\right)=\frac{\pi}{36}$$

最终可得

$$\int_0^{2\pi}\frac{\sin^2\theta}{5+3\cos\theta}\mathrm{d}\theta=I_1-I_2=\frac{2}{9}\pi$$

例 17 计算积分 $\int_0^{2\pi}\frac{\cos m\theta}{5+4\cos\theta}\mathrm{d}\theta$。

解： 设

$$I'=\int_0^{2\pi}\frac{\sin m\theta}{5+4\cos\theta}\mathrm{d}\theta,\quad I=\int_0^{2\pi}\frac{\cos m\theta}{5+4\cos\theta}\mathrm{d}\theta$$

则

$$I+\mathrm{i}I'=\int_0^{2\pi}\frac{\cos m\theta+\mathrm{i}\sin m\theta}{5+4\cos\theta}\mathrm{d}\theta=\int_0^{2\pi}\frac{\mathrm{e}^{\mathrm{i}m\theta}}{5+4\cos\theta}\mathrm{d}\theta$$

令 $z=\mathrm{e}^{\mathrm{i}\theta}$，有 $\mathrm{d}z=\mathrm{i}z\mathrm{d}\theta$，可将 $I+\mathrm{i}I'$变换为复变函数的积分：

$$I+\mathrm{i}I'=\oint_{|z|=1}\frac{z^m}{5+4\dfrac{z^2+1}{2z}}\frac{\mathrm{d}z}{\mathrm{i}z}=\frac{1}{\mathrm{i}}\oint_{|z|=1}\frac{z^m}{2z^2+5z+2}\mathrm{d}z$$

被积函数分母 $2z^2+5z+2=0$ 有两个根，即 $z_1=-\dfrac{1}{2}$，$z_2=-2$，其中奇点 $z_1=-\dfrac{1}{2}$在 $|z|=1$ 中，因此

$$\begin{aligned}I+\mathrm{i}I'&=\int_0^{2\pi}\frac{\mathrm{e}^{\mathrm{i}m\theta}}{5+4\cos\theta}\mathrm{d}\theta=2\pi\mathrm{i}\,\frac{1}{\mathrm{i}}\mathrm{Res}[f(z_1)]\\&=\frac{2\pi\cdot z^m}{4z+5}\bigg|_{z=z_1}=\frac{(-1)^m}{3}\,\frac{\pi}{2^{m-1}}\end{aligned}$$

对上面积分结果取实部即为所求，即

$$I=\mathrm{Re}(I+\mathrm{i}I')=\frac{(-1)^m}{3}\,\frac{\pi}{2^{m-1}}$$

例 18 计算 $I=\displaystyle\int_0^{2\pi}\frac{\mathrm{d}\theta}{1+a\cos\theta}$，$|a|<1$。

解： 令 $z=\mathrm{e}^{\mathrm{i}\theta}$，则 $\mathrm{d}z=\mathrm{i}z\mathrm{d}\theta$，将三角函数的复表示 $\cos\theta=\dfrac{z+z^{-1}}{2}$代入原积分函数可得

$$I=\oint_{|z|=1}\frac{\mathrm{d}z}{\mathrm{i}z\left[1+\dfrac{a}{2}\left(z+\dfrac{1}{z}\right)\right]}=\frac{2}{\mathrm{i}}\oint_{|z|=1}\frac{\mathrm{d}z}{az^2+2z+a}$$

被积函数分母

$$az^2+2z+a=a\left(z^2+\frac{2}{a}z+1\right)=0$$

有两个根，即

$$z=\frac{-2\pm\sqrt{4-4a^2}}{2a}=-\frac{1}{a}\pm\sqrt{\frac{1}{a^2}-1}$$

又已知 $|a|<1$，$z_1=-\dfrac{1}{a}+\sqrt{\dfrac{1}{a^2}-1}$是单极点，利用留数定理可得

$$\begin{aligned}I&=\frac{2}{\mathrm{i}}\cdot2\pi\mathrm{i}\cdot\mathrm{Res}[f(z_1)]=\lim_{z\to z_1}(z-z_1)\cdot\frac{1}{b(z-z_1)(z-z_2)}\bigg|_{z=z_1}\\&=\frac{4\pi}{a}\cdot\frac{1}{z_1-z_2}=\frac{2\pi}{\sqrt{1-a^2}}\end{aligned}$$

5.2.2 实轴有界的无限积分

1. 无穷积分 $\displaystyle\int_{-\infty}^{\infty}f(x)\mathrm{d}x$

$f(z)$若在实轴上无奇点，在上半平面除了有限个孤立奇点 b_k，$k=1,2,\cdots n$ 外，处处解析。

在包括实轴的上半平面中,若 $|z|\to\infty, zf(z)\to 0$,则

$$\int_{-\infty}^{\infty} f(x)\mathrm{d}x = 2\pi\mathrm{i}\sum_{k=1}^{n}\mathrm{Res}[f(b_k)]\Big|_{\mathrm{Im}\, z>0} \tag{5.15}$$

证明: $f(z)$沿图 5-1 中的环路积分,可表示为

$$\oint_l f(z)\mathrm{d}z = \int_{-R}^{R} f(x)\mathrm{d}x + \int_{C_R} f(z)\mathrm{d}z = 2\pi\mathrm{i}\sum_k \mathrm{Res}[f(b_k)]\Big|_{l_{内}} \quad l_{内}\ f(z) \text{ 的留数的和}$$

当 $R\to\infty$时,对上式两边取极限可得

$$\lim_{R\to\infty}\int_{-R}^{R} f(x)\mathrm{d}x + \lim_{R\to\infty}\int_{C_R} f(z)\mathrm{d}z = 2\pi\mathrm{i}\sum_k \mathrm{Res}[f(b_k)]\Big|_{\mathrm{Im}\, z>0} \quad \text{上半平面的留数和}$$

上式等号左边第一项,根据无穷积分通常定义为

$$\int_{-\infty}^{\infty} f(x)\mathrm{d}x = \lim_{\substack{R_1\to\infty \\ R_2\to\infty}}\int_{R_1}^{R_2} f(x)\mathrm{d}x$$

又根据题设,当 $|z|\to\infty$时,$zf(z)\to\infty$,故有

$$\lim_{R\to\infty}\left|\int_{C_R} f(z)\mathrm{d}z\right| \leqslant \lim_{R\to\infty}\int_{C_R} |zf(z)|\cdot\frac{|\mathrm{d}z|}{|z|} \leqslant \lim_{R\to\infty}\max|zf(z)|\cdot\frac{\pi R}{R} = 0$$

因此可得

$$\int_{-\infty}^{\infty} f(x)\mathrm{d}x = 2\pi\mathrm{i}\sum_k \mathrm{Res}[f(b_k)]\Big|_{\mathrm{Im}\, z>0} \tag{5.16}$$

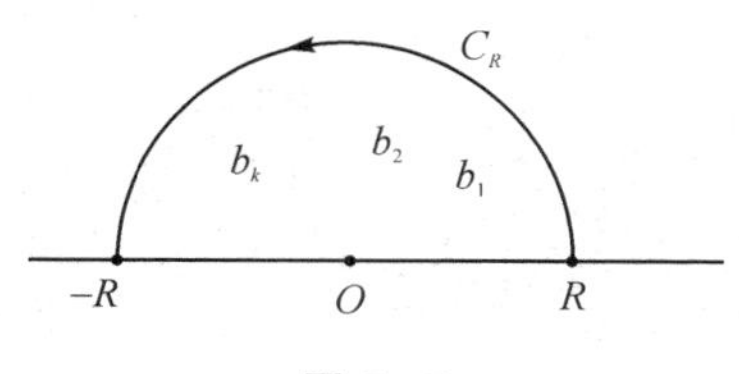

图 5-1

大圆弧引理:若函数 $f(z)$在上半平面以 R 为半径的圆周外解析,$f(z)$在圆周 $C_R: z = R\mathrm{e}^{\mathrm{i}\theta}, 0\leqslant\theta\leqslant\pi$ 上连续,且当 $z\to\infty$时,$zf(z)$一致趋于零,则

$$\lim_{R\to\infty}\int_{C_R} f(z)\mathrm{d}z = 0$$

证明: 已知在 $C_R: z=R\mathrm{e}^{\mathrm{i}\theta}, 0\leqslant\theta\leqslant\pi$ 上,$|z|=R$,因此 $zf(z)\to 0$。可以理解为

$$|zf(z)|\leqslant M(R) \text{ 且} \lim_{R\to\infty}M(R)=0$$

$$\left|\int_{C_R} f(z)\mathrm{d}z\right| \leqslant \int_{C_R}|f(z)||\mathrm{d}z| = \int_{C_R}|zf(z)|\cdot\left|\frac{\mathrm{d}z}{z}\right| \leqslant \frac{M(R)}{R}\int_{C_R}|\mathrm{d}z| = \pi\cdot M(R)$$

因此

$$\lim_{z\to\infty}\int_{C_R} f(z)\mathrm{d}z = 0$$

显然若 $w=f(z)$在下半平面,以 R 为半径的圆周外解析,C_R 是下半平面圆周,结论也成立。

例 19 计算积分 $\int_{-\infty}^{\infty}\frac{1+x^2}{1+x^4}\mathrm{d}x$。

解: 考虑辅助函数

$$f(z)=\frac{1+z^2}{1+z^4}$$

且当$|z|\to\infty$时，$zf(z)$一致趋于零。因此可利用如下方法求积分：

$$\int_{-\infty}^{+\infty} f(x)\mathrm{d}x=2\pi\mathrm{i}\sum_k \mathrm{Res}\left[f(b_k)\right]\Big|_{\mathrm{Im}\,z>0}\quad \text{上半平面的留数和}$$

下面求 $f(z)$在上半平面的奇点：

令 $1+z^4=0$，即 $z^4=-1$，则 $z=\sqrt[4]{-1}$。

$$\sqrt[4]{-1}=\sqrt[n]{|-1|}\,\mathrm{e}^{\mathrm{i}\frac{\mathrm{Arg}(-1)+2k\pi}{4}}=\mathrm{e}^{\mathrm{i}\left(\frac{\pi+2k\pi}{4}\right)},\quad k=0,1,2,3\quad \begin{cases} z_1=\mathrm{e}^{\frac{\pi}{4}\mathrm{i}}\\ z_2=\mathrm{e}^{\frac{3\pi}{4}\mathrm{i}}\\ z_3=\mathrm{e}^{\frac{5\pi}{4}\mathrm{i}}\\ z_4=\mathrm{e}^{\frac{7\pi}{4}\mathrm{i}}\end{cases}$$

其中，$z_1=\mathrm{e}^{\frac{\pi}{4}\mathrm{i}}$ 和 $z_2=\mathrm{e}^{\frac{3\pi}{4}\mathrm{i}}$ 在上半平面，则有

$$\begin{aligned}I&=\int_{-\infty}^{\infty}\frac{1+x^2}{1+x^4}\mathrm{d}x=2\pi\mathrm{i}(\text{上半平面留数和})\\&=2\pi\mathrm{i}\left[\lim_{z\to z_1}(z-z_1)f(z)+\lim_{z\to z_2}(z-z_2)f(z)\right]\end{aligned}$$

或

$$\begin{aligned}I&=2\pi\mathrm{i}\left[\frac{P(z)}{Q'(z)}\bigg|_{z=z_1}+\frac{P(z)}{Q'(z)}\bigg|_{z=z_2}\right]\\&=2\pi\mathrm{i}\left(\frac{1+z_1^3}{4z_1^3}+\frac{1+z_2^3}{4z_2^3}\right)\\&=\frac{\pi\mathrm{i}}{2}\cdot\left[\left(1+\mathrm{e}^{\frac{\mathrm{i}}{2}\pi}\right)\mathrm{e}^{-\frac{3}{4}\pi\mathrm{i}}+\left(1+\mathrm{e}^{\mathrm{i}\frac{3}{2}\pi}\right)\mathrm{e}^{-\mathrm{i}\frac{9}{4}\pi}\right]\\&=\sqrt{2}\,\pi\end{aligned}$$

例 20 计算实积分 $I=\int_{-\infty}^{\infty}\frac{\mathrm{d}x}{1+x^2}$。

解：考虑辅助函数

$$f(z)=\frac{1}{1+z^2}$$

且当$|z|\to\infty$时，$zf(z)=\frac{z}{1+z^2}=\frac{1}{z+\frac{1}{z}}\to 0$，因此可利用如下方法求积分：

$$\int_{-\infty}^{\infty} f(x)\mathrm{d}x=2\pi\mathrm{i}\sum_k \mathrm{Res}\left[f(b_k)\right]\Big|_{\mathrm{Im}\,z}\quad \text{上半平面的留数和}$$

显而易见，$z=\pm\mathrm{i}$ 为 $f(z)$的奇点，其中只有 $z=\mathrm{i}$ 在上半平面，为单奇点，则有

$$\begin{aligned}I&=\int_{-\infty}^{\infty}\frac{\mathrm{d}x}{1+x^2}=2\pi\mathrm{i}\sum_k \mathrm{Res}\left[f(b_k)\right]\Big|_{\mathrm{Im}\,z>0}\\&=2\pi\mathrm{i}\cdot\mathrm{Res}\left[f(\mathrm{i})\right]=2\pi\mathrm{i}\lim_{z\to\mathrm{i}}(z-\mathrm{i})\cdot\frac{1}{1+z^2}\end{aligned}$$

$$=2\pi i \cdot \lim_{z\to i}(z-i)\frac{1}{(z-i)(z+i)}$$

$$=\frac{2\pi i}{2i}=\pi$$

2. 含有三角函数的无穷积分

设 $f(z)$ 在实轴上无奇点，在上半平面除了有限个孤立奇点 $b_k, k=1,2\cdots$ 外处处解析，在包括实轴的上半平面 $(0\leqslant \arg z\leqslant \pi)$ 中，若 $|z|\to\infty$，$f(z)$ 一致趋于 0，且 $p>0$，则有

$$\int_0^\infty f(x)\cos px\,dx=\pi i\cdot\sum_{k=1}^{n}\mathrm{Res}[f(b_k)e^{ipb_k}]\Big|_{\mathrm{Im}\,z>0},\quad f(x)\text{ 为偶函数}$$

$$\int_0^\infty f(x)\sin px\,dx=\pi\cdot\sum_{k=1}^{n}\mathrm{Res}[f(b_k)e^{ipb_k}]\Big|_{\mathrm{Im}\,z>0},\quad f(x)\text{ 为奇函数}$$

$$\sum_{k=1}^{n}\mathrm{Res}[f(b_k)e^{ipb_k}]\Big|_{\mathrm{Im}\,z>0}\text{ 是 } f(z)e^{ipb_k}\text{ 在上半平面留数之和}\tag{5.17}$$

证明： 若 $f(x)$ 为偶函数，则

$$\int_0^\infty f(x)\cos px\,dx=\int_0^\infty f(x)\frac{1}{2}\cdot\left(e^{ipx}+e^{-ipx}\right)dx$$

$$\int_0^\infty f(x)e^{-ipx}\,dx=-\int_0^\infty f(-x)e^{ipx}\,dx=\int_{-\infty}^0 f(-x)e^{ipx}\,dx$$

因此，

$$\int_0^\infty f(x)\cos px\,dx=\frac{1}{2}\left[\int_0^\infty f(x)e^{ipx}\,dx+\int_{-\infty}^0 f(-x)e^{ipx}\,dx\right]$$

$$=\frac{1}{2}\int_{-\infty}^\infty f(x)e^{ipx}\,dx$$

又因为

$$\oint_l f(z)e^{ipz}\,dz=\int_{-R}^R f(z)e^{ipz}\,dz+\int_{C_R} f(z)e^{ipz}\,dz=2\pi i\cdot\sum_{k=1}^{n}\mathrm{Res}\left[f(b_k)e^{ipb_k}\right]\Big|_{l_{内}}$$

所以

$$\int_{-\infty}^\infty f(x)e^{ipx}\,dx+\lim_{R\to\infty}\int_{C_R} f(z)e^{ipz}\,dz=2\pi i\cdot\sum_{k=1}^{n}\mathrm{Res}\left[f(b_k)e^{ipb_k}\right]\Big|_{\mathrm{Im}\,z>0}$$

由若尔当引理(见后文)有

$$\lim_{R\to\infty}\int_{C_R} f(z)e^{ipz}\,dz=0$$

最终可得

$$\int_{-\infty}^\infty f(x)e^{ipx}\,dx=2\pi i\cdot\sum_{k=1}^{n}\mathrm{Res}\left[f(b_k)e^{ipb_k}\right]\Big|_{\mathrm{Im}\,z>0}$$

证毕。

例 21　计算积分 $I=\int_0^\infty \frac{\cos x}{x^2+b^2}dx$，$bi$ 为奇点。

解： $f(x)=\frac{1}{x^2+b^2}$ 是偶函数，当 $p=1>0$，$z\to\infty$ 时，$f(z)\to 0$，因此

$$I=\pi i\cdot \operatorname{Res}[f(z)e^{iz}]\Big|_{z=bi}=\pi i\cdot \frac{e^{iz}}{2z}\Big|_{z=bi}=\frac{\pi}{2b}\cdot e^{-b}$$

3. 含有复指数的无穷积分

$$\int_{-\infty}^{\infty} f(x)e^{iax}\,dx \quad (a>0)\text{实数}$$

若尔当引理： 若 $w=f(z)$ 在上半平面半径为 R 的圆周外解析，$f(z)$ 在圆周 $C_R: z=Re^{i\theta}, 0\leqslant\theta\leqslant\pi$ 上连续，且 $z\to\infty$ 时，$f(z)\to 0$（一致趋于零），$a>0$，则有

$$\lim_{R\to\infty}\int_{C_R} f(z)e^{iaz}\,dz=0 \tag{5.18}$$

证明： 在 C_R 上，令 $z=Re^{i\theta}$，则

$$\begin{aligned}\left|\int_{C_R} f(z)e^{iaz}\,dz\right| &\leqslant \int_0^{\pi} |f(z)|\,|e^{iaR(\cos\theta+i\sin\theta)}|\,|Re^{i\theta}i\,d\theta| \\ &\leqslant M(R)R\int_0^{\pi} e^{-aR\sin\theta}\,d\theta \\ &\leqslant 2M(R)R\int_0^{\frac{\pi}{2}} e^{-\frac{2aR\theta}{\pi}}\,d\theta \\ &=\frac{\pi M(R)}{a}(1-e^{-aR})\end{aligned}$$

由于 $\lim\limits_{R\to\infty}M(R)=0, a>0$，因此 $\lim\limits_{R\to\infty}\dfrac{\pi M(R)}{a}\left(1-e^{-aR}\right)=0$ 得证。

应用若尔当定理，当 $a>0$ 时，设 $f(z)$ 在上半平面 $\operatorname{Im} z>0$ 内的极点为 $z_k, k=1,2,\cdots,n$，则

$$\int_{-\infty}^{\infty} f(x)e^{iax}\,dx=2\pi i\cdot\sum_{k=1}^{n}\operatorname{Res}[f(z_k)e^{iaz_k}]\Big|_{\operatorname{Im} z_k>0} \tag{5.19}$$

证明： 以 O 为圆心，以足够大的 R 为半径的半圆 C_R，积分路径为

$$l=C_k+[-R,R]$$

辅助函数 $f(z)=e^{iaz}$ 沿 l 的积分可以表示为两段积分的和，且根据留数定理有

$$\oint_l f(z)e^{iaz}\,dz=\int_{-R}^{R} f(x)e^{iax}\,dx+\int_{C_R} f(z)e^{iaz}\,dz=2\pi i\cdot\sum_{k=1}^{n}\operatorname{Res}[f(z_k)e^{iaz_k}]\Big|_{l\text{内}}$$

当 $R\to\infty$ 时，上式两边均取极限，有

$$\begin{aligned}\lim_{R\to\infty}\oint f(z)e^{iaz}\,dz &=\int_{-\infty}^{\infty} f(x)e^{iax}\,dx+\lim_{R\to\infty}\int_{C_R} f(z)e^{iaz}\,dz \\ &=2\pi i\cdot\sum_{k=1}^{n}\operatorname{Res}[f(z_k)e^{iaz_k}]\Big|_{\operatorname{Im} z>0}\end{aligned}$$

再根据若尔当引理，$\lim\limits_{R\to\infty}\int_{C_R} f(z)e^{iaz}\,dz=0$，则

$$\int_{-\infty}^{\infty} f(x)e^{iaz}\,dx=2\pi i\cdot\sum_{k=1}^{n}\operatorname{Res}[f(z_k)e^{iaz_k}]\Big|_{\operatorname{Im} z>0}$$

应用上述结论计算如下积分：

$$\int_{-\infty}^{\infty} f(x)\cos ax\,dx,\quad \int_{-\infty}^{\infty} f(x)\sin ax\,dx,\quad a>0\text{实积分}$$

因为

$$f(x)\cos ax = \mathrm{Re}\left[f(x)\mathrm{e}^{\mathrm{i}ax}\right],\quad f(x)\sin ax = \mathrm{Im}\left[f(x)\mathrm{e}^{\mathrm{i}ax}\right]$$

则有

$$\int_{-\infty}^{\infty} f(x)\cos ax\,\mathrm{d}x = \mathrm{Re}\left[\int_{-\infty}^{\infty} f(x)\mathrm{e}^{\mathrm{i}ax}\,\mathrm{d}x\right] = \mathrm{Re}\left\{2\pi\mathrm{i}\cdot\sum_{k=1}^{n}\mathrm{Res}\left[f(z_k)\,\mathrm{e}^{\mathrm{i}az_k}\right]\Big|_{\mathrm{Im}\,z_k>0}\right\}$$

$$\int_{-\infty}^{\infty} f(x)\sin ax\,\mathrm{d}x = Im\left[\int_{-\infty}^{\infty} f(x)\mathrm{e}^{\mathrm{i}ax}\,\mathrm{d}x\right] = \mathrm{Im}\left\{2\pi\mathrm{i}\cdot\sum_{k=1}^{n}\mathrm{Res}\left[f(z_k)\,\mathrm{e}^{\mathrm{i}az_k}\right]\Big|_{\mathrm{Im}\,z_k>0}\right\}$$

例 22　计算 $I=\int_0^{\infty}\frac{x\sin x}{x^2+a^2}\mathrm{d}x, a>0$。

解： 因为$\frac{x\sin x}{x^2+a^2}$是偶函数，且$\frac{x\sin x}{x^2+a^2}$是$\frac{x\,\mathrm{e}^{\mathrm{i}x}}{x^2+a^2}$的虚部，则

$$\int_0^{\infty}\frac{x\sin x}{x^2+a^2}\mathrm{d}x = \frac{1}{2}\int_{-\infty}^{\infty}\frac{x\sin x}{x^2+a^2}\mathrm{d}x = \frac{1}{2}\mathrm{Im}\int_{-\infty}^{\infty}\frac{x\,\mathrm{e}^{\mathrm{i}x}}{x^2+a^2}\mathrm{d}x$$

由于$\lim\limits_{x\to\infty}\frac{x}{x^2+a^2}=0$，且 $z_0=a\mathrm{i}$ 是$\frac{x\,\mathrm{e}^{\mathrm{i}x}}{x^2+a^2}$在上半平面的奇点，因此

$$\begin{aligned}
I &= \frac{1}{2}\mathrm{Im}\int_{-\infty}^{\infty}\frac{x\,\mathrm{e}^{\mathrm{i}x}}{x^2+a^2}\mathrm{d}x \\
&= \frac{1}{2}\mathrm{Im}\{2\pi\mathrm{i}\cdot\mathrm{Res}\left[f(a\mathrm{i})\right]\} \\
&= \frac{1}{2}\mathrm{Im}2\pi\mathrm{i}\cdot\frac{z_0}{2z_0}\mathrm{e}^{\mathrm{i}z_0}\Big|_{z_0=a\mathrm{i}} \\
&= \frac{1}{2}\pi\mathrm{e}^{-a}
\end{aligned}$$

4. 被积函数在积分路径上存在无界点的函数的积分

小圆弧引理：$f(z)$在圆弧 $C_r: z-z_0=r\mathrm{e}^{\mathrm{i}\theta}, \alpha\leqslant\theta\leqslant\beta$ 连续，且$\lim\limits_{z\to z_0}(z-z_0)f(z)=\lambda$（$\lambda$ 是有界的复常数），则有

$$\lim_{r\to 0}\int_{C_r} f(z)\mathrm{d}z = \mathrm{i}(\beta-\alpha)\lambda$$

① 若 $\alpha=0,\beta=\pi$，则$\lim\limits_{r\to 0}\int_{C_r} f(z)\mathrm{d}z=\mathrm{i}\pi\lambda$。

② 若 z_0 是 $f(z)$的一阶极点，则

$$\lambda = \lim_{z\to z_0}(z-z_0)f(z) = \mathrm{Res}\left[f(z)\right] \tag{5.20}$$

例 23　计算狄利克莱积分$\int_0^{\infty}\frac{\sin x}{x}\mathrm{d}x$。

解： 因为$\frac{\sin x}{x}$是偶函数，且$\frac{\sin x}{x}$是$\frac{\mathrm{e}^{\mathrm{i}x}}{x}$的虚部，所以有

$$\int_0^{\infty}\frac{\sin x}{x}\mathrm{d}x = \frac{1}{2}\int_{-\infty}^{\infty}\frac{\sin x}{x}\mathrm{d}x = \frac{1}{2}\mathrm{Im}\int_{-\infty}^{\infty}\frac{\mathrm{e}^{\mathrm{i}x}}{x}\mathrm{d}x,\quad r\to 0$$

引入辅助函数 $f(z)=\frac{\mathrm{e}^{\mathrm{i}z}}{z}$，$z=0$ 是奇点，有

$$\lim_{\substack{r\to 0\\ R\to\infty}}\oint\frac{\mathrm{e}^{\mathrm{i}z}}{z}\mathrm{d}z = \int_{-R}^{-r}\frac{\mathrm{e}^{\mathrm{i}x}}{x}\mathrm{d}x + \int_{C_r}\frac{\mathrm{e}^{\mathrm{i}z}}{z}\mathrm{d}z + \int_r^R\frac{\mathrm{e}^{\mathrm{i}x}}{x}\mathrm{d}x + \int_{C_R}\frac{\mathrm{e}^{\mathrm{i}z}}{z}\mathrm{d}z = 0$$

其中,根据小圆弧引理和若尔当引理可得

$$\int_{C_r}\frac{e^{iz}}{z}dz=-i\pi,\quad \int_{C_R}\frac{e^{iz}}{z}dz=0$$

即

$$\int_{-\infty}^{\infty}\frac{e^{ix}}{x}dx-i\pi=0$$

因此

$$\int_0^{\infty}\frac{\sin x}{x}dx=\frac{1}{2}\mathrm{Im}\int_{-\infty}^{\infty}\frac{e^{ix}}{x}dx=\frac{\pi}{2}$$

习　题

1. 求下列函数在指定点处的留数。

(1) $\dfrac{z}{(z-1)(z-2)^2}, z=1,2,\infty$;　(2) $\dfrac{e^z}{z^2+a^2}, z=\pm ia,\infty$;　(3) $\dfrac{e^z-1}{\sin z}, z=0$;

(4) $\dfrac{z}{\cos z}, z=(2k+1)\dfrac{\pi}{2}, k=0,\pm1,\pm2,\cdots$;　(5) $e^{\frac{a}{2}\left(z-\frac{1}{z}\right)}, z=0$。

2. 求下列函数在其孤立奇点和无穷远点(不是非孤立奇点)的留数。

(1) $z^3\cos\dfrac{1}{z-2}$;　(2) $\cot z$;　(3) $z\sin\dfrac{1}{z}$;　(4) $\dfrac{e^z}{1+z}$。

3. 用各种不同的方法计算函数 $f(z)=\dfrac{5z-2}{z(z-1)}$ 在 $z=1$ 的留数,并比较哪种方法更简便。

4. 计算下列闭合曲线积分。

(1) $\oint_l\dfrac{dz}{z^4+1}, l: x^2+y^2=2x$;　(2) $\oint_l\dfrac{z\,dz}{(z-1)(z-2)}, l: |z-2|=\dfrac{1}{2}$;

(3) $\oint_l\dfrac{dz}{(z-3)(z^5-1)}, l: |z|=2$;　(4) $\dfrac{1}{2\pi i}\oint_l\sin\dfrac{1}{z}dz, l: |z|=2$。

5. 计算下列积分。

(1) $\int_{-\infty}^{\infty}\dfrac{1+x^2}{1+x^4}dx$;　(2) $\int_0^{\infty}\dfrac{\cos ax}{1+x^4}dx, a>0$。

6. 求下列积分。

(1) $\int_0^{2\pi}\dfrac{1}{1-2b\cos\theta+b^2}d\theta, |b|<1$;　(2) $\int_0^{2\pi}\dfrac{1}{1+\cos^2\theta}d\theta$;

(3) $\int_0^{\frac{\pi}{2}}\dfrac{1}{a+\sin^2x}dx, a>0$;　(4) $\int_0^{\frac{\pi}{2}}\dfrac{1}{1+\cos^2x}dx$。

第二部分　数学物理方程

第6章　定解问题的物理意义

数学物理方程是指从物理问题中导出的反映客观物理量在各个地点、各个时刻相互制约关系的一系列偏微分方程。数学物理方程是物理过程的数学表达，其研究范围十分广泛。本章以二阶线性偏微分方程作为重点讨论对象。

6.1　描述真空中电磁波的麦克斯韦方程组

电磁场理论知识主要是对场的分析、求解和应用，场的基本方程由数学中积分的物理意义推导而来，场的边界条件是数学中极限思想的应用，数学知识以微分和积分的形式将电磁场的抽象概念具体化。

电磁场理论之父——麦克斯韦

6.1.1　麦克斯韦方程组的积分与微分形式

真空中的麦克斯韦电磁场方程组的积分形式可以表示为

$$\oiint \vec{E}\cdot \mathrm{d}\vec{S}=\frac{\sum q_i}{\varepsilon_0}$$

$$\oint \vec{E}\cdot \mathrm{d}\vec{l}=-\iint \frac{\partial \vec{B}}{\partial t}\cdot \mathrm{d}\vec{S}$$

$$\oiint \vec{B}\cdot \mathrm{d}\vec{S}=0$$

$$\oint \vec{B}\cdot \mathrm{d}\vec{l}=\mu_0\iint\left(\vec{j}+\varepsilon_0\frac{\partial \vec{E}}{\partial t}\right)\cdot \mathrm{d}\vec{S}$$

其中，$\vec{E}$，$\vec{B}$ 分别代表真空中的电场强度与磁感应强度。梯度算符定义形式如下：

$$\vec{\nabla}=\frac{\partial}{\partial x}\vec{i}+\frac{\partial}{\partial y}\vec{j}+\frac{\partial}{\partial z}\vec{k} \tag{6.1}$$

且一阶偏微分形式对梯度的方向、大小和物理意义做出了明确的定义。

电场强度 $\vec{E}$ 表示为

$$\vec{E}=E_x\vec{i}+E_y\vec{j}+E_z\vec{k}$$

磁感应强度 $\vec{B}$ 表示为

$$\vec{B}=B_x\vec{i}+B_y\vec{j}+B_z\vec{k}$$

梯度算符与矢量的点乘和叉乘的运算如下：

$$\vec{\nabla}\cdot\vec{E}=\frac{\partial E_x}{\partial x}+\frac{\partial E_y}{\partial y}+\frac{\partial E_z}{\partial z}$$

$$\vec{\nabla}\times\vec{E}=\begin{vmatrix}\vec{i} & \vec{j} & \vec{k}\\ \dfrac{\partial}{\partial x} & \dfrac{\partial}{\partial y} & \dfrac{\partial}{\partial z}\\ E_x & E_y & E_z\end{vmatrix}$$

因此,真空中麦克斯韦电磁场方程组的微分形式为

$$\vec{\nabla}\cdot\vec{E}=\frac{\rho}{\varepsilon_0}$$

$$\vec{\nabla}\times\vec{E}=-\frac{\partial\vec{B}}{\partial t}$$

$$\vec{\nabla}\cdot\vec{B}=0$$

$$\vec{\nabla}\times\vec{B}=\varepsilon_0\mu_0\frac{\partial\vec{E}}{\partial t}$$

6.1.2 真空中静电势的方程

对于标量场 $U(x,y,z)$,$\vec{\nabla}\times\vec{\nabla}U(x,y,z)=0$。对于静电场,$\vec{\nabla}\times\vec{E}=0$,因为 $\vec{H}(t)=C$,磁场强度不随时间改变。因此 $\vec{E}$ 可以写成某一标量场的梯度 $\vec{E}=-\vec{\nabla}U$,U 为静电势。

$$\vec{\nabla}\cdot\vec{\nabla}U=\nabla^2U=-\frac{\rho}{\varepsilon_0}$$

$$\Delta U=-\frac{\rho}{\varepsilon_0} \tag{6.2}$$

方程(6.2)即为静电场的泊松方程,其中 ρ 为静止电荷密度。若 $\rho=0$,对应的静电场则是无源场,即

$$\Delta U=0 \tag{6.3}$$

式(6.3)也被称作静电场的拉普拉斯方程。

直角坐标系下:

$$\nabla^2=\vec{\nabla}\cdot\vec{\nabla}=\frac{\partial^2}{\partial x^2}+\frac{\partial^2}{\partial y^2}+\frac{\partial^2}{\partial z^2} \tag{6.4}$$

式(6.4)称为拉普拉斯算符。

直角坐标系下,静电场的泊松方程和拉普拉斯方程分别表示为

$$\frac{\partial^2U}{\partial x^2}+\frac{\partial^2U}{\partial y^2}+\frac{\partial^2U}{\partial z^2}=-\frac{\rho}{\varepsilon_0}$$

$$\frac{\partial^2U}{\partial x^2}+\frac{\partial^2U}{\partial y^2}+\frac{\partial^2U}{\partial z^2}=0$$

6.1.3 真空中电磁波方程

真空中,全空间是无源的,$\rho=0$。因此得到 $\vec{\nabla}\cdot\vec{E}=0$,从而可得

$$\vec{\nabla}\times\vec{\nabla}\times\vec{E}=-\varepsilon_0\mu_0\frac{\partial^2\vec{E}}{\partial t^2}$$

$$\vec{\nabla}\times\vec{\nabla}\times\vec{B}=-\varepsilon_0\mu_0\frac{\partial^2\vec{B}}{\partial t^2}$$

根据算符的运算法则$\vec{\nabla}\times\vec{\nabla}\times\vec{A}=\vec{\nabla}(\vec{\nabla}\cdot\vec{A})-\vec{\nabla}\cdot\vec{\nabla}A$，将真空中的$\vec{\nabla}\cdot\vec{E}=0$,$\vec{\nabla}\cdot\vec{B}=0$代入,可得到矢量形式的波动方程:

$$\begin{cases}\dfrac{\partial^2 E}{\partial t^2}-c^2\ \nabla^2 E=0\\[2ex]\dfrac{\partial^2 B}{\partial t^2}-c^2\ \nabla^2 B=0\end{cases},c=\frac{1}{\sqrt{\varepsilon_0\mu_0}}\tag{6.5}$$

在直角坐标系下，$\vec{E}=E_x\vec{i}+E_y\vec{j}+E_z\vec{k}$,$\vec{B}=B_x\vec{i}+B_y\vec{j}+B_z\vec{k}$,每一个分量应满足波动方程,即

$$\frac{\partial^2 E}{\partial t^2}-c^2\left[\frac{\partial^2 E_x}{\partial x^2}+\frac{\partial^2 E_y}{\partial y^2}+\frac{\partial^2 E_z}{\partial z^2}\right]=0$$

例　证明平面波$\vec{E}=\vec{E}_0\mathrm{e}^{\mathrm{i}(\vec{k}\cdot\vec{r}-\omega t)}$满足波动方程,$\vec{E}_0$、$\vec{k}$是常矢量,且$|\vec{k}|=\dfrac{\omega}{c}$。

解:由于$\vec{r}=x\vec{i}+y\vec{j}+z\vec{k}$,$\vec{k}=k_1\vec{i}+k_2\vec{j}+k_3\vec{k}$,因此$\vec{k}\cdot\vec{r}=k_1x+k_2y+k_3z$,故有

$$\vec{E}=\vec{E}_0\mathrm{e}^{\mathrm{i}(k_1x+k_2y+k_3z-\omega t)}$$

$$\frac{\partial^2 E}{\partial t^2}-c^2\left[\frac{\partial^2 E}{\partial x^2}+\frac{\partial^2 E}{\partial y^2}+\frac{\partial^2 E}{\partial z^2}\right]=[-\omega^2+c^2(k_1^2+k_2^2+k_3^2)]E=0$$

因为$|\vec{k}|=k=\dfrac{\omega}{c}$,$|\vec{k}|=\sqrt{k_1^2+k_2^2+k_3^2}$,所以平面波满足波动方程。

6.2　力学中的波动方程

6.2.1　一维弦横振动的波动方程

横振动是指弦只受张力与重力时所表现出来的横向振动过程。弦拉紧呈水平直线状态时为平衡位置,振动的方向垂直于弦的平衡位置,即振动的方向垂直于 x 轴。如图 6-1 所示,假设弦的平衡位置为 x 轴,偏离平衡位置的位移表达为 $u(x,t)$,方向沿 y 轴。取振动中的一段微元,其长度为 $\mathrm{d}l$,质量的线密度为 λ(单位长度对应的质量,$\lambda\mathrm{d}l$ 为该段弦微元的质量)。

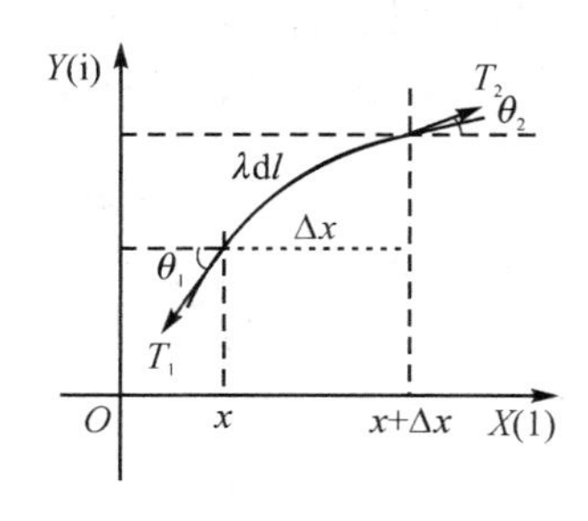

图 6-1

下面分两种不同的情况来推导波动方程。

① 只有纵向运动,且忽略重力,有如下的受力方程:

$$T_2\cos\theta_2-T_1\cos\theta_1=0$$

$$T_2\sin\theta_2-T_1\sin\theta_1=\lambda\mathrm{d}l\frac{\partial^2 u}{\partial t^2}$$

其中,

$$\tan\theta_2=\frac{\partial u(x+\Delta x,t)}{\partial x}$$

$$\tan\theta_1=\frac{\partial u(x,t)}{\partial x}$$

θ_1,θ_2 为小量，$\cos\theta_2\approx\cos\theta_1\approx1$。最终推导出 $T_2=T_1=T$。

又因为

$$\sin\theta_2\approx\tan\theta_2=\frac{\partial u(x+\Delta x,t)}{\partial x}$$

$$\sin\theta_1\approx\tan\theta_1=\frac{\partial u(x,t)}{\partial x}$$

根据勾股定理，有

$$\mathrm{d}l=\sqrt{(\Delta x)^2+\left(\frac{\partial u}{\partial x}\Delta x\right)^2}$$

其中，$\frac{\partial u}{\partial x}$ 为微小量，$\left(\frac{\partial u}{\partial x}\right)^2$ 为二阶小量并在上式中忽略，从而可得

$$\mathrm{d}l\approx\Delta x$$

所以可得到

$$T\cdot\left[\frac{\partial u(x+\Delta x,t)}{\partial x}-\frac{\partial u(x,t)}{\partial x}\right]=\lambda\Delta x\frac{\partial^2 u}{\partial t^2}$$

又由于

$$\frac{\partial u(x+\Delta x,t)}{\partial x}-\frac{\partial u(x,t)}{\partial x}\approx\frac{\partial}{\partial x}\left[\frac{\partial u(x,t)}{\partial x}\right]\Delta x\approx\frac{\partial^2 u(x,t)}{\partial x^2}\Delta x$$

因此可推导出

$$\frac{\partial^2 u(x,t)}{\partial t^2}-a^2\frac{\partial^2 u(x,t)}{\partial x^2}=0,\ a^2=\frac{T}{\lambda}(a>0) \tag{6.6}$$

即一维弦的横向振动方程，又称一维波动方程，其为齐次方程。

② 若考虑该段弦受到重力的作用，受力方程变为

$$T_2\sin\theta_2-T_1\sin\theta_1-(\lambda\mathrm{d}l)g=(\lambda\mathrm{d}l)\frac{\partial^2 u}{\partial t^2}$$

$$T\left[\frac{\partial u(x+\Delta x,t)}{\partial x}-\frac{\partial u(x,t)}{\partial x}\right]=\lambda\Delta x\frac{\partial^2 u}{\partial t^2}+\lambda\Delta xg$$

$$T\frac{\partial^2 u}{\partial x^2}\Delta x=\lambda\Delta x\frac{\partial^2 u}{\partial t^2}+\lambda\Delta xg$$

整理得

$$\frac{\partial^2 u}{\partial t^2}-a^2\frac{\partial^2 u}{\partial x^2}=-g,\ a^2=\frac{T}{\lambda}(a>0) \tag{6.7}$$

若弦受到其他外力作用，作用在单位质量上的外力为 $f(x,t)$，因此有

$$T_2\sin\theta_2-T_1\sin\theta_1+\lambda\mathrm{d}lf(x,t)=\lambda\mathrm{d}l\frac{\partial^2 u}{\partial t^2}$$

整理得

$$\frac{\partial^2 u(x,t)}{\partial t^2}-a^2\frac{\partial^2 u(x,t)}{\partial x^2}=f(x,t) \tag{6.8}$$

由于外力函数 $f(x,t)$ 的存在，式(6.8)称为弦的强迫振动方程。方程(6.8)是非齐次方程。

6.2.2　一维细杆的纵振动的波动方程

下面讨论一维细杆中的纵振动，如图 6-2 所示，根据胡克定律推导波动方程。

$$p=E\frac{\partial u}{\partial x}$$

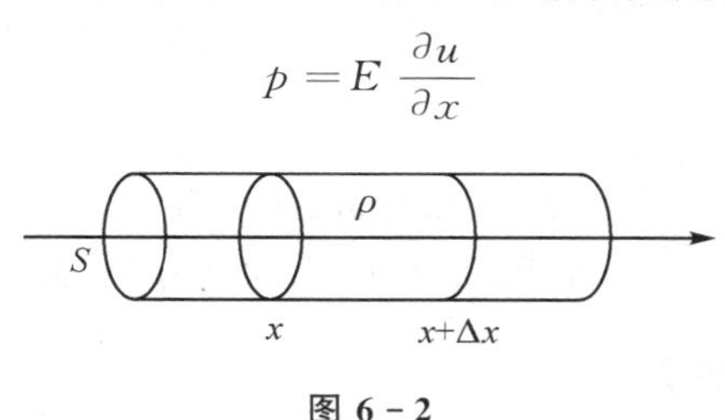

图 6-2

其中，p 为应力，是单位面积的作用力；$\frac{\partial u}{\partial x}$ 是细杆的纵向形变，若细杆静止，则 $\frac{\partial u}{\partial x}=0$；$E$ 是杨氏模量。

根据微元的受力，可得到

$$sE\frac{\partial u(x+\Delta x,t)}{\partial x}-sE\frac{\partial u(x,t)}{\partial x}+(\rho s\Delta x)f(x,t)=(\rho s\Delta x)\frac{\partial^2 u}{\partial t^2}$$

其中，s 为横截面积；ρ 为细杆的体密度；$f(x,t)$ 为单位质量所受到的外力。整理得到的一维细杆中的纵振动的波动方程为

$$\frac{\partial^2 u(x,t)}{\partial t^2}-a^2\frac{\partial^2 u(x,t)}{\partial x^2}=f(x,t)\quad a^2=\frac{E}{\rho}(a>0) \tag{6.9}$$

若讨论三维空间的纵振动，该体元受到的应力为 $\vec{p}=p_x\vec{i}+p_y\vec{j}+p_z\vec{k}$，单位质量受到的外力是 $\vec{f}=f_x\vec{i}+f_y\vec{j}+f_z\vec{k}$，体元受到 x 方向的分力为

$$(\Delta y\Delta z)E\frac{\partial u(x+\Delta x,y,z,t)}{\partial x}-(\Delta y\Delta z)E\frac{\partial u(x,y,z,t)}{\partial x}+\rho(\Delta x\Delta y\Delta z)f_x(x,y,z,t)$$

从而三维空间纵振动的波动方程为

$$\frac{\partial^2 u(\vec{r},t)}{\partial t^2}-a^2\nabla^2 u(\vec{r},t)=f(\vec{r},t),\quad a^2=\frac{E}{\rho}\quad a>0 \tag{6.10}$$

6.3　热传导中的数学物理方程

6.3.1　热传导中的基本物理规律

若空间温度不均匀，有热量流动，热量由高温向低温流动的现象叫作热传导。热量的传递过程总表现为温度的时间、空间变化，热传导归结为物体内的温度分布。$u(\vec{r},t)$ 表示空间一点在 t 时刻的温度。

傅里叶热传导定律可表示为

$$\vec{q} = -k\vec{\nabla}u \tag{6.11}$$

其中，$\vec{q}(\vec{r},t)$是热流密度，即单位时间通过单位面积的热量，其方向与温度场$u(\vec{r},t)$梯度方向相反；k为热导率，在各向同性介质，k为常数。

傅里叶热传导定律还可以表示为

$$\vec{q}_n = -k\frac{\partial u}{\partial \vec{n}} \tag{6.12}$$

其中，$\vec{n}$是曲面的法线方向。

另外，比热的定义为

$$\Delta Q = C\Delta m\Delta u = c\rho V\Delta u \tag{6.13}$$

其中，ΔQ为外界的热量变换；Δu为温度变化；C为比热；ρ为质量的体密度；V为物体体积。

6.3.2 一维细杆的热传导方程

如图6-3所示，设有一均匀细杆，质量线密度为λ，杆内有一热源，$f(x,t)$表示单位时间、单位质量所产生的热量。取一微元Δx，一维热传导定律$q_x = -k\frac{\partial u}{\partial x}$，对于杆的微元，在$\Delta t$时间内净流入的热量为

$$Q_1 = q_x(x,t)\cdot s\Delta t - q_x(x+\Delta x,t)s\Delta t + (\lambda\Delta x)\Delta t f(x,t)$$

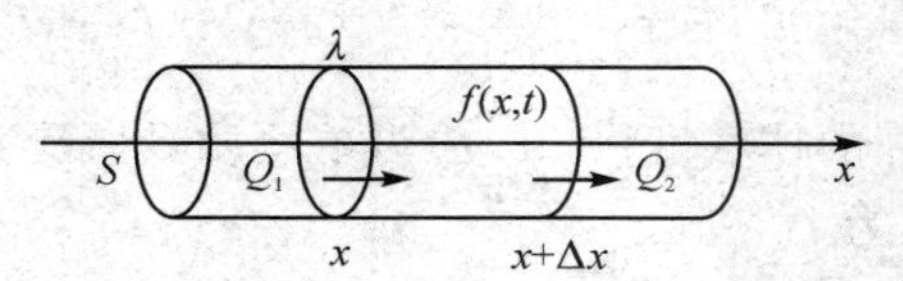

图6-3

在时间Δt内，微元温度升高Δu所需要的热量为

$$Q_2 = C(\lambda\Delta x)\cdot\Delta u$$

由于热量守恒，因此净流入的热量等于物体升高温度所吸收的热量，即

$$Q_1 = Q_2$$

$$\frac{k}{C\lambda}\frac{1}{\Delta x}\cdot\left[-\frac{\partial u(x,t)}{\partial x} + \frac{\partial u(x+\Delta x,t)}{\partial x}\right] + \frac{1}{C}f(x,t) = \frac{\Delta u}{\Delta t}$$

取$\Delta x\to 0$，$\Delta t\to 0$，一维热传导方程为

$$\frac{\partial u(x,t)}{\partial t} - D\frac{\partial^2 u(x,t)}{\partial x^2} = f(x,t) \tag{6.14}$$

其中，$D = \frac{k}{C\lambda} > 0$为热传导系数，为简化方程把$\frac{1}{C}$并入热源函数中。

若杆内无热源，则

$$\frac{\partial u(x,t)}{\partial t} - D\frac{\partial^2 u(x,t)}{\partial x^2} = 0$$

为齐次方程。

6.3.3　三维热传导方程

假设空间是均匀的，热源是 $f(\vec{r},t)$，表示单位时间、单位质量所发出的热量，在 $\vec{r}$ 处的一体积元的热流密度 $\vec{q}(\vec{r})=q_x\vec{i}+q_y\vec{j}+q_z\vec{k}$。

根据热传导实验定律 $\vec{q}_n=-k\dfrac{\partial u}{\partial \vec{n}}$（$\vec{n}$ 是曲面的法线方向），分别计算分量 q_x、q_y、q_z 对体积元的影响。以 x 方向为例

$$q_x(x,y,z,t)\Delta y\Delta z\Delta t-q_x(x+\Delta x,y,z,t)\Delta y\Delta z\Delta t=$$
$$k\left[\frac{\partial u(x+\Delta x,y,z,t)}{\partial x}-\frac{\partial u(x,y,z,t)}{\partial x}\right]\Delta y\Delta z\Delta t$$

进一步可得到

$$\frac{\partial u(\vec{r},t)}{\partial t}-D\,\nabla^2 u(\vec{r},t)=f(\vec{r},t) \tag{6.15}$$

6.3.4　稳态的温度分布

稳态是指温度不随时间变化，仅与空间有关，即

$$\frac{\partial u}{\partial t}=0$$

可推导出

$$\nabla^2 u(\vec{r},t)=-\frac{1}{D}f(\vec{r},t) \tag{6.16}$$

方程(6.16)即为泊松方程。

若无热源，方程(6.16)将变为拉普拉斯方程：

$$\nabla^2 u(\vec{r})=0 \text{ 或 } \Delta u(\vec{r})=0 \tag{6.17}$$

6.4　定解问题的相关概念

前几节所讲的数学物理方程为泛定方程，即除了方程外，没有其他限定条件。为了能够求解方程，仅有方程本身还不够，还应包括边界条件，才能够确定运动定律。同时还应包括初始条件。边界条件与初始条件又称为定解条件。可将定解问题概括为泛定方程附加定解条件，即

定解问题＝泛定方程＋定解条件

6.4.1　初始条件

初始条件指研究的系统在开始时刻的系统状态分布。求解以时间为变量的常微分方程的特解时，一定要有初始条件。微分方程的时间阶数等于至少需要的初始条件数目，但对于稳态方程，如拉普拉斯方程和泊松方程与时间无关，不需要初始条件。

① 热传导方程（扩散方程）是含有对时间的一阶偏导数，因此解方程需要一个初始条件，即

$$u(\vec{r},0)=\varphi(\vec{r}),\ \vec{r}\in\Omega(\Omega\text{ 为物理问题所在空间})$$

② 波动方程含有对时间的二阶偏导数，要解此方程，从而给出每点的加速度，则需要知道两个初始条件，即初始时刻每点的位移和速度：

$$u(\vec{r},0)=\varphi(\vec{r}),\ \frac{\partial u(\vec{r},0)}{\partial t}=\psi(\vec{r})\quad \vec{r}\in\Omega$$

6.4.2 边界条件

研究具体问题还需要有外界环境，这体现为边界条件。

1. 第一类边界条件及物理意义

第一类边界条件直接给出了所研究的物理量在边界上的分布：

$$u(\vec{r},t)\Big|_{\Sigma}=f(\Sigma,t) \tag{6.18}$$

其中，Σ 代表边界。

对于波动问题，第一类边界条件是指边界各点的位移确定；对于热传导问题，第一类边界条件是指边界的温度确定。第一类齐次边界条件为

$$u(\vec{r},t)\Big|_{\Sigma}=0 \tag{6.19}$$

对于研究长度为 l 的弦两端固定的一维振动第一类齐次边界条件为

$$u(x,t)\Big|_{x=0}=0,\ u(x,t)\Big|_{x=l}=0$$

2. 第二类边界条件及物理意义

第二类边界条件可理解为物理量在边界外法线的方向导数，其数值可表示为

$$\vec{\nabla}u\cdot\vec{n}_0\Big|_{\Sigma}=\frac{\partial u}{\partial\vec{n}}\Big|_{\Sigma}=f(\Sigma,t) \tag{6.20}$$

其中，$\vec{n}$ 为边界外法线方向单位矢量，$\dfrac{\partial u}{\partial\vec{n}}$ 为沿外法线的方向导数。

以热传导为例，

$$\frac{\partial u}{\partial\vec{n}}\Big|_{\Sigma}=-\frac{\vec{q}_n}{k}\Big|_{\Sigma}$$

其中，$\vec{q}_n$ 是 q 在边界外法线方向的分量，为单位时间通过边界单位面积和外界交换的热量。

第二类齐次边界条件为

$$\frac{\partial u}{\partial\vec{n}}\Big|_{\Sigma}=0 \tag{6.21}$$

对于热传导问题，第二类齐次边界条件即系统与外界没有热量交换。下面以不同条件下的边界举例。

若为两端绝热的杆，则

$$\frac{\partial u(x,t)}{\partial x}\Big|_{x=0}=0,\quad \frac{\partial u(x,t)}{\partial x}\Big|_{x=l}=0 \tag{6.22}$$

若 $x=0$ 处有热流 q 流入，则

$$\frac{\partial u(x,t)}{\partial x}\Big|_{x=0}=-\frac{q}{k}$$

若 $x=l$ 处有热流 q 流入，则

$$\left.\frac{\partial u(x,t)}{\partial x}\right|_{x=l}=-\frac{q}{k}$$

再来看一维杆的横振动：

$$\left.\frac{\partial u(x,t)}{\partial x}\right|_{x=0}=0,\quad \left.\frac{\partial u(x,t)}{\partial x}\right|_{x=l}=0 \tag{6.23}$$

式(6.23)代表 $x=0$ 和 $x=l$ 处没有外力的横向分量，称为自由端。若 $x=l$ 为自由端($x=l$ 处受力无垂直于 x 方向分量)，即受力的横向分量为零($T\neq 0$)：

$$T\left.\frac{\partial u(x,t)}{\partial x}\right|_{x=l}=0$$

则

$$\left.\frac{\partial u(x,t)}{\partial x}\right|_{x=l}=0$$

3. 第三类边界条件(混合边界条件)

第三类边界条件为

$$\alpha u+\beta\left.\frac{\partial u}{\partial \vec{n}}\right|_{\Sigma}=f(\Sigma,t) \tag{6.24}$$

其中，α，β 是常数。

第三类边界条件是第一类与第二类边界的组合，也称为混合边界条件。除初始条件、边界条件外，还有其他条件，如衔接条件、自然边界条件等。

6.4.3　定解问题

一个物理问题由泛定方程＋定解条件构成。根据定解条件的不同，可以分类如下：

① 边值问题：

$$\nabla^2 u(\vec{r},t)=f(\vec{r},t)$$

$$\left.\left(\alpha u+\beta\frac{\partial u}{\partial \vec{n}}\right)\right|_{\Sigma}=f(\Sigma,t)$$

若 $\beta=0$，则为第一边值问题或狄利克莱边值问题；若 $\alpha=0$，则为第二边值问题；若 $\alpha\neq 0$，$\beta\neq 0$，则为第三边值问题。

② 初值问题：只有初始条件，没有边界条件的定解问题，被称为初值问题。

一维无界波动：

$$\frac{\partial^2 u(x,t)}{\partial t^2}-a^2\frac{\partial^2 u(x,t)}{\partial x^2}=f(x,t),\ -\infty<x<\infty, t>0$$

$$u(x,t)\big|_{t=0}=\varphi(x),\quad \left.\frac{\partial u(x,t)}{\partial t}\right|_{t=0}=\psi(x)$$

一维无界热传导：

$$\frac{\partial u(x,t)}{\partial t}-D\frac{\partial^2 u(x,t)}{\partial x^2}=0,\ -\infty<x<\infty, t>0$$

$$u(x,t)\big|_{t=0}=\varphi(x)$$

③ 混合问题：

$$\frac{\partial^2 u(x,t)}{\partial t^2}-a^2\frac{\partial^2 u(x,t)}{\partial x^2}=0,\ 0<x<l,t>0$$

$$u(x,t)\Big|_{x=0}=0,\ u(x,t)\Big|_{x=l}=0$$

$$u(x,t)\Big|_{t=0}=\varphi(x),\ \frac{\partial u(x,t)}{\partial t}\Big|_{t=0}=\psi(x)$$

习　题

1. 在弦的横振动问题中，若弦受到一与速度成正比的阻力，试导出弦的阻尼振动方程。

2. 设扩散物质的源强（即单位时间内单位体积所产生的扩散物质）为 $F(x,y,z;t)$，试推导扩散方程。

3. 设有一横截面积为 S、电阻率为 r 的匀质导线，内有电流密度为 j 的均匀分布的直流电流通过，试推导导线内的热传导方程。

4. 长为 l 两端固定的弦，做振幅及其微小的横振动，试写出其定解条件。

5. 半无限的理想传输线，一端加上正弦电压，试写出其定解问题。

6. 长为 l 的均匀杆，两端受拉力 $F(t)$ 而做纵振动，写出边界条件。

7. 考虑长为 l 的均匀杆的导热问题，若

(1) 杆的两端温度保持零度；

(2) 杆的两端均绝热；

(3) 杆的一端为恒温零度，另一端绝热；

试写出该导热问题在以上三种情况下的边界条件。

8. 弹簧原长为 l，一端固定，另一端被拉离平衡位置 b 而静止，放手任其振动，写出其定解条件。

9. 长为 l 的弹簧杆，两端受压，长度缩短为 $l(1-2\varepsilon)$，放手后自由振动，试写出其初始条件；若一端受压缩短为 $l(1-2\varepsilon)$，其初始条件又如何？

10. 一根长为 l 的导热杆由两段构成，两段的热传导系数、比热、密度分别为 k_1、c_1、ρ_1 和 k_2、c_2、ρ_2，初始温度为 u_0，保持两端温度为零，试写出此热传导问题的定解问题。

11. 一长为 l 的均匀弦，两端 $x=0$ 和 $x=l$ 固定，弦的张力为 T_0，在 $x=h$ 点，以横向力 F_0 拉弦，达到稳定后放手任其自由振动，写出其初始条件。

第7章　行波法

求解常微分方程时，一般先求方程的通解，再用初始条件去确定通解中的任意常系数，从而得到特解。按照这个方法，求解偏微分方程，即先求解偏微分方程的通解，再用定解条件确定通解中的任意常数或函数，但偏微分方程的通解不容易求，用定解条件确定函数往往更加困难。前述方法主要适用于求解无界区域的齐次(无源)波动方程的定解问题。齐次方程反映介质一经扰动后在区域里不再受到外力的运动规律。如果问题的区域是整个空间，扰动会一直传播，形成行波，也被称作行进波。一般把主要适用于求解这类行波问题的方法称为行波法，本章即讨论该方法。

7.1　一维无界波动问题(达朗贝尔公式)

达朗贝尔

研究无界弦的自由振动，既简单明了又具有代表性。其定解问题表示为

$$\frac{\partial^2 u}{\partial t^2}=a^2\frac{\partial^2 u}{\partial x^2} \tag{7.1}$$

$$u(x,0)=\varphi(x),\quad -\infty<x<\infty \tag{7.2}$$

$$u_t(x,0)=\psi(x),\quad -\infty<x<\infty \tag{7.3}$$

其中，$\varphi(x)$、$\psi(x)$为已知函数。

在推导弦的横振动问题中，如果弦没有受到任何外力作用，研究其中的一小段时，在不太长的时间里，可以认为影响还来不及传到两端，弦是“无限长”的。针对“无限长”杆的自由振动，“无限长”理想传输线上的电流、电压变化均可提出与之相同的定解问题进而求解。

7.1.1　一维齐次波动方程的通解

首先求出方程(7.1)的通解。由方程(7.1)可得

$$\left(\frac{\partial}{\partial t}+a\frac{\partial}{\partial x}\right)\left(\frac{\partial}{\partial t}-a\frac{\partial}{\partial x}\right)u=0 \tag{7.4}$$

假设两个微分算子：

$$\frac{\partial}{\partial \xi}=\frac{\partial}{\partial t}+a\frac{\partial}{\partial x}$$

$$\frac{\partial}{\partial \eta}=\frac{\partial}{\partial t}-a\frac{\partial}{\partial x}$$

则方程(7.4)变为

$$\frac{\partial^2 u}{\partial \xi\partial \eta}=0\quad 或\quad (u_{\xi\eta}=0) \tag{7.5}$$

偏微分的标准形式可以描述为

$$\frac{\partial}{\partial \xi}=\frac{\partial}{\partial t}\frac{\partial t}{\partial \xi}+\frac{\partial}{\partial x}\frac{\partial x}{\partial \xi}$$

$$\frac{\partial}{\partial \eta}=\frac{\partial}{\partial t}\frac{\partial t}{\partial \eta}+\frac{\partial}{\partial x}\frac{\partial x}{\partial \eta}$$

对比偏微分的标准形式，可得

$$\frac{\partial t}{\partial \xi}=1,\ \frac{\partial x}{\partial \xi}=a$$

$$\frac{\partial t}{\partial \eta}=1,\ \frac{\partial x}{\partial \eta}=-a$$

因此可以归纳为 $x=a(\xi-\eta)$，$t=\xi+\eta$，进而可得

$$\xi=\frac{1}{2}\left(t+\frac{x}{a}\right),\ \eta=\frac{1}{2}\left(t-\frac{x}{a}\right)$$

变量 ξ 与 η 的系数变化，不影响方程(7.5)的结果。因此，上式中的 ξ 乘以 $2a$，η 乘以 $-2a$，可得

$$\begin{cases}\xi=x+at\\ \eta=x-at\end{cases}\tag{7.6}$$

由式(7.6)可知变量 ξ、η 与变量 x、t 间的函数关系。下面对方程(7.5)进行求解。

先对 η 积分，得

$$\frac{\partial u}{\partial \xi}=\int 0\mathrm{d}\eta=c(\xi)$$

其中，$c(\xi)$为 ξ 的任意函数，将上式再对 ξ 求积分，得

$$u=\int c(\xi)\mathrm{d}\xi=f_1(\xi)+f_2(\eta)$$

其中，$f_1(\xi)$、$f_2(\eta)$分别为 ξ、η 的任意函数(只要 f_1、f_2 有二阶连续偏导)，把(7.6)式带入上式，得到的方程(7.4)的通解为

$$u(x,t)=f_1(x+at)+f_2(x-at)\tag{7.7}$$

7.1.2 达朗贝尔公式

下面利用初始条件式(7.2)和式(7.3)来确定通解(7.7)中的任意函数 f_1 和 f_2。将通解(7.7)分别代入式(7.2)和式(7.3)，有

①：$u(x,0)=f_1(x)+f_2(x)=\varphi(x)$

②：$$u_t(x,0)=\frac{\partial f_1(x+at)}{\partial(x+at)}\frac{\partial(x+at)}{\partial t}\bigg|_{t=0}+\frac{\partial f_2(x-at)}{\partial x-at}\frac{\partial x-at}{\partial t}\bigg|_{t=0}$$

$$=af'_1(x)-af'_2(x)=a\left(\frac{\mathrm{d}f_1}{\mathrm{d}x}-\frac{\mathrm{d}f_2}{\mathrm{d}x}\right)=\psi(x)$$

由②积分得

$$f_1(x)-f_2(x)=\frac{1}{a}\int_{x_0}^{x}\psi(\alpha)\mathrm{d}\alpha+c$$

于是可以求得

$$f_1(x)=\frac{1}{2}\varphi(x)+\frac{1}{2a}\int_{x_0}^{x}\psi(\alpha)\mathrm{d}\alpha+\frac{c}{2}$$

$$f_2(x)=\frac{1}{2}\varphi(x)-\frac{1}{2a}\int_{x_0}^{x}\psi(\alpha)\mathrm{d}\alpha-\frac{c}{2}$$

将 $f_1(x)$、$f_2(x)$中的 x 增加时间项，变为 $x+at$ 和 $x-at$，并将其代入通解(7.7)，得

$$\begin{aligned} &f_1(x+at)+f_2(x-at) \\ =&\frac{1}{2}[\varphi(x+at)+\varphi(x-at)]+\frac{1}{2a}\int_{x_0}^{x+at}\psi(\alpha)\mathrm{d}\alpha-\frac{1}{2a}\int_{x_0}^{x-at}\psi(\alpha)\mathrm{d}\alpha \\ =&\frac{1}{2}[\varphi(x+at)+\varphi(x-at)]+\frac{1}{2a}\int_{x-at}^{x+at}\psi(\alpha)\mathrm{d}\alpha \end{aligned}$$

进一步可得

$$u(x,t)=\frac{1}{2}[\varphi(x+at)+\varphi(x-at)]+\frac{1}{2a}\int_{x-at}^{x+at}\psi(\alpha)\mathrm{d}\alpha \tag{7.8}$$

式(7.8)即为达朗贝尔公式，也称为达朗贝尔解，是无界弦的自由振动定解问题的特解。

例 1　求$\begin{cases} u_{tt}-a^2u_{xx}=0 \\ u(x,0)=\sin x, \quad -\infty<x<\infty \\ u_t(x,0)=x^2 \end{cases}$的解。

解：直接代入达朗贝尔公式，得

$$u(x,t)=\frac{1}{2}[\sin(x+at)+\sin(x-at)]+\frac{1}{2a}\int_{x-at}^{x+at}x^2\mathrm{d}x$$

$$u(x,t)=\sin x\cos at+\frac{t}{3}(3x^2+a^2t^2)$$

7.1.3　达朗贝尔解的物理意义

为方便起见，先讨论初始条件只有初始位移的情况下达朗贝尔解的物理意义。此时达朗贝尔公式变为

$$u(x,t)=\frac{1}{2}[\varphi(x+at)+\varphi(x-at)]$$

先看等号右侧第二项，当 $t=0$ 时，在 $x=x_0$ 处观察者看到的波形为

$$\varphi(x-at)=\varphi(x_0-a\cdot 0)=\varphi(x_0)$$

若观察者以速度 a 运动，则 t 时刻在 $x=x_0+at$ 处，所看到的波形为

$$\varphi(x-at)=\varphi(x_0+at-at)=\varphi(x_0)$$

由于 t 为任意时刻，这说明观察者在运动过程中随时可以看到相同的波形 $\varphi(x_0)$。可见，波形和观察者一样，以速度 a 沿 x 轴的正向传播。因此，$\varphi(x-at)$代表以速度 a 沿 x 轴正向传播的波，人们称之为**正行波**。第一项 $\varphi(x+at)$代表以速度 a 沿 x 轴负向传播的波，人们称之为**反行波**。正行波和反行波的叠加(相加)就是弦的位移。

再讨论只有初速度的情况，此时达朗贝尔公式变为

$$u(x,t)=\frac{1}{2a}\int_{x-at}^{x+at}\psi(\alpha)\mathrm{d}\alpha$$

设 $\Psi(x)$为$\dfrac{\psi(x)}{2a}$的一个原函数，则

$$\Psi(x)=\frac{1}{2a}\int_{x_0}^{x}\psi(\alpha)\mathrm{d}\alpha$$

此时有

$$u(x,t)=\Psi(x+at)-\Psi(x-at)$$

由此可见,第一项也是反行波,第二项也是正行波,正、反行波的叠加(相减)给出弦的位移。

综上所述,达朗贝尔公式表示正行波和反行波的叠加。

行波法以波动特点为背景,引入坐标变换简化方程,先求通解,再求特解。其优点是简单、易于理解,缺点是通解不易求,有局限性。

例 2 求 $u_{xx}-u_{xy}=0$ 的通解。

解:

$$\frac{\partial}{\partial x}\cdot\left(\frac{\partial}{\partial x}-\frac{\partial}{\partial y}\right)u=0$$

找到两个微分算子 ξ 和 η,使得

$$\frac{\partial^2 u}{\partial\xi\partial\eta}=0$$

$$\frac{\partial}{\partial\xi}=\frac{\partial}{\partial x}\frac{\partial x}{\partial\xi}+\frac{\partial}{\partial y}\frac{\partial y}{\partial\xi}=\frac{\partial}{\partial x}$$

$$\frac{\partial}{\partial\eta}=\frac{\partial}{\partial x}\frac{\partial x}{\partial\eta}+\frac{\partial}{\partial y}\frac{\partial y}{\partial\eta}=\frac{\partial}{\partial x}-\frac{\partial}{\partial y}$$

则

$$\frac{\partial x}{\partial\xi}=1,\quad \frac{\partial y}{\partial\xi}=0,$$

$$\frac{\partial x}{\partial\eta}=1,\quad \frac{\partial y}{\partial\eta}=-1$$

可得

$$x=\xi+\eta$$

$$y=-\eta$$

整理得

$$\begin{cases}\xi=x+y\\ \eta=-y\end{cases}$$

由 $\dfrac{\partial^2 u}{\partial\xi\partial\eta}=0$ 积分,得通解为

$$u=\int c(\xi)\mathrm{d}\xi=f_1(\xi)+f_2(\eta)=f_1(x+y)+f_2(-y)$$

例 3 求 $u_{tt}-u_{xx}=0$ 的通解。

解:

$$\left(\frac{\partial}{\partial t}+\frac{\partial}{\partial x}\right)\left(\frac{\partial}{\partial t}-\frac{\partial}{\partial x}\right)u=0$$

找到两个微分算子 ξ 和 η,使得

$$\frac{\partial^2 u}{\partial\xi\partial\eta}=0$$

$$\frac{\partial}{\partial \xi}=\frac{\partial}{\partial x}\cdot\frac{\partial x}{\partial \xi}+\frac{\partial}{\partial t}\cdot\frac{\partial t}{\partial \xi}=\frac{\partial}{\partial t}+\frac{\partial}{\partial x}$$

$$\frac{\partial}{\partial \eta}=\frac{\partial}{\partial x}\cdot\frac{\partial x}{\partial \eta}+\frac{\partial}{\partial t}\cdot\frac{\partial t}{\partial \eta}=\frac{\partial}{\partial t}-\frac{\partial}{\partial x}$$

则

$$\frac{\partial x}{\partial \xi}=1,\ \frac{\partial t}{\partial \xi}=1$$

$$\frac{\partial x}{\partial \eta}=-1,\ \frac{\partial t}{\partial \eta}=1$$

可得

$$x=\xi-\eta$$
$$t=\xi+\eta$$

整理得

$$\xi=\frac{x+t}{2}$$

$$\eta=\frac{-x+t}{2}$$

因此，最终通解为

$$u=f_1(\xi)+f_2(\eta)=f_1(x+t)+f_2(x-t)$$

例 4　求解方程$\begin{cases}u_{tt}-a^2u_{xx}=0\\u(x,0)=\varphi(x)\\u_t(x,0)=-a\varphi'(x)\end{cases}$，$-\infty<x<\infty,t>0$。

解：$u(x,t)=\dfrac{1}{2}[\varphi(x+at)+\varphi(x-at)]+\dfrac{1}{2a}\displaystyle\int_{x-at}^{x+at}-a\varphi'(x)\mathrm{d}x$

$$=\frac{1}{2}[\varphi(x+at)+\varphi(x-at)]-\frac{1}{2}[\varphi(x+at)-\varphi(x-at)]$$

$$=\varphi(x-at)$$

例 5　求解弦振动方程$\begin{cases}u_{tt}=u_{xx}\\u(x,-x)=\varphi(x),\ -\infty<x<\infty,t>0\\u(x,x)=\psi(x)\end{cases}$的 Coursat 问题。

解：$u_{tt}=u_{xx}$ 的通解为

$$u(x,t)=f_1(x+t)+f_2(x-t)$$

$$u\big|_{t=-x}=\varphi(x)\ \text{即}\ f_1(0)+f_2(2x)=\varphi(x)$$

$$u\big|_{t=x}=\psi(x)\ \text{即}\ f_1(2x)+f_2(0)=\psi(x)$$

设 $y=2x$，则

$$\left.\begin{aligned}f_1(0)+f_2(y)=\varphi\left(\frac{y}{2}\right)\\f_1(y)+f_2(0)=\psi\left(\frac{y}{2}\right)\end{aligned}\right.,\ -\infty<y<\infty$$

$$f_1(y)=\psi\left(\frac{y}{2}\right)-f_2(0)$$

$$f_2(y)=\varphi\left(\frac{y}{2}\right)-f_1(0)$$

用 $x+t$、$x-t$ 替换 $f_1(y)$、$f_2(y)$中的 y,得

$$f_1(x+t)=\psi\left(\frac{x+t}{2}\right)-f_2(0)$$

$$f_2(x-t)=\varphi\left(\frac{x-t}{2}\right)-f_1(0)$$

将上面两式代入通解,得

$$u(x,t)=\psi\left(\frac{x+t}{2}\right)+\varphi\left(\frac{x-t}{2}\right)-[f_1(0)+f_2(0)]$$

因为

$$f_1(y)=\psi\left(\frac{y}{2}\right)-f_2(0)$$

$$f_2(y)=\varphi\left(\frac{y}{2}\right)-f_1(0)$$

当 $y=0$ 时,

$$f_1(0)+f_2(0)=\frac{1}{2}[\varphi(0)+\psi(0)]$$

所以,方程的解为

$$u(x,t)=\psi\left(\frac{x+t}{2}\right)+\varphi\left(\frac{x-t}{2}\right)-\frac{1}{2}[\varphi(0)+\psi(0)]$$

例 6 求解方程$\begin{cases}u_{xx}+2u_{xy}-3u_{yy}=0\\u(x,0)=\sin x\\u_y(x,0)=x\end{cases}$。

解:

$$\frac{\partial^2 u}{\partial x^2}+2\frac{\partial^2 u}{\partial x\partial y}-3\frac{\partial^2 u}{\partial y^2}=0$$

将其分解为

$$\left(\frac{\partial}{\partial x}+3\frac{\partial}{\partial y}\right)\left(\frac{\partial}{\partial x}-\frac{\partial}{\partial y}\right)u=0$$

找到两个微分算子 ξ 和 η,使得

$$\frac{\partial^2 u}{\partial\xi\partial\eta}=0$$

$$\frac{\partial}{\partial\xi}=\frac{\partial}{\partial x}\frac{\partial x}{\partial\xi}+\frac{\partial}{\partial y}\frac{\partial y}{\partial\xi}=\frac{\partial}{\partial x}+3\frac{\partial}{\partial y}$$

$$\frac{\partial}{\partial\eta}=\frac{\partial}{\partial x}\frac{\partial x}{\partial\eta}+\frac{\partial}{\partial y}\frac{\partial y}{\partial\eta}=\frac{\partial}{\partial x}-\frac{\partial}{\partial y}$$

则

$$\frac{\partial x}{\partial\xi}=1,\ \frac{\partial y}{\partial\xi}=3,$$

$$\frac{\partial x}{\partial \eta}=1,\ \frac{\partial y}{\partial \eta}=-1$$

因此

$$\xi=x+y,\eta=3x-y$$

$$u=\int c(\xi)\mathrm{d}\xi=f_1(\xi)+f_2(\eta)$$

通解为

$$u(x,t)=f_1(x+y)+f_2(3x-y)$$

将其代入初始条件,得

$$u(x,0)=f_1(x)+f_2(3x)=\sin x$$

对于$\left.\frac{\partial u}{\partial y}\right|_{y=0}$,有

$$\frac{\partial u}{\partial y}=\frac{\mathrm{d}f_1}{\mathrm{d}(x+y)}\cdot\frac{\mathrm{d}(x+y)}{\mathrm{d}y}+\frac{\mathrm{d}f_2}{\mathrm{d}(3x-y)}\cdot\frac{\mathrm{d}(3x-y)}{\mathrm{d}y}$$

$$\left.\frac{\partial u}{\partial y}\right|_{y=0}=\left.\frac{\mathrm{d}f_1}{\mathrm{d}(x+y)}\right|_{y=0}-\left.\frac{\mathrm{d}f_2}{\mathrm{d}(3x-y)}\right|_{y=0}=x$$

$$u_y(x,0)=f'_1(x)-f'_2(3x)=x$$

将等式两边积分,得

$$f_1(x)-\frac{1}{3}f_2(3x)=\frac{x^2}{2}+c$$

联立

$$\begin{cases}f_1(x)+f_2(3x)=\sin x\\ f_1(x)-\dfrac{1}{3}f_2(3x)=\dfrac{x^2}{2}+c\end{cases}$$

求得

$$\begin{cases}f_1(x)=\dfrac{1}{4}\left(\dfrac{3}{2}x^2+\sin x+3c\right)\\ f_2(3x)=\dfrac{3}{4}\left(\sin x-\dfrac{x^2}{2}-c\right)=\dfrac{3}{4}\left(\sin\dfrac{X}{3}-\dfrac{X^2}{18}-c\right),\ X=3x\end{cases}$$

将其代入通解,得

$$u(x,y)=f_1(x)+f_2(X)=f_1(x+y)+f_2(3x-y)$$

进行符号代换,令 $x=x+y,X=3x-y$,得

$$u(x,y)=\frac{1}{4}\left[\frac{3}{2}(x+y)^2+\sin(x+y)+3c\right]+\frac{3}{4}\left[\sin\frac{3x-y}{3}-\frac{(3x-y)^2}{18}-c\right]$$

$$=\frac{1}{4}\sin(x+y)+\frac{3}{4}\sin\left(x-\frac{y}{3}\right)+\frac{3}{8}(x+y)^2-\frac{3}{8}\left(x-\frac{y}{3}\right)^2$$

例 7　无限长弦在点 $x=x_0$ 受到冲击,冲量为 I_0,弦的质量线密度为 λ,试求解弦的振动。

解: 已知 $t=0$ 时刻无限长弦受到冲击,$t>0$ 后不受力,因此方程为齐次的,且已知 $t=0$ 时虽受冲击但并未产生位移,初始位移为零。受冲击后,x_0 处动量密度(单位长度的动量)的变化为

$$\lambda u_t\big|_{t=0}-0=\lambda u_t\big|_{t=0}$$

弦的 x_0 处所受冲量密度为

$$\lim_{\Delta x\to 0}\frac{\Delta I}{\Delta x}=I_0\delta(x-x_0)$$

弦在 $\mathrm{d}x$ 处受到的冲量为

$$I_0\delta(x-x_0)\mathrm{d}x$$

无限长弦受到的点的冲量为

$$\int_{-\infty}^{\infty}I_0\delta(x-x_0)\mathrm{d}x=I_0$$

$$\lambda u_t\big|_{t=0}=I_0\delta(x-x_0) \tag{7.9}$$

$$u_t\big|_{t=0}=\frac{I_0}{\lambda}\delta(x-x_0)$$

式(7.9)为初始条件，将其和齐次波动方程、边界条件一起列方程，有

$$\begin{cases}\dfrac{\partial^2 u(x,t)}{\partial t^2}-a^2\dfrac{\partial^2 u(x,t)}{\partial x^2}=0\\ u(x,0)=0\\ \dfrac{\partial u(x,0)}{\partial t}=\dfrac{I_0}{\lambda}\delta(x-x_0)\end{cases}$$

其解为

$$u(x,t)=\frac{1}{2a}\int_{x-at}^{x+at}\frac{I_0}{\lambda}\delta(\xi-x_0)\,\mathrm{d}\xi=\frac{I_0}{2a\lambda}\left[H(x-x_0+at)-H(x-x_0-at)\right]$$

7.2 三维无界波动问题(泊松公式)

下面讨论三维空间的波动问题：

$$\begin{cases}u_{tt}=a^2\nabla^2 u\\ u\big|_{t=0}=\varphi(M) & -\infty<x,y,z<\infty\\ u_t\big|_{t=0}=\psi(M)\end{cases}$$

$$\nabla^2=\vec{\nabla}\cdot\vec{\nabla}=\frac{\partial^2}{\partial x^2}+\frac{\partial^2}{\partial y^2}+\frac{\partial^2}{\partial z^2}$$

其中，M 代表空间中任意一点。7.1 节比较详细地讨论了如何运用行波法来求解一维的波动问题，因此自然可以想到，若能通过某种方法将三维波动问题化为一维波动问题，便可以借助所学知识求得三维波动问题的解。为此先讨论平均值法。

7.2.1 平均值法

引入函数

$$\bar{u}(r,t)=\frac{1}{4\pi r^2}\iint_{S_r^{M_0}}u(M,t)\,\mathrm{d}s=\frac{1}{4\pi}\cdot\iint_{S_r^{M_0}}u(M,t)\,\mathrm{d}\Omega \tag{7.10}$$

称函数 $u(M,t)$ 为在以 M_0 为中心、r 为半径的球面 $S_r^{M_0}$ 上的平均值。

式(7.10)中，$\mathrm{d}\Omega=\dfrac{\mathrm{d}s}{r^2}=\sin\theta\mathrm{d}\theta\mathrm{d}\varphi$，为**立体角元**。显然，$\bar{u}(r,t)$ 只是独立变量 r 和 t 的函

数。M_0 是一个参数，而且可以看出 $\bar{u}(r,t)$ 和所求的 $u(M_0,t_0)$ 联系紧密：

$$u(M_0,t_0)=\lim_{r\to 0}\bar{u}(r,t_0) \tag{7.11}$$

当 $r\to 0$ 时，坐标与 M_0 重合。因此若要求解 (M_0,t_0) 处的 $u(M_0,t_0)$，须先求 $\bar{u}(r,t)$，再令 $r\to 0$。

图 7－1 中各坐标变量之间的关系为

$$\begin{cases}x=x_0+r\sin\theta\cos\varphi\\ y=y_0+r\sin\theta\sin\varphi\\ z=z_0+r\cos\theta\end{cases} \tag{7.12}$$

$$r=\sqrt{(x-x_0)^2+(y-y_0)^2+(z-z_0)^2}$$

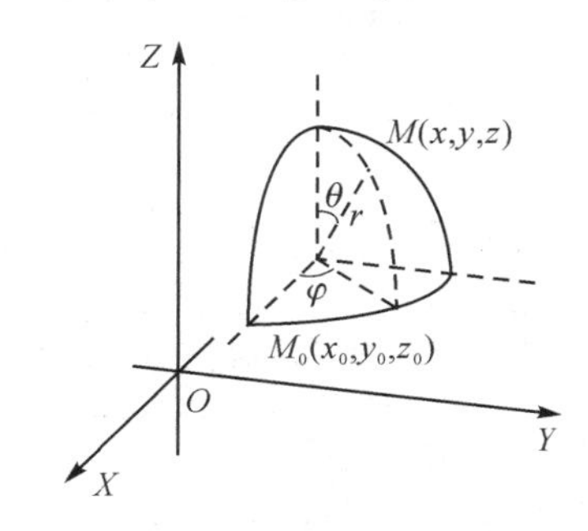

图 7－1

7.2.2　三维齐次波动方程的通解

三维齐次波动方程可表示为

$$u_{tt}=a^2\nabla^2 u$$

将上式两边在球面 $S_r^{M_0}$ 上积分，并乘以 $1/4\pi$，得

$$\frac{1}{4\pi}\cdot\iint u_{tt}\,\mathrm{d}\Omega=\frac{a^2}{4\pi}\iint\nabla^2 u\,\mathrm{d}\Omega\bigg|_{S_r^{M_0}}$$

$$\frac{\partial^2}{\partial t^2}\left(\frac{1}{4\pi}\iint u\,\mathrm{d}\Omega\right)=a^2\nabla^2\left(\frac{1}{4\pi}\iint u\,\mathrm{d}\Omega\right)$$

亦即

$$\frac{\partial^2}{\partial t^2}\bar{u}(r,t)=a^2\nabla^2\bar{u}(r,t) \tag{7.13}$$

又因为在直角坐标系，所以有

$$\nabla^2\bar{u}=\frac{\partial^2\bar{u}}{\partial x^2}+\frac{\partial^2\bar{u}}{\partial y^2}+\frac{\partial^2\bar{u}}{\partial z^2}$$

由变量 x 和 r 的关系，有

$$\begin{aligned}\frac{\partial\bar{u}}{\partial x}&=\frac{\partial\bar{u}}{\partial r}\cdot\frac{\partial r}{\partial x}\\&=\frac{\partial\bar{u}}{\partial r}\cdot\frac{\partial}{\partial x}\sqrt{(x-x_0)^2+(y-y_0)^2+(z-z_0)^2}\end{aligned}$$

$$=\frac{\partial\bar{u}}{\partial r}\cdot\frac{x-x_0}{r}$$

因此

$$\frac{\partial^2\bar{u}}{\partial x^2}=\frac{\partial}{\partial r}\left(\frac{\partial\bar{u}}{\partial r}\cdot\frac{x-x_0}{r}\right)\cdot\frac{\partial r}{\partial x}$$

$$=\frac{\partial\bar{u}}{\partial x}\cdot\frac{r^2-(x-x_0)^2}{r^3}+\frac{\partial^2\bar{u}}{\partial r^2}\cdot\frac{(x-x_0)^2}{r^2}$$

类似地，把 x、x_0 相应替换为 y、y_0 或 z、z_0 可得$\frac{\partial^2\bar{u}}{\partial y^2}$、$\frac{\partial^2\bar{u}}{\partial z^2}$，即

$$\nabla^2\bar{u}=\left(\frac{\partial^2}{\partial x^2}+\frac{\partial^2}{\partial y^2}+\frac{\partial^2}{\partial z^2}\right)\bar{u}=\frac{\partial\bar{u}}{\partial r}\frac{\partial}{r}+\frac{\partial^2\bar{u}}{\partial r^2}=\frac{1}{r}\frac{\partial^2}{\partial r^2}(r\bar{u})$$

将其代入式(7.15)，得

$$\frac{\partial^2}{\partial t^2}\bar{u}=\frac{a^2}{r}\frac{\partial^2}{\partial r^2}(r\bar{u})$$

$$\frac{\partial^2}{\partial t^2}(r\bar{u})=a^2\frac{\partial^2}{\partial r^2}(r\bar{u})$$

令 $V(r,t)=r\bar{u}(r,t)$，得

$$V_{tt}=a^2V_{rr}$$

这与弦振动方程完全相似，其通解为

$$V(r,t)=f_1(r+at)+f_2(r-at)$$

于是

$$\bar{u}(r,t)=\frac{V(r,t)}{r}=\frac{f_1(r+at)+f_2(r-at)}{r}$$

且 $V(0,t)=0$，即

$$f_1(at)+f_2(-at)=0$$

因此

$$u(M_0,t_0)=\lim_{r\to0}\bar{u}(r,t_0)=\lim_{r\to0}\frac{V(r,t)}{r}$$

$$=\lim_{r\to0}\frac{f_1(r+at_0)+f_2(r-at_0)-[f_1(at)+f_2(-at)]}{r-0}$$

$$=f'_1(at_0)+f'_2(-at_0)$$

又因为

$$f'_1(at_0)=-f'_2(-at_0)$$

所以有

$$u(M_0,t_0)=2f'_1(at_0)\tag{7.14}$$

式(7.14)为波动方程在任意时刻 t_0、任意一点 M_0 处的解，$f'_1(at_0)$为任意函数。

7.2.3 泊松公式

为了求波动方程满足初始条件的特解，为此需要用初始条件确定 $f'_1(at_0)$。

$$\bar{u}(r,t)=\frac{f_1(r+at)+f_2(r-at)}{r}$$

$$r\bar{u}=f_1(r+at)+f_2(r-at)$$

两边分别对 r,t 求偏导数：

$$\frac{\partial(r\bar{u})}{\partial r}=\frac{\partial f_1(r+at)}{\partial(r+at)}\frac{\partial(r+at)}{\partial r}+\frac{\partial f_2(r-at)}{\partial(r-at)}\frac{\partial(r-at)}{\partial r}$$

$$\frac{\partial(r\bar{u})}{\partial t}=\frac{\partial f_1(r+at)}{\partial(r+at)}\frac{\partial(r+at)}{\partial t}+\frac{\partial f_2(r-at)}{\partial(r-at)}\frac{\partial(r-at)}{\partial t}$$

可得

$$\frac{\partial(r\bar{u})}{\partial r}=f'_1(r+at)+f'_2(r-at)$$

$$\frac{1}{a}\cdot\frac{\partial}{\partial t}(r\bar{u})=f'_1(r+at)-f'_2(r-at)$$

两式相加，并令 $r=at_0,t=0$ 则

$$\begin{aligned}2f'_1(at_0)&=\frac{\partial}{\partial r}(r\bar{u})+\frac{1}{a}\frac{\partial}{\partial t}(r\bar{u})\Bigg|_{\substack{r=at_0\\t=0}}\\&=\left[\frac{\partial}{\partial r}\left(r\cdot\frac{1}{4\pi r^2}\cdot\iint_{S_r^{M_0}}u\,\mathrm{d}s\right)+\frac{1}{a}\frac{\partial}{\partial t}\left(r\cdot\frac{1}{4\pi r^2}\cdot\iint_{S_r^{M_0}}u\,\mathrm{d}s\right)\right]_{\substack{r=at_0\\t=0}}\\&=\frac{1}{4\pi}\cdot\left[\frac{\partial}{\partial r}\iint_{S_r^{M_0}}\frac{u}{r}\mathrm{d}s+\frac{1}{a}\iint_{S_r^{M_0}}\frac{u_t}{r}\mathrm{d}s\right]_{\substack{r=at_0\\t=0}}\\&=\frac{1}{4\pi a}\cdot\left[\frac{\partial}{\partial t_0}\iint_{S_r^{M_0}}\frac{\varphi(M)}{at_0}\mathrm{d}s+\iint_{S_r^{M_0}}\frac{\psi(M)}{at_0}\mathrm{d}s\right]\end{aligned}$$

将其代入式(7.16)，得

$$u(M_0,t_0)=\frac{1}{4\pi a}\cdot\left[\frac{\partial}{\partial t_0}\iint_{S_{at_0}^{M_0}}\frac{\varphi(M)}{at_0}\mathrm{d}s+\iint_{S_{at_0}^{M_0}}\frac{\psi(M)}{at_0}\mathrm{d}s\right]$$

由于 M_0、t_0 任意，把 M_0 换成 M，把 t_0 换成 t，故一般可以写为

$$u(M,t)=\frac{1}{4\pi a}\cdot\left[\frac{\partial}{\partial t}\iint_{S_{at}^{M}}\frac{\varphi(M')}{at}\mathrm{d}s'+\iint_{S_{at}^{M}}\frac{\psi(M')}{at}\mathrm{d}s'\right]\tag{7.15}$$

其中，M' 为以 $M(x,y,z)$ 为球心、at 为半径的球面 S_{at}^M 上的动点。

式(7.15)称为**泊松公式**，其中 $M'=(x',y',z')$ 可表示为

$$\begin{cases}x'=x+at\sin\theta\cos\varphi\\y'=y+at\sin\theta\cos\varphi\\z'=z+at\cos\theta\end{cases}$$

7.2.4 泊松公式的物理意义

对定解问题 $\begin{cases}u_{tt}=a^2\nabla^2 u\\u|_{t=0}=\varphi(M)\\u_t|_{t=0}=\psi(M)\end{cases}$，$-\infty<x,y,z<\infty$ 的解说明：在 M 点 t 时刻的值，由以 M 为中心 at 为半径的球面 S_{at}^M 上的初始值确定。由于初始值的影响是以速度 a 在时间 t 内从球面

S_{at}^{M} 上传播到 M 点的缘故。具体情况如图 7-2 所示，设初始扰动限于空间某个区域 T_0，d 为 M 点到 T_0 的最近距离，D 为 M 点到 T_0 的最大距离，$d<|M-T_0|<D$，则

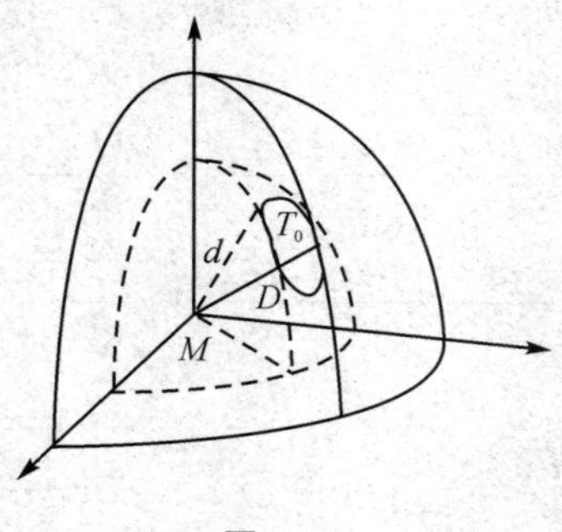

图 7-2

① 当 $at<d$，即 $t<\dfrac{\mathrm{d}}{a}$ 时，S_{at}^{M} 与 T_0 不相交，$\varphi(M')$ 和 $\psi(M')$ 值均为零，因而 $u(M,t)=0$。这表示扰动的“前锋”尚未到达。

② 当 $d<at<D$，即 $\dfrac{\mathrm{d}}{a}<t<\dfrac{D}{\mathrm{d}}$ 时，S_{at}^{M} 与 T_0 相交，$\varphi(M')$ 和 $\psi(M')$ 值均不为零，因而两积分的值也不为零，即 $u(M,t)\neq 0$。这表示扰动正在经过 M 点。

③ 当 $at>D$，即 $t>\dfrac{D}{\mathrm{d}}$，S_{at}^{M} 与 T_0 不相交，因而 $u(M,t)=0$。这表明扰动的“阵尾”已经过去了。

例 8　设大气中一个半径为 1 的球形薄膜，薄膜内的压强超过大气压的数值为 p_0，假定薄膜突然消失，则将会在大气中激起三维波，求球外任意位置的附加压强 p。

解： 如图 7-3 所示，设球心到球外任意一点 M 的距离为 r，则定解问题为

$$\begin{cases} p_{tt}-a^2\Delta p=0 \\ p\big|_{t=0}=\begin{cases} p_0 & r<1 \\ 0 & r>1 \end{cases} \\ p_t\big|_{t=0}=0 \end{cases}$$

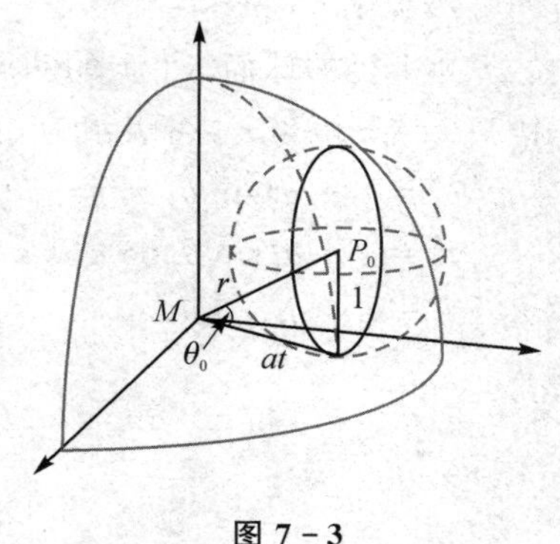

图 7-3

当 $r-1<at<r+1$ 时，

$$\iint_{S_{at}^M} \frac{\varphi(M')}{at}\mathrm{d}s = \int_0^{2\pi}\mathrm{d}\varphi\int_0^{\theta_0} \frac{p_0(at)^2 \cdot \sin\theta\mathrm{d}\theta}{at}$$

$$= 2\pi p_0 at(1-\cos\theta_0)$$

$$= 2\pi p_0 at\left(1-\frac{r^2+a^2t^2-1}{2art}\right)$$

$$= -\frac{\pi p_0}{r}[(r-at)^2-1]$$

且 $\psi(M') = p_t|_{t=0} = 0$，有

$$p(M,t) = \frac{1}{4\pi a}\cdot\frac{\partial}{\partial t}\iint_{S_{at}^M}\frac{\varphi(M')}{at}\mathrm{d}s$$

$$= \frac{1}{4\pi a}\cdot\frac{\partial}{\partial t}\left(\frac{-\pi p_0}{r}\right)[(r-at)^2-1]$$

$$= \frac{p_0}{2r}(r-at)$$

当 $at<r-1$ 或 $at>r+1$ 时，$\varphi(M')$，$\psi(M')$ 均为零时，有 $p(M,t)=0$。

例 9　求解定解问题 $\begin{cases} u_{tt} = a^2\Delta u \\ u|_{t=0} = x^3+y^2z, & -\infty<x,y,z<\infty。 \\ u_t|_{t=0} \end{cases}$

解： $\varphi(M) = x^3+y^2z$，$\psi(M)=0$。利用式(7.15)得

$$u(M,t) = \frac{1}{4\pi a}\cdot\frac{\partial}{\partial t}\iint_{S_{at}^M}\frac{\varphi(M')}{at}\mathrm{d}s$$

$$= \frac{1}{4\pi a}\cdot\frac{\partial}{\partial t}\cdot\int_0^{2\pi}\int_0^{\pi}\frac{\varphi(x',y',z')}{at}(at)^2\sin\theta\mathrm{d}\theta\mathrm{d}\varphi$$

$$= \frac{1}{4\pi}\cdot\frac{\partial}{\partial t}\left\{t\cdot\int_0^{2\pi}\int_0^{\pi}[(x+at\sin\theta\cos\varphi)^3+(y+at\sin\theta\sin\varphi)^2(z+at\cos\theta)]\sin\theta\mathrm{d}\theta\mathrm{d}\varphi\right\}$$

$$= x^3+3a^2t^2x+zy^2+a^2t^2z$$

7.3　一维无界强迫振动

7.1 节为自由振动，其泛定方程为齐次的，现在讨论无界弦或杆的纯强迫振动：

$$\begin{cases} u_{tt}-a^2u_{xx} = f(x,t) \\ u|_{t=0} = 0 \\ u_t|_{t=0} = 0 \end{cases} \tag{7.16}$$

这时方程为非齐次的。由前面章节的介绍可知，若能设法将方程的非齐次项消除掉，即将方程变为齐次方程，则仍然可以用达朗贝尔公式求得方程的解。为此，引入冲量原理。

7.3.1　冲量原理

利用物理学中的叠加原理，将力 $f(x,t)$ 引起的振动视为一系列前后相继的瞬时力引起的振动叠加，$w(x,t,\tau)$ 为瞬时力引起的振动，则

$$u(x,t)=\lim_{\Delta\tau\to 0}\sum_{\tau=0}^{t}w(x,t,\tau)$$

令 $f(x,t)\Delta\tau$ 表示 $\Delta\tau$ 内的冲量，若把 $\Delta\tau$ 内的速度变化认为集中在 $t=\tau$ 时刻一瞬间产生，其余时刻没有变化，则在 $\Delta\tau$ 这段时间内，瞬时力 $f(x,t)$ 所引起的振动的方程为

$$\begin{cases}w_{tt}-a^2w_{xx}=0\\ w\big|_{t=\tau}=0\\ w_t\big|_{t=\tau}=f(x,\tau)\Delta\tau\end{cases},\quad \tau<t<\tau+\Delta\tau$$

再令，$w(x,t,\tau)=v(x,t,\tau)\Delta\tau$，则有

$$\begin{cases}v_{tt}-a^2v_{xx}=0\\ v\big|_{t=\tau}=0\\ v_t\big|_{t=\tau}=f(x,\tau)\end{cases}\tag{7.17}$$

$$u(x,t)=\lim_{\Delta\tau\to 0}\sum_{\tau=0}^{t}w(x,t,\tau)=\lim_{\Delta\tau\to 0}\sum_{\tau=0}^{t}v(x,t,\tau)\Delta\tau$$

$$u(x,t)=\int_0^t v(x,t,\tau)\,\mathrm{d}\tau\tag{7.18}$$

上述这种用瞬时冲量的叠加代替持续作用力来解决定解问题的方法，称为**冲量原理**。

7.3.2 纯强迫振动的解

方程(7.17)为纯强迫振动，其求解如下：

$$\begin{cases}v_{tt}-a^2v_{xx}=0\\ v\big|_{t=\tau}=0\\ v_t\big|_{t=\tau}=f(x,\tau)\end{cases}$$

令 $T=t-\tau$，则有

$$\begin{cases}v_{TT}-a^2v_{xx}=0\\ v\big|_{T=0}=0\\ v_t\big|_{T=0}=f(x,\tau)\end{cases}$$

由达朗贝尔公式，有

$$v(x,t;\tau)=\frac{1}{2a}\int_{x-aT}^{x+aT}f(\alpha,\tau)\,\mathrm{d}\alpha=\frac{1}{2a}\cdot\int_{x-a(t-\tau)}^{x+a(t-\tau)}f(\alpha,\tau)\,\mathrm{d}\alpha$$

将其代入公式(7.18)得

$$u(x,t)=\frac{1}{2a}\cdot\int_0^t\int_{x-a(t-\tau)}^{x+a(t-\tau)}f(\alpha,\tau)\,\mathrm{d}\alpha\,\mathrm{d}\tau\tag{7.19}$$

例 10 求解 $\begin{cases}u_{tt}=u_{xx}+x\\ u(x,0)=0\\ u_t(x,0)=0\end{cases}$。

解：此题 $a=1$，$f(x,t)=x$，将其代入公式(7.19)，有

$$\begin{aligned}u(x,t)&=\frac{1}{2}\cdot\int_0^t\int_{x-(t-\tau)}^{x+(t-\tau)}x\,\mathrm{d}x\,\mathrm{d}\tau\\&=\frac{1}{4}\cdot\int_0^t\{[x+(t-\tau)]^2-[x-(t-\tau)]^2\}\,\mathrm{d}\tau\end{aligned}$$

$$=\frac{1}{2}xt^2$$

例 11　求解方程$\begin{cases}u_{tt}-a^2u_{xx}=x+at\\u(x,0)=0\\u_t(x,0)=0\end{cases}$　$-\infty<x<\infty$。

解：

$$\begin{aligned}u(x,t)&=\frac{1}{2a}\cdot\int_0^t\int_{x-a(t-\tau)}^{x+a(t-\tau)}f(\xi,t)\,\mathrm{d}\xi\mathrm{d}\tau\\&=\frac{1}{2a}\cdot\int_0^t\int_{x-a(t-\tau)}^{x+a(t-\tau)}(\xi+a\tau)\,\mathrm{d}\xi\mathrm{d}\tau\\&=\frac{1}{2a}\cdot\int_0^t\left(\frac{\xi^2}{2}+a\tau\xi\right)\Bigg|_{x-a(t-\tau)}^{x+a(t-\tau)}\mathrm{d}\tau\\&=\int_0^t[x(t-\tau)+a\tau(t-\tau)]\,\mathrm{d}\tau\\&=\frac{1}{2}xt^2+\frac{a}{6}t^3\end{aligned}$$

例 12　求解方程$\begin{cases}u_{xx}-u_{yy}=-8\\u(x,0)=0\\u_y(x,0)=0\end{cases}$。

解：

$$u(x,y)=\frac{1}{2}\int_0^y\int_{x-(y-\tau)}^{x+(y-\tau)}(-8)\,\mathrm{d}\xi\mathrm{d}\tau=-4\int_0^y2(y-\tau)\mathrm{d}\tau=-4y^2$$

7.3.3　一般强迫振动

对于一维无界有源波动方程的定解问题为

$$\begin{cases}u_{tt}-a^2u_{xx}=f(x,t)\\u|_{t=0}=\varphi(x)\\u_t|_{t=0}=\psi(x)\end{cases}\quad -\infty<x<\infty \tag{7.20}$$

由于泛定方程和定解条件都是线性的，故可以利用叠加原理来处理这一问题。令

$$u=u^{\mathrm{I}}+u^{\mathrm{II}} \tag{7.21}$$

并使 u^{I} 满足

$$\begin{cases}u_{tt}^{\mathrm{I}}-a^2u_{xx}^{\mathrm{I}}=0\\u^{\mathrm{I}}|_{t=0}=\varphi(x)\\u_t^{\mathrm{I}}|_{t=0}=\psi(x)\end{cases} \tag{7.22}$$

使 u^{II} 满足

$$\begin{cases}u_{tt}^{\mathrm{II}}-a^2u_{xx}^{\mathrm{II}}=f(x,t)\\u^{\mathrm{II}}|_{t=0}=0\\u_t^{\mathrm{II}}|_{t=0}=0\end{cases} \tag{7.23}$$

则定解问题(7.22)的解 u^{I} 可以由达朗贝尔公式给出，而定解问题(7.23)的解 u^{II} 由纯强迫振动的式(7.19)给出，故一般强迫振动的解为

$$\begin{aligned}u(x,t)&=u^{\mathrm{I}}+u^{\mathrm{II}}\\&=\frac{1}{2}[\varphi(x+at)+\varphi(x-at)]+\frac{1}{2a}\cdot\int_{x-at}^{x+at}\psi(\alpha)\mathrm{d}\alpha+\frac{1}{2a}\cdot\int_0^t\int_{x-a(t-\tau)}^{x+a(t-\tau)}f(\alpha,\tau)\,\mathrm{d}\alpha\mathrm{d}\tau\end{aligned}$$

若无外力作用 $f(x,t)=0$，其变为定解问题

$$\begin{cases}u_{tt}-a^2u_{xx}=0\\u|_{t=0}=\varphi(x)\\u_t|_{t=0}=\psi(x)\end{cases}$$

$$u(x,t)=\frac{1}{2}[\varphi(x+at)+\varphi(x-at)]+\frac{1}{2a}\int_{x-at}^{x+at}\psi(\xi)\mathrm{d}\xi$$

例 13 求解方程 $\begin{cases}u_{tt}-a^2u_{xx}=x\\u(x,0)=0\\u_t(x,0)=3\end{cases}$，$(-\infty<x<\infty)$。

解： 令 $u=u^{\mathrm{I}}+u^{\mathrm{II}}$，将方程拆解为

$$\begin{cases}u_{tt}^{\mathrm{I}}-a^2u_{xx}^{\mathrm{I}}=0\\u^{\mathrm{I}}(x,0)=0\\u_t^{\mathrm{I}}(x,0)=3\end{cases}+\begin{cases}u_{tt}^{\mathrm{II}}-a^2u_{xx}^{\mathrm{II}}=x\\u^{\mathrm{II}}(x,0)=0\\u_t^{\mathrm{II}}(x,0)=0\end{cases}$$

则

$$u^{\mathrm{I}}=\frac{1}{2}[\varphi(x+at)+\varphi(x-at)]+\frac{1}{2a}\cdot\int_{x-at}^{x+at}\psi(\alpha)\mathrm{d}\alpha=3t$$

$$\begin{aligned}u^{\mathrm{II}}&=\frac{1}{2}[\varphi(x+at)+\varphi(x-at)]+\frac{1}{2a}\cdot\int_{x-at}^{x+at}\varphi(\alpha)\mathrm{d}\alpha+\frac{1}{2a}\cdot\int_0^t\int_{x-a(t-\tau)}^{x+a(t-\tau)}f(\alpha,\tau)\,\mathrm{d}\alpha\mathrm{d}\tau\\&=\frac{1}{2a}\cdot\int_0^t\int_{x-a(t-\tau)}^{x+a(t-\tau)}x\,\mathrm{d}x\,\mathrm{d}\tau\\&=\frac{1}{2a}\cdot\int_0^t4xa(t-\tau)\mathrm{d}\tau\\&=\frac{1}{2a}\cdot\int_0^t4xa(t\mathrm{d}\tau-\tau\mathrm{d}\tau)\\&=2x\cdot\left(t^2-\frac{1}{2}t^2\right)\\&=xt^2\end{aligned}$$

故，$u=u^{\mathrm{I}}+u^{\mathrm{II}}=3t+xt^2$。

例 14 求解方程 $\begin{cases}u_{tt}-u_{xx}=1\\u(x,0)=\mathrm{e}^x\\u_t(x,0)=-\mathrm{e}^x\end{cases}$ $(-\infty<x<\infty)$。

解：

$$u(x,t)=\frac{1}{2}[\varphi(x+at)+\varphi(x-at)]+\frac{1}{2a}\int_{x-at}^{x+at}\psi(\xi)\mathrm{d}\xi+\frac{1}{2a}\cdot\int_0^t\int_{x-a(t-\tau)}^{x+a(t-\tau)}f(\xi,t)\,\mathrm{d}\xi\mathrm{d}\tau$$

$$=\frac{1}{2}\left[\exp(x+t)^2+\exp(x-t)^2\right]+\frac{1}{2}\int_{x-t}^{x+t}\exp(\xi)\mathrm{d}\xi+\frac{1}{2}\int_0^t\int_{x-(t-\tau)}^{x+(t-\tau)}\mathrm{d}\xi\mathrm{d}\tau$$

$$=\exp(x+t)+\frac{1}{2}\int_0^t 2(t-\tau)\mathrm{d}\tau$$

$$=\exp(x+t)-\frac{1}{2}(t-\tau)^2\Big|_0^{\tau}$$

$$=\exp(x+t)+\frac{1}{2}t^2$$

7.4　三维无界强迫振动(推迟势)

下面进一步讨论具有零值初始条件的有源空间波问题：

$$\begin{cases}u_{tt}-a^2\Delta u=f(M,t)\\ u\big|_{t=0}=0\\ u_t\big|_{t=0}=0\end{cases}\tag{7.24}$$

欲求解这一定解问题，可以采用冲量定理，即先求出无源问题

$$\begin{cases}v_{tt}-a^2\Delta v=0\\ v\big|_{t=\tau}=0\\ v_t\big|_{t=\tau}=f(M,\tau)\end{cases}\tag{7.25}$$

的解，再根据冲量原理积分得到方程(7.24)的解

$$u(M,t)=\int_0^t v(M,t,\tau)\,\mathrm{d}\tau$$

无源问题(7.25)的解为

$$v(M,t,\tau)=\frac{1}{4\pi a}\cdot\iint_{S_{a(t-\tau)}^M}\frac{f(M',\tau)}{a(t-\tau)}\mathrm{d}s$$

则

$$u(M,t)=\frac{1}{4\pi a}\cdot\int_0^t\iint_s\frac{f(M',\tau)}{a(t-\tau)}\mathrm{d}s\,\mathrm{d}\tau$$

引入变量代换 $r=a(t-\tau)$，得

$$\tau=t-\frac{r}{a}$$

$$u(M,t)=\frac{1}{4\pi a}\cdot\int_{at}^0\iint_{S_r^M}\frac{f\left(M',t-\frac{r}{a}\right)}{r}\mathrm{d}s\left(-\frac{\mathrm{d}r}{a}\right)$$

$$=\frac{1}{4\pi a^2}\cdot\int_0^{at}\iint_{S_r^M}\frac{f\left(M',t-\frac{r}{a}\right)}{r}\mathrm{d}s\,\mathrm{d}r$$

$$=\frac{1}{4\pi a^2}\cdot\iiint_{T_{at}^M}\frac{f\left(M',t-\frac{r}{a}\right)}{r}\mathrm{d}v$$

式中，M'表示以 M 为中心、at 为半径的球体 T_{at}^M 中的变点，积分在球体 T_{at}^M 中进行。若记

$$[f]=f\left(M',t-\frac{r}{a}\right)$$

则定解问题的解为

$$u(M,t)=\frac{1}{4\pi a^2}\cdot\iiint_{T_{at}^M}\frac{[f]}{r}\mathrm{d}v \tag{7.26}$$

称之为**推迟势**。

欲求 M 点 t 时刻的波动问题，源对 M 点 t 时刻的影响，是比 t 早 $t-\frac{r}{a}$ 发出的，因为扰动的速度 a 传播 $\frac{r}{a}$ 的时间才能到 M 点，即 M 点受到源的影响的时刻 t，比源发出的时刻 $t-\frac{r}{a}$ 迟了 $\frac{r}{a}$，故称为推迟势。

例 15 求解波动问题 $\begin{cases}u_{tt}=a^2\Delta u+2(y-t)\\ u|_{t=0}=0\\ u_t|_{t=0}=x^2+yz\end{cases}\quad -\infty<x,y,z<\infty$。

解：令 $u^{\mathrm{I}}+u^{\mathrm{II}}=u$，则将原波动问题分解为如下两个方程进行求解：

$$\begin{cases}u_{tt}^{I}=a^2\Delta u^{\mathrm{I}}\\ u^{\mathrm{I}}|_{t=0}=0\\ u_t^{I}|_{t=0}=x^2+yz\end{cases},\quad \begin{cases}u_{tt}^{\mathrm{II}}=a^2\Delta u^{\mathrm{II}}+2(y-t)\\ u^{\mathrm{II}}|_{t=0}=0\\ u_t^{I}|_{t=0}=0\end{cases}$$

则由泊松公式可求得

$$u^{\mathrm{I}}(M,t)=x^2t+\frac{1}{3}a^2t^3+yzt$$

而由推迟势有

$$u^{\mathrm{II}}(M,t)=\frac{1}{4\pi a^2}\cdot\int_0^{at}\int_0^{2\pi}\int_0^{\pi}\frac{2\left[y+r\sin\theta\sin\varphi-\left(t-\frac{r}{a}\right)\right]}{r}\cdot r^2\sin\theta\mathrm{d}\theta\mathrm{d}\varphi\mathrm{d}r$$

$$=yt^2-\frac{t^3}{3}$$

$$u(M,t)=u^{\mathrm{I}}+u^{\mathrm{II}}=tx^2+\frac{1}{3}a^2t^3+ytz+t^2y-\frac{1}{3}t^3$$

习 题

1. 求解下列偏微分方程的通解。

(1) $u_{xx}-3u_{xy}+2u_{yy}=0$；(2) $u_{xx}=u_{xy}$。

2. 确定下列初值问题的解。

(1) $u_{tt}-a^2u_{xx}=0, u(x,0)=0, u_t(x,0)=1$；

(2) $u_{tt}-a^2u_{xx}=0, u(x,0)=sinx, u_t(x,0)=\frac{1}{1+x^2}$；

(3) $u_{tt}-a^2u_{xx}=0, u(x,0)=x^3, u_t(x,0)=x$；

(4) $u_{tt}-a^2u_{xx}=0, u(x,0)=\cos x, u_t(x,0)=e^{-1}$。

3. 求解无界弦的自由振动，设弦的初始位移为 $\varphi(x)$，初始速度为 $-a\varphi'(x)$。

4. 解下列初值问题：

$$\begin{cases} u_{xx}+2u_{xy}-3u_{yy}=0 \\ u(x,0)=3x^2 \\ u_y(x,0)=0 \end{cases}$$

5. 求解弦振动方程的古沙问题：

$$\begin{cases} u_{tt}=u_{xx} \\ u(x,-x)=\varphi(x) \quad -\infty<x<\infty \\ u(x,x)=\psi(x) \end{cases}$$

6. 求解无限长理想传输线上电压和电流的传播情况。设初始电压分布为 $A\cos kx$，初始电流分布为 $\sqrt{\dfrac{C}{L}}A\cos kx$。

7. 用行波法证明

$$\begin{cases} u_{tt}-a^2u_{xx}=0 \\ u(ct,t)=\varphi(t) \\ u_x(ct,t)=\psi(t) \end{cases}$$

的解为

$$u=\frac{a+c}{2a}\varphi\left(\frac{at+x}{a+c}\right)+\frac{a-c}{2a}\varphi\left(\frac{at+x}{a-c}\right)+\frac{a^2-c^2}{2a}+\int_{at-x/a-c}^{at+x/a+c}\psi(\xi)\mathrm{d}\xi, c\neq\pm a$$

8. 试求一端自由的半无限长杆的自由纵振动问题。

$$\begin{cases} u_{tt}=a^2u_{xx}, 0<x<\infty, t>0 \\ u(x,0)=\varphi(x), 0\leqslant x<\infty \\ u_t(x,0)=\psi(x), 0\leqslant x<\infty \\ u_x(0,t)=0 \end{cases}$$

9. 利用泊松积分公式求解下列定解问题。

$$\begin{cases} u_{tt}=a^2(u_{xx}+u_{yy}+u_{zz}) \\ u|_{t=0}=0 \quad -\infty<x,y,z<\infty \\ u_t|_{t=0}=x^2+yz \quad -\infty<x,y,z<\infty \end{cases}$$

10. 证明球面波问题

$$\begin{cases} u_{tt}=a^2(u_{xx}+u_{yy}+u_{zz}) \quad -\infty<x,y,z<\infty, t>0 \\ u|_{t=0}=\varphi(r) \quad r^2=x^2+y^2+z^2 \\ u_t|_{t=0}=\psi(r) \end{cases}$$

的解是 $u(r,t)=\dfrac{(r-at)\varphi(r-at)+(r+at)\varphi(r+at)}{2r}+\dfrac{1}{2ar}\int_{r-at}^{r+a}a\psi(\alpha)\mathrm{d}\alpha$。

11. 在泊松公式中，若将球面 S_{at}^M 上的积分代以 xy 平面上的圆 σ_{at}^M 上的积分，并注意球面 S_{at}^M 上下两半都投影于同一圆，便可导出二维空间的泊松公式。试导出二维空间的泊松公式

$$x(M,t)=u(x,y,t)$$

$$=\frac{1}{2\pi a}\left[\frac{\partial}{\partial t}\iint_{\sigma_{at}^{M}}\frac{\varphi(\xi,\eta)\,\mathrm{d}\xi\mathrm{d}\eta}{\sqrt{(at)^{2}-(\xi-x)^{2}+(\eta-y)^{2}}}+\right.$$
$$\left.\iint_{\sigma_{at}^{M}}\frac{\psi(\xi,\eta)\,\mathrm{d}\xi\mathrm{d}\eta}{\sqrt{(at)^{2}-(\xi-x)^{2}+(\eta-y)^{2}}}\right]$$

12. 求解下列定解问题。

(1) $\begin{cases}u_{tt}-a^{2}u_{xx}=x+at\\u(x,0)=0\\u_{t}(x,0)=0\end{cases}$； (2) $\begin{cases}u_{xx}-u_{yy}=8\\u(x,0)=0\\u_{y}(x,0)=0\end{cases}$。

13. 求解下列定解问题。

(1) $\begin{cases}u_{tt}=u_{xx}+t\sin x\\u(x,0)=0\\u_{t}(x,0)=\sin x\end{cases}$； (2) $\begin{cases}u_{xx}-u_{yy}=1\\u(x,0)=\sin x\\u_{y}(x,0)=2x\end{cases}$；

(3) $\begin{cases}u_{tt}-a^{2}u_{xx}=x\\u(x,0)=0\\u_{t}(x,0)=5\end{cases}$； (4) $\begin{cases}u_{tt}-a^{2}u_{xx}=x\mathrm{e}^{t}\\u(x,0)=\sin x\\u_{t}(x,0)=0\end{cases}$

14. 求解三维无界空间的纯强迫振动。

$$\begin{cases}u_{tt}-a^{2}\nabla^{2}u=f_{0}\cos\omega t\\u|_{t=0}=0\\u_{t}|_{t=0}=0\end{cases}$$

第 8 章　傅里叶变换

傅里叶

前面介绍了求解无界区域问题的行波法，对于无界区域或半无界区域的问题，采用求解数理方程的另一种常用方法——积分变换法，比较方便。所谓**积分变换**，就是把某函数类 A 中的函数 $f(x)$，经过某种可逆的积分手段：

$$F(p)=\int k(x,p)f(x)\mathrm{d}x$$

变成另一函数类 B 中的函数 $F(p)$。$F(p)$ 称为 $f(x)$ 的像函数，$f(x)$ 称为像原函数，而 $k(x,p)$ 是 p 和 x 的已知函数，称为积分变换的核。在这种变化下，原来的偏微分方程可以减少自变量的数目，直至变成常微分方程；原来的常微分方程，可以变化为代数方程，从而使在函数类 B 中的运算简化。找出在 B 中的一个解，再经过逆变换，便可得到原来在 A 中所求的解。

积分变换的种类不少，如傅里叶变换、拉普拉斯变换等，它们都是解数理方程时最常用的变换。本章介绍傅里叶变换，第 9 章介绍拉普拉斯变换。

8.1　傅里叶积分的相关概念

8.1.1　傅里叶级数及其复数形式

若一个以 $2l$ 为周期的实函数 $f(x)$ 在 $[-l,l]$ 内满足狄里克莱条件，则函数 $f(x)$ 可以展开为傅里叶级数，即

$$f(x)=\frac{a_0}{2}+\sum_{n=1}^{\infty}a_n\cos\frac{n\pi x}{l}+\sum_{n=1}^{\infty}b_n\sin\frac{n\pi x}{l}\tag{8.1}$$

式(8.1)中各系数为

$$a_0=\frac{1}{l}\int_{-l}^{l}f(\xi)\mathrm{d}\xi$$

$$a_n=\frac{1}{l}\int_{-l}^{l}f(\xi)\cos\frac{n\pi\xi}{l}\mathrm{d}\xi$$

$$b_n=\frac{1}{l}\int_{-l}^{l}f(\xi)\sin\frac{n\pi\xi}{l}\mathrm{d}\xi$$

狄里克莱条件为：$f(x)$ 在 $[-l,l]$ 上连续，只有有限个第一类间断点(若 x_0 为 $f(x)$ 的间断点，则其左极限与右极限均存在)，只有有限个极值点。

相应的傅里叶级数的复数形式为

$$f(x)=\sum_{n=-\infty}^{\infty}c_n\mathrm{e}^{\mathrm{i}\omega_n x}=\sum_{n=-\infty}^{+\infty}\left[\frac{1}{2l}\int_{-l}^{l}f(\xi)\mathrm{e}^{-\mathrm{i}\omega_n\xi}\mathrm{d}\xi\right]\mathrm{e}^{\mathrm{i}\omega_n x}\tag{8.2}$$

其中，

$$c_n=\frac{1}{2l}\int_{-l}^{l}f(\xi)\mathrm{e}^{-\mathrm{i}\omega_n\xi}\mathrm{d}\xi$$

令 $\omega_n=\dfrac{n\pi}{l}$，代入方程(8.2)，可得式(8.1)。

8.1.2 傅里叶积分

对于非周期性函数而言，若将其看成周期趋于无穷大的“周期函数”，即在$(-\infty,+\infty)$上的周期函数，则可仿照式(8.2)写出它的傅里叶展开式：

$$f(x)=\lim_{l\to\infty}\sum_{n=-\infty}^{+\infty}\left[\frac{1}{2l}\int_{-l}^{l}f(\xi)\mathrm{e}^{-\mathrm{i}\omega_n\xi}\mathrm{d}\xi\right]\mathrm{e}^{\mathrm{i}\omega_n x}\tag{8.3}$$

若 l 为有限值，则 $\omega_n=\dfrac{n\pi}{l}$ 离散；若 $l\to\infty$，则 ω_n 趋于连续值。进而可得空间频率间隔为连续值，即

$$\Delta\omega_n=\omega_n-\omega_{n-1}=\frac{\pi}{l}\to 0$$

同时有

$$\frac{\Delta\omega_n}{2\pi}=\frac{1}{2l}$$

将上式代入方程(8.3)，傅里叶展开式进一步改写为

$$\begin{aligned}f(x)&=\frac{1}{2\pi}\lim_{l\to\infty}\sum_{n=-\infty}^{+\infty}\left[\int_{-l}^{l}f(\xi)\mathrm{e}^{-\mathrm{i}\omega_n\xi}\mathrm{d}\xi\right]\mathrm{e}^{\mathrm{i}\omega_n x}\Delta\omega_n\\&=\frac{1}{2\pi}\lim_{\Delta\omega_n\to 0}\sum_{n=-\infty}^{+\infty}\left[\int_{-\infty}^{\infty}f(\xi)\mathrm{e}^{-\mathrm{i}\omega_n\xi}\mathrm{d}\xi\right]\mathrm{e}^{\mathrm{i}\omega_n x}\Delta\omega_n\\&=\frac{1}{2\pi}\lim_{\Delta\omega_n\to 0}\sum_{n=-\infty}^{+\infty}F(\omega_n)\mathrm{e}^{\mathrm{i}\omega_n x}\Delta\omega_n\end{aligned}$$

其中，

$$F(\omega_n)=\int_{-\infty}^{\infty}f(\xi)\mathrm{e}^{-\mathrm{i}\omega_n\xi}\mathrm{d}\xi$$

去掉下标后可得

$$F(\omega)=\int_{-\infty}^{\infty}f(\xi)\mathrm{e}^{-\mathrm{i}\omega\xi}\mathrm{d}\xi\tag{8.4}$$

式(8.4)称为函数 $f(x)$ 的**傅里叶变换**，相应的逆变换为

$$f(x)=\frac{1}{2\pi}\int_{-\infty}^{\infty}F(\omega)\mathrm{e}^{\mathrm{i}\omega x}\mathrm{d}\omega\tag{8.5}$$

式(8.5)即为函数 $F(\omega)$ 的**傅里叶逆变换**。

有些书目中将傅里叶变换与逆变换写作如下形式：

$$F(\omega)=\frac{1}{\sqrt{2\pi}}\int_{-\infty}^{\infty}f(\xi)\mathrm{e}^{-\mathrm{i}\omega\xi}\mathrm{d}\xi$$

$$f(x)=\frac{1}{\sqrt{2\pi}}\int_{-\infty}^{\infty}F(\omega)\mathrm{e}^{\mathrm{i}\omega x}\mathrm{d}\omega$$

8.1.3 傅里叶积分定理

对于非周期函数，可以看作周期无穷大的周期函数，而傅里叶级数也转化为傅里叶积分。

一般地，有如下傅里叶积分定理：

① $f(x)$在$(-\infty,\infty)$任一有限区域满足狄里克莱条件。

② $f(x)$在$(-\infty,\infty)$绝对可积，即$\int_{-\infty}^{\infty}|f(x)|\mathrm{d}x$ 存在，则傅里叶积分公式

$$f(x)=\frac{1}{2\pi}\cdot\int_{-\infty}^{\infty}\left[\int_{-\infty}^{\infty}f(\xi)\mathrm{e}^{-\mathrm{i}\omega\xi}\mathrm{d}\xi\right]\mathrm{e}^{\mathrm{i}\omega x}\mathrm{d}\omega \tag{8.6}$$

在 $f(x)$的连续点 x 处成立，而在第一类间断点 x_0 处，右边的积分用$\frac{1}{2}[f(x_0+0)+f(x_0-0)]$代替。此定理的证明由于用到较多数学分析的知识，已超出本书范围，这里从略。

8.2　傅里叶变换举例

若 $f(x)$满足傅里叶积分条件，则有

$$\begin{cases}F(\omega)=\int_{-\infty}^{\infty}f(x)\mathrm{e}^{-\mathrm{i}\omega x}\mathrm{d}x\\ f(x)=\frac{1}{2\pi}\cdot\int_{-\infty}^{\infty}F(\omega)\mathrm{e}^{\mathrm{i}\omega x}\mathrm{d}\omega\end{cases} \tag{8.7}$$

$f(x)$与$F(\omega)$通过指定积分相互表达。$F(\omega)=\mathcal{F}[f(x)]$，$F(\omega)$称为$f(x)$的**像函数**；$f(x)=\mathcal{F}^{-1}[F(\omega)]$，$f(x)$称为$F(\omega)$的**像原函数**。

有如下关系：

$$\mathcal{F}^{-1}\mathcal{F}[f(x)]=f(x),\ \mathcal{F}^{-1}\mathcal{F}[F(\omega)]=F(\omega),\ \mathcal{F}\mathcal{F}^{-1}=1,\ \mathcal{F}^{-1}\mathcal{F}=1$$

例 1　求矩形函数 $f(x)=\begin{cases}1 & |x|\leqslant 1\\ 0 & |x|>1\end{cases}$的傅里叶变换。

解：因为 $f(x)$绝对可积，符合傅里叶积分定理，所以

$$\begin{aligned}F(\omega)=\mathcal{F}[f(x)]&=\int_{-\infty}^{\infty}f(x)\mathrm{e}^{-\mathrm{i}\omega x}\mathrm{d}x\\&=\int_{-1}^{1}\mathrm{e}^{-\mathrm{i}\omega x}\mathrm{d}x\\&=\frac{1}{\mathrm{i}\omega}\cdot(\mathrm{e}^{\mathrm{i}\omega}-\mathrm{e}^{-\mathrm{i}\omega})=\frac{2}{\omega}\sin\omega\end{aligned}$$

逆变换过程为

$$\begin{aligned}f(x)=\mathcal{F}^{-1}\left(\frac{2}{\omega}\sin\omega\right)&=\frac{1}{2\pi}\int_{-\infty}^{\infty}\frac{2}{\omega}\sin\omega\mathrm{e}^{\mathrm{i}\omega x}\mathrm{d}\omega\\&=\frac{1}{\pi}\int_{-\infty}^{\infty}\frac{\sin\omega\cos\omega x+\mathrm{i}\sin\omega\sin x}{\omega}\mathrm{d}\omega\\&=\frac{2}{\pi}\int_{0}^{\infty}\frac{\sin\omega\cos\omega x}{\omega}\mathrm{d}\omega\\&=\begin{cases}1 & |x|<1\\ \frac{1}{2} & |x|=1\\ 0 & |x|>1\end{cases}\end{aligned}$$

例 2 求函数 $f(x)=\begin{cases} e^{-\beta x} & x\geqslant 0 \\ 0 & x<0 \end{cases}$ 的傅里叶变换，其中 $\beta>0$。

解： 因为 $f(x)$ 绝对可积，符合傅里叶积分定理，所以有

$$F(\omega)=\mathcal{F}[f(x)]=\int_{-\infty}^{\infty} f(x)e^{-i\omega x}dx=\int_{0}^{\infty} e^{-\beta x}e^{-i\omega x}dx=\frac{1}{\beta+i\omega}=\frac{\beta-i\omega}{\beta^2+\omega^2}$$

逆变换过程为

$$\begin{aligned} f(x)=\mathcal{F}^{-1}\left(\frac{1}{\beta+i\omega}\right)&=\frac{1}{2\pi}\cdot\int_{-\infty}^{\infty}\frac{\beta-i\omega}{\beta^2+\omega^2}e^{i\omega x}d\omega \\ &=\frac{1}{2\pi}\cdot\int_{-\infty}^{\infty}\frac{\beta\cos\omega x+\omega\sin\omega x}{\beta^2+\omega^2}d\omega \\ &=\begin{cases} e^{-\beta x} & x>0 \\ \frac{1}{2} & x=0 \\ 0 & x<0 \end{cases} \end{aligned}$$

8.3 δ 函数

8.3.1 δ 函数的定义

物理学常常研究一个物理量的空间或时间的分布密度，如：质量密度、电荷密度、单位时间内的动量，又常常用质点、点电荷、瞬时力等抽象模型来分析解决问题。上述物理量不是连续分布在空间中的，而是集中在空间的某一点或某一时刻，此时密度该如何描述？下面通过一个例题进行介绍。

例 3 质量为 m，长度为 $L\left[-\frac{l}{2},\frac{l}{2}\right]$ 的杆，若质量均匀分布，求其线密度表达式。

解： 根据已知条件可得

$$\lambda(x)=\begin{cases} 0 & |x|>\frac{l}{2} \\ \frac{m}{l} & |x|\leqslant\frac{l}{2} \end{cases}$$

则

$$\lambda(x)=\frac{m}{l}\text{rect}\left(\frac{x}{l}\right)$$

$$\text{rect}\left(\frac{x}{l}\right)=\begin{cases} 1 & |x|<\frac{1}{2} \\ 0 & |x|>\frac{1}{2} \end{cases}$$

上式两边对 x 积分，有

$$\int_{-\infty}^{\infty}\lambda(x)dx=\int_{-\frac{l}{2}}^{\frac{l}{2}}\frac{m}{l}dx=m$$

若 $l \to 0$，则杆变为质点 m，线密度 $\lambda(x)$ 变成质点的线密度 $\rho(x)$，因此有

$$\lim_{l\to 0}\int_{-\infty}^{\infty}\lambda(x)\mathrm{d}x=\int_{-\infty}^{\infty}\rho(x)\mathrm{d}x=m$$

积分与极限互换，有

$$\rho(x)=\lim_{l\to 0}\lambda(x)=\lim_{l\to 0}\frac{m}{l}\mathrm{rect}\left(\frac{x}{l}\right)=\begin{cases}0 & x\neq 0\\ \infty & x=0\end{cases}$$

故，在物理学引入 δ 函数描述其密度：

$$\begin{cases}\delta(x)=\begin{cases}0 & x\neq 0\\ \infty & x=0\end{cases}\\ \displaystyle\int_{-\infty}^{\infty}\delta(x)\mathrm{d}x=1\end{cases}\tag{8.8}$$

满足关系式(8.8)的函数称为**δ 函数**。

更一般地，有

$$\begin{cases}\delta(x-x_0)=\begin{cases}0 & x\neq x_0\\ \infty & x=x_0\end{cases}\\ \displaystyle\int_{-\infty}^{\infty}\delta(x-x_0)\mathrm{d}x=1\end{cases}\tag{8.9}$$

8.3.2　δ 函数的性质

① $\delta(x)$是偶函数，其导数是奇函数，即

$$\delta(-x)=\delta(x)$$
$$\delta'(-x)=\delta'(x)$$

② 阶跃函数与 δ 函数的关系。

单位阶跃函数 $H(x)$为

$$H(x)=\begin{cases}0 & x<0\\ 1 & x>0\end{cases}$$

单位阶跃函数也称为开关函数，是信号分析中一个常用函数。单位阶跃函数与 δ 函数的关系为

$$H(x)=\int_{-\infty}^{\infty}\delta(t)\mathrm{d}t$$

$H(x)$是 $\delta(x)$的原函数，$\delta(x)$是 $H(x)$的导函数，可表示为

$$\delta(x)=\frac{\mathrm{d}H(x)}{\mathrm{d}x}\tag{8.10}$$

③ 对于任何一个定义在$(-\infty,\infty)$上的连续函数 $f(x)$，有

$$\int_{-\infty}^{\infty}f(x)\delta(x-x_0)\mathrm{d}x=f(x_0)\tag{8.11}$$

$$\int_{-\infty}^{\infty}f(x)\delta(x)\mathrm{d}x=f(0)\tag{8.12}$$

式(8.11)和式(8.12)体现了 δ 函数的挑选性，即将 $f(x)$在 $x=x_0$ 的值 $f(x_0)$挑选出来。

④ 缩放性质：

$$\delta(ax)=\frac{1}{|a|}\delta(x)\tag{8.13}$$

特例：当 $a=-1$ 时，$\delta(-x)=\delta(x)$，此时可视 δ 为偶函数。

⑤ 若 $f(x)$ 在 x_0 处连续，则有

$$f(x)\delta(x-x_0)=f(x_0)\delta(x-x_0) \tag{8.14}$$

⑥ 对于任意连续函数 $f(x)$，有

$$\int_{-\infty}^{\infty} f(x)\delta'(x-x_0)\mathrm{d}x=-f'(x_0)$$

$$\int_{-\infty}^{\infty} f(x)\delta^{(n)}(x-x_0)\mathrm{d}x=(-1)^n f^{(n)}(x_0) \tag{8.15}$$

8.3.3 δ 函数的傅里叶变换积分形式

根据傅里叶变换的定义知，δ 函数的傅里叶变换如下：

$$\mathcal{F}[\delta(x-x_0)]=\int_{-\infty}^{\infty}\delta(x-x_0)\mathrm{e}^{-\mathrm{i}\omega x}\mathrm{d}x=\mathrm{e}^{-\mathrm{i}\omega x_0} \tag{8.16}$$

特例，若 $x_0=0$，则

$$\mathcal{F}[\delta(x)]=1 \tag{8.17}$$

对式(8.16)两边取傅里叶变换，有

$$\mathcal{F}^{-1}[\mathrm{e}^{-\mathrm{i}\omega x_0}]=\frac{1}{2\pi}\cdot\int_{-\infty}^{\infty}\mathrm{e}^{\mathrm{i}\omega(x-x_0)}\mathrm{d}\omega=\delta(x-x_0)$$

因此函数 $\delta(x)$ 可以通过对式(8.17)进行傅里叶逆变换得到：

$$\delta(x)=\frac{1}{2\pi}\int_{-\infty}^{\infty}\mathrm{e}^{-\mathrm{i}\omega x}\mathrm{d}\omega$$

上述结果实际上重新定义了 $\delta(x)$ 函数的具体积分形式，即

$$\delta(x-x_0)=\frac{1}{2\pi}\cdot\int_{-\infty}^{\infty}\mathrm{e}^{\mathrm{i}\omega(x-x_0)}\mathrm{d}\omega \tag{8.18}$$

特别地当 $x=x_0$ 时，有

$$\delta(x)=\frac{1}{2\pi}\cdot\int_{-\infty}^{\infty}\mathrm{e}^{\mathrm{i}\omega x}\mathrm{d}\omega \tag{8.19}$$

在直角坐标系中定义三维 δ 函数：

$$\delta(x-x_0)\delta(y-y_0)\delta(z-z_0)=\begin{cases}\infty & x=x_0 \text{ 且 } y=y_0 \text{ 且 } z=z_0\\ 0 & x\neq x_0 \text{ 或 } y\neq y_0 \text{ 或 } z\neq z_0\end{cases} \tag{8.20}$$

$$\int_{-\infty}^{\infty}\int_{-\infty}^{\infty}\int_{-\infty}^{\infty} f(x,y,z)\delta(x-x_0)\delta(y-y_0)\delta(z-z_0)\mathrm{d}x\mathrm{d}y\mathrm{d}z=f(x_0,y_0,z_0) \tag{8.21}$$

在一般的正交坐标系中，δ 函数为

$$\delta(\vec{r}-\vec{r}_0)=\begin{cases}\infty & \vec{r}=\vec{r}_0\\ 0 & \vec{r}\neq\vec{r}_0\end{cases} \tag{8.22}$$

$$\iiint_V f(\vec{r})\delta(\vec{r}-\vec{r}_0)\mathrm{d}\vec{r}=f(\vec{r}_0) \tag{8.23}$$

例 4 计算下列积分。

① $\int_1^2 \sin x\delta\left(x-\frac{1}{2}\right)\mathrm{d}x=0$；

② $\int_1^2 \sin x\delta(x)\mathrm{d}x=0$；

③ $\int_{-\infty}^{\infty}\int_{-\infty}^{\infty}\sin(x+y)\delta(x+2)\delta(y-1)\,\mathrm{d}x\,\mathrm{d}y=\sin(-1)$；

④ $\int_{-\infty}^{\infty}f(x)\delta^{(n)}(x-x_0)\mathrm{d}x=(-1)^n f^{(n)}(x_0)$。

8.4　傅里叶变换的性质

本节介绍傅里叶变换的几个基本性质。设$\mathcal{F}[f(x)]=F(\omega)$，且约定当涉及函数需要进行傅里叶变换时，这个函数总是满足变换条件的。

① 线性性质。

$$\mathcal{F}[f_1(x)]=F_1(\omega)$$

$$\mathcal{F}[f_2(x)]=F_2(\omega)$$

$$\mathcal{F}[\alpha_1 f_1(x)+\alpha_2 f_2(x)]=\alpha_1\mathcal{F}[f_1(x)]+\alpha_2\mathcal{F}[f_2(x)]=\alpha_1 F_1[\omega]+\alpha_2 F_2[\omega] \tag{8.24}$$

其中，α_1、α_2 为常数。式(8.25)表示两个函数线性组合的傅里叶变换等于它们各自傅里叶变换的线性组合。

证明：

$$\mathcal{F}[\alpha_1 f_1(x)+\alpha_2 f_2(x)]=\int_{-\infty}^{\infty}(\alpha_1 f_1+\alpha_2 f_2)\mathrm{e}^{-\mathrm{i}\omega x}\mathrm{d}x$$

$$=\alpha_1\int_{-\infty}^{\infty}f_1\mathrm{e}^{-\mathrm{i}\omega x}\mathrm{d}x+\alpha_2\int_{-\infty}^{\infty}f_2\mathrm{e}^{-\mathrm{i}\omega x}\mathrm{d}x$$

$$=\alpha_1\mathcal{F}[f_1(x)]+\alpha_2\mathcal{F}[f_2(x)]$$

例 5　证明单位阶跃函数的傅里叶变换为

$$\mathcal{F}[H(x)]=\frac{1}{\mathrm{i}\omega}+\pi\delta(\omega)$$

证明：依据线性性质，同时利用傅里叶逆变换，有

$$f(x)=\mathcal{F}^{-1}\left[\frac{1}{\mathrm{i}\omega}+\pi\delta(\omega)\right]$$

$$=\frac{1}{2\pi}\cdot\int_{-\infty}^{\infty}\left[\frac{1}{\mathrm{i}\omega}+\pi\delta(\omega)\right]\mathrm{e}^{\mathrm{i}\omega x}\mathrm{d}\omega$$

$$=\frac{1}{2\pi}\cdot\int_{-\infty}^{\infty}\frac{\mathrm{e}^{\mathrm{i}\omega x}}{\mathrm{i}\omega}\mathrm{d}\omega+\frac{1}{2}\cdot\int_{-\infty}^{\infty}\delta(\omega)\mathrm{e}^{\mathrm{i}\omega x}\mathrm{d}\omega$$

当 $x>0$ 时，有

$$\frac{1}{2\pi}\cdot\int_{-\infty}^{\infty}\frac{\mathrm{e}^{\mathrm{i}\omega x}}{\mathrm{i}\omega}\mathrm{d}\omega=\frac{1}{2\pi\mathrm{i}}\cdot\int_{-\infty}^{\infty}\frac{\mathrm{e}^{\mathrm{i}\omega x}}{\omega x}\mathrm{d}\omega x=\frac{1}{2\pi\mathrm{i}}\cdot\int_{-\infty}^{\infty}\frac{\mathrm{e}^{\mathrm{i}x}}{x}\mathrm{d}x=\frac{1}{2}$$

$$\mathcal{F}^{-1}\left[\frac{1}{\mathrm{i}\omega}+\pi\delta(\omega)\right]=1$$

当 $x<0$ 时，有

$$\frac{1}{2\pi}\cdot\int_{-\infty}^{\infty}\frac{\mathrm{e}^{\mathrm{i}\omega x}}{\mathrm{i}\omega}\mathrm{d}\omega=\frac{1}{2\pi\mathrm{i}}\cdot\int_{-\infty}^{\infty}\frac{\mathrm{e}^{-\mathrm{i}\omega|x|}}{\omega}\mathrm{d}\omega=\frac{1}{2\pi\mathrm{i}}\cdot\int_{-\infty}^{\infty}\frac{\mathrm{e}^{\mathrm{i}(-\omega)|x|}}{(-\omega)}\mathrm{d}(-\omega)$$

$$=-\frac{1}{2\pi\mathrm{i}}\cdot\int_{-\infty}^{\infty}\frac{\mathrm{e}^{\mathrm{i}\omega|x|}}{\omega}\mathrm{d}\omega=-\frac{1}{2}$$

$$\mathcal{F}^{-1}\left[\frac{1}{\mathrm{i}\omega}+\pi\delta(\omega)\right]=0$$

综合以上两种情况，得

$$f(x)=\mathcal{F}^{-1}\left[\frac{1}{\mathrm{i}\omega}+\pi\delta(\omega)\right]=\begin{cases}1 & x\geqslant 0\\0 & x<0\end{cases}$$

又由

$$\mathcal{F}[H(x)]=\int_{-\infty}^{\infty}H(x)\mathrm{e}^{-\mathrm{i}\omega x}\,\mathrm{d}x=\int_{0}^{\infty}\mathrm{e}^{-\mathrm{i}\omega x}\,\mathrm{d}x$$

得

$$\int_{0}^{\infty}\mathrm{e}^{-\mathrm{i}\omega x}\,\mathrm{d}x=\frac{1}{\mathrm{i}\omega}+\pi\delta(\omega)$$

$$\int_{0}^{\infty}\mathrm{e}^{\mathrm{i}\omega x}\,\mathrm{d}x=\frac{-1}{\mathrm{i}\omega}+\pi\delta(\omega)$$

② 延迟性质。

$$\mathcal{F}[\mathrm{e}^{\mathrm{i}\omega_0 x}f(x)]=F(\omega-\omega_0) \tag{8.25}$$

其中，ω_0 为常数。

证明：

$$\begin{aligned}\mathcal{F}[\mathrm{e}^{\mathrm{i}\omega_0 x}f(x)]&=\int_{-\infty}^{\infty}\mathrm{e}^{\mathrm{i}\omega_0 x}f(x)\mathrm{e}^{-\mathrm{i}\omega x}\,\mathrm{d}x\\&=\int_{-\infty}^{\infty}f(x)\mathrm{e}^{-\mathrm{i}(\omega-\omega_0)x}\,\mathrm{d}x\\&=F(\omega-\omega_0)\end{aligned}$$

例 6 若$\mathcal{F}[f(x)]=F(\omega)$，求 $f(x)\cos\omega_0 x$ 的傅里叶变换。

解：

$$\begin{aligned}\mathcal{F}[f(x)\cos\omega_0 x]&=\mathcal{F}\left[f(x)\ \frac{\mathrm{e}^{\mathrm{i}\omega_0 x}+\mathrm{e}^{-\mathrm{i}\omega_0 x}}{2}\right]\\&=\frac{1}{2}\mathcal{F}[f(x)\mathrm{e}^{\mathrm{i}\omega_0 x}]+\frac{1}{2}\mathcal{F}[f(x)\mathrm{e}^{-\mathrm{i}\omega_0 x}]\\&=\frac{1}{2}[F(\omega-\omega_0)+F(\omega+\omega_0)]\end{aligned}$$

③ 位移性质。

$$\mathcal{F}[f(x-x_0)]=\mathrm{e}^{-\mathrm{i}\omega x_0}\ \mathcal{F}[f(x)] \tag{8.26}$$

其中，x_0 为常数。

证明：

$$\begin{aligned}\mathcal{F}[f(x-x_0)]&=\int_{-\infty}^{\infty}f(x-x_0)\mathrm{e}^{-\mathrm{i}\omega x_0}\,\mathrm{d}x\\&=\int_{-\infty}^{\infty}\mathrm{e}^{-\mathrm{i}\omega x_0}\mathrm{e}^{\mathrm{i}\omega x_0}f(x-x_0)\mathrm{e}^{-\mathrm{i}\omega x}\,\mathrm{d}x\\&=\mathrm{e}^{-\mathrm{i}\omega x_0}\int_{-\infty}^{\infty}f(x-x_0)\mathrm{e}^{-\mathrm{i}\omega(x-x_0)}\,\mathrm{d}(x-x_0)\\&=\mathrm{e}^{-\mathrm{i}\omega x_0}\int_{-\infty}^{\infty}f(x')\,\mathrm{e}^{-\mathrm{i}\omega x'}\,\mathrm{d}x'\end{aligned}$$

$$=e^{-i\omega x_0}\mathcal{F}[f(x)]$$

位移性质的逆变换为

$$\mathcal{F}^{-1}[F(\omega\pm\omega_0)]=e^{\mp i\omega_0 x}\mathcal{F}^{-1}[F(\omega)]=e^{\mp i\omega_0 x}f(x) \tag{8.27}$$

其证明过程如下：

$$\begin{aligned}\mathcal{F}[e^{\mp i\omega_0 x}f(x)]&=\int_{-\infty}^{\infty}e^{\mp i\omega_0 x}f(x)e^{-i\omega x}dx\\&=\int_{-\infty}^{\infty}f(x)e^{-i(\omega\pm\omega_0)x}dx\\&=F(\omega\pm\omega_0)\end{aligned}$$

④ 相似性质。

$$\mathcal{F}[f(ax)]=\frac{1}{|a|}\cdot F\left(\frac{\omega}{a}\right) \tag{8.28}$$

其中，a 为不为零的常数。

证明： 令 $ax=x'$，

当 $a>0$ 时，有

$$\begin{aligned}\mathcal{F}[f(ax)]&=\int_{-\infty}^{\infty}f(ax)e^{-i\omega x}dx\\&=\int_{-\infty}^{\infty}f(ax)e^{-i\frac{\omega}{a}ax}d\frac{ax}{a}\\&=\frac{1}{a}\int_{-\infty}^{\infty}f(x')e^{-i\frac{\omega}{a}x'}dx'\\&=\frac{1}{a}\cdot F\left(\frac{\omega}{a}\right)\end{aligned}$$

当 $a<0$ 时，有

$$\begin{aligned}\mathcal{F}[f(ax)]&=\int_{-\infty}^{\infty}f(ax)e^{-i\omega x}dx\\&=-\int_{\infty}^{-\infty}f(ax)e^{-i\frac{\omega}{a}ax}d\frac{ax}{a}\\&=-\frac{1}{a}\int_{\infty}^{-\infty}f(x')e^{-i\frac{\omega}{a}x'}dx'\\&=-\frac{1}{a}F\left(\frac{\omega}{a}\right)\end{aligned}$$

综合上述两种情况，得出

$$\mathcal{F}[f(ax)]=\frac{1}{|a|}\cdot F\left(\frac{\omega}{a}\right)$$

⑤ 微分性质。

当 $|x|\to\infty$ 时，$f(x)\to 0$，$f^{(n-1)}(x)\to 0$，其中 $n=1,2,\cdots$，则

$$\begin{aligned}\mathcal{F}[f'(x)]&=i\omega\,\mathcal{F}[f(x)]\\\mathcal{F}[f''(x)]&=(i\omega)^2\mathcal{F}[f(x)]\\&\vdots\\\mathcal{F}[f^{(n)}(x)]&=(i\omega)^n\mathcal{F}[f(x)]\end{aligned} \tag{8.29}$$

证明：

$$\begin{aligned}\mathcal{F}[f'(x)] &= \int_{-\infty}^{\infty} f'(x)\mathrm{e}^{-\mathrm{i}\omega x}\,\mathrm{d}x \\ &= f(x)\mathrm{e}^{-\mathrm{i}\omega x}\Big|_{-\infty}^{\infty} - \int_{-\infty}^{\infty} f(x)(-\mathrm{i}\omega)\mathrm{e}^{-\mathrm{i}\omega x}\,\mathrm{d}x \\ &= \mathrm{i}\omega\int_{-\infty}^{\infty} f(x)\mathrm{e}^{-\mathrm{i}\omega x}\,\mathrm{d}x \\ &= \mathrm{i}\omega\,\mathcal{F}[f(x)]\end{aligned}$$

$$\mathcal{F}[f''(x)] = \mathcal{F}\left[\frac{\mathrm{d}f'}{\mathrm{d}x}\right] = \mathrm{i}\omega\,\mathcal{F}[f'(x)] = (\mathrm{i}\omega)^2\,\mathcal{F}[f(x)]$$

⑥ 积分性质。

$$\mathcal{F}\left[\int_{x_0}^{x} f(\xi)\mathrm{d}\xi\right] = \frac{1}{\mathrm{i}\omega}\cdot\mathcal{F}[f(x)] \tag{8.30}$$

证明：因为

$$\frac{\mathrm{d}}{\mathrm{d}x}\int_{x_0}^{x} f(\xi)\mathrm{d}\xi = f(x)$$

所以

$$\mathcal{F}\left[\frac{\mathrm{d}}{\mathrm{d}x}\int_{x_0}^{x} f(\xi)\mathrm{d}\xi\right] = \mathcal{F}[f(x)] \tag{8.31}$$

又由微分性质有

$$\mathcal{F}\left[\frac{\mathrm{d}}{\mathrm{d}x}\int_{x_0}^{x} f(\xi)\mathrm{d}\xi\right] = \mathrm{i}\omega\,\mathcal{F}\left[\int_{x_0}^{x} f(\xi)\mathrm{d}\xi\right] \tag{8.32}$$

比较式(8.31)和式(8.32)即得式(8.30)。

⑦ 卷积定理。

已知函数 $f_1(x)$和 $f_2(x)$，则定义积分

$$\int_{-\infty}^{\infty} f_1(\xi) f_2(x-\xi)\,\mathrm{d}\xi$$

为函数 $f_1(x)$与 $f_2(x)$的卷积，记作 $f_1(x) * f_2(x)$，即

$$f_1(x) * f_2(x) = \int_{-\infty}^{\infty} f_1(\xi) f_2(x-\xi)\,\mathrm{d}\xi$$

卷积运算“ * ”是一种函数间的运算，易于证明它与乘法相似，具有交换律、结合律与分配律。卷积运算是图像处理等各种领域中具有实际应用的运算。

$$\mathcal{F}[f_1(x) * f_2(x)] = \mathcal{F}[f_1(x)]\cdot\mathcal{F}[f_2(x)] \tag{8.32}$$

即为**卷积定理**。

证明：由定义

$$\mathcal{F}[f_1(x) * f_2(x)] = \int_{-\infty}^{\infty}\left[\int_{-\infty}^{\infty} f_1(\xi) f_2(x-\xi)\,\mathrm{d}\xi\right]\mathrm{e}^{-\mathrm{i}\omega x}\,\mathrm{d}x$$

可知 $f_1(x)$、$f_2(x)$在$(-\infty,\infty)$上绝对可积，故可交换积分次序得

$$\begin{aligned}\mathcal{F}[f_1(x) * f_2(x)] &= \int_{-\infty}^{\infty} f_1(\xi)\left[\int_{-\infty}^{\infty} f_2(x-\xi)\mathrm{e}^{-\mathrm{i}\omega x}\,\mathrm{d}x\right]\mathrm{d}\xi \\ &= \int_{-\infty}^{\infty} f_1(\xi)\cdot\mathrm{e}^{-\mathrm{i}\omega\xi}F[f_2]\,\mathrm{d}\xi\end{aligned}$$

$$=\mathcal{F}[f_1(x)]\cdot\mathcal{F}[f_2(x)]$$

⑧ 像函数的卷积定理。

$$\mathcal{F}[f_1(x)\cdot f_2(x)]=\frac{1}{2\pi}\cdot\mathcal{F}[f_1(x)]*\mathcal{F}[f_2(x)] \tag{8.33}$$

证明：

$$\begin{aligned}\mathcal{F}[f_1(x)\cdot f_2(x)]&=\int_{-\infty}^{\infty}f_1(x)f_2(x)e^{-i\omega x}dx\\&=\int_{-\infty}^{\infty}f_1(x)\cdot\int_{-\infty}^{\infty}\frac{1}{2\pi}\cdot G_2(\omega')e^{-i\omega' x}d\omega'\cdot e^{-i\omega x}dx\\&=\frac{1}{2\pi}\cdot\int_{-\infty}^{\infty}G_2(\omega')\int_{-\infty}^{\infty}f_1(x)e^{-i(\omega-\omega')x}dxd\omega'\\&=\frac{1}{2\pi}\cdot\int_{-\infty}^{\infty}G_2(\omega')G_1(\omega-\omega')d\omega'\\&=\frac{1}{2\pi}\cdot\mathcal{F}[f_1(x)]*\mathcal{F}[f_2(x)]\end{aligned}$$

例 7　计算傅里叶积分变换$\mathcal{F}[xe^{-ax^2}]$。

解：由

$$\frac{de^{-ax^2}}{dx}=-2a(xe^{-ax^2})=-2axe^{-ax^2}=-2af(x)$$

$$\mathcal{F}[xe^{-ax^2}]=\frac{F\left[\frac{de^{-ax^2}}{dx}\right]}{-2a}$$

$$\mathcal{F}\left[\frac{de^{-ax^2}}{dx}\right]=i\omega\,\mathcal{F}[e^{-ax^2}]$$

查表知，$e^{-\eta x^2}\to\mathcal{F}[f(x)]=\sqrt{\frac{x}{\eta}}\cdot e^{-\frac{\omega^2}{4\eta}}$，因此可得

$$\mathcal{F}\left[\frac{de^{-ax^2}}{dx}\right]=i\omega\cdot\sqrt{\frac{\pi}{a}}\cdot e^{-\frac{\omega^2}{4a}}$$

$$\mathcal{F}[xe^{-ax^2}]=\frac{i\omega}{-2a}\cdot\sqrt{\frac{\pi}{a}}\cdot e^{-\frac{\omega^2}{4a}}$$

例 8　已知$\mathcal{F}[\varphi(x)]=G(\omega)$，求$\mathcal{F}^{-1}[G(\omega)\cos a\omega t]$和$\mathcal{F}^{-1}\left[\frac{G(\omega)}{a\omega}\sin a\omega t\right]$。

解：①

$$G(\omega)\cos a\omega t=\frac{1}{2}G(\omega)[e^{i\omega at}+e^{-i\omega at}]$$

$$\mathcal{F}^{-1}[G(\omega)\cos\omega at]=\frac{1}{2}\mathcal{F}^{-1}[G(\omega)e^{i\omega at}]+\frac{1}{2}\mathcal{F}^{-1}[G(\omega)e^{-i\omega at}]$$

由位移性质有

$$\mathcal{F}[\varphi(x+at)]=e^{-i\omega at}\mathcal{F}[\varphi(x)]=e^{-i\omega at}G(\omega)$$

从而可得

$$\mathcal{F}^{-1}[G(\omega)\cos\omega at]=\frac{1}{2}\mathcal{F}^{-1}\mathcal{F}[\varphi(x+at)]+\frac{1}{2}\mathcal{F}^{-1}\mathcal{F}[\varphi(x-at)]$$

$$\mathcal{F}^{-1}[G(\omega)\cos\omega at]=\frac{1}{2}[\varphi(x+at)+\varphi(x-at)]$$

②

$$\begin{aligned}\frac{G(\omega)}{a\omega}\sin\omega at&=\frac{G(\omega)\mathrm{e}^{\mathrm{i}\omega at}-G(\omega)\mathrm{e}^{-\mathrm{i}\omega at}}{2\mathrm{i}a\omega}\\&=\frac{1}{2a}\left[\frac{G(\omega)\mathrm{e}^{\mathrm{i}\omega at}-G(\omega)\mathrm{e}^{-\mathrm{i}\omega at}}{\mathrm{i}\omega}\right]\\&=\frac{1}{2a}\left\{\mathcal{F}\left[\int_{x_0}^{x}\varphi(x)\mathrm{d}x\right]\mathrm{e}^{\mathrm{i}\omega at}\right\}-\frac{1}{2a}\left\{\mathcal{F}\left[\int_{x_0}^{x}\varphi(x)\mathrm{d}x\right]\mathrm{e}^{-\mathrm{i}\omega at}\right\}\end{aligned}$$

因此

$$\mathcal{F}^{-1}\left[\frac{G(\omega)}{a\omega}\sin\omega at\right]=\frac{1}{2a}\cdot\int_{x-at}^{x+at}\varphi(\xi)\mathrm{d}\xi$$

例 9 求 $f(x)=\sin\omega_0 x$ 的傅里叶变换。

$$\begin{aligned}\mathcal{F}[f(x)]&=\int_{-\infty}^{\infty}\sin\omega_0 x\,\mathrm{e}^{-\mathrm{i}\omega x}\mathrm{d}x\\&=\int_{-\infty}^{\infty}\frac{\mathrm{e}^{\mathrm{i}\omega_0 x}-\mathrm{e}^{-\mathrm{i}\omega_0 x}}{2\mathrm{i}}\mathrm{e}^{-\mathrm{i}\omega x}\mathrm{d}x\\&=\frac{1}{2\mathrm{i}}\int_{-\infty}^{\infty}[\mathrm{e}^{-\mathrm{i}(\omega-\omega_0)x}-\mathrm{e}^{-\mathrm{i}(\omega+\omega_0)x}]\mathrm{d}x\\&=\frac{2\pi}{2\mathrm{i}}[\delta(\omega-\omega_0)-\delta(\omega+\omega_0)]\\&=\pi\mathrm{i}[\delta(\omega+\omega_0)-\delta(\omega-\omega_0)]\end{aligned}$$

例 10 求 $f(x)=\dfrac{\sin ax}{x}$，$a>0$ 的傅里叶变换。

解：

$$\begin{aligned}\mathcal{F}\left[\frac{\sin ax}{x}\right]&=\int_{-\infty}^{\infty}\frac{\sin ax}{x}\mathrm{e}^{-\mathrm{i}\omega x}\mathrm{d}x\\&=\int_{-\infty}^{\infty}\frac{\mathrm{e}^{\mathrm{i}ax}-\mathrm{e}^{-\mathrm{i}ax}}{2\mathrm{i}x}\mathrm{e}^{-\mathrm{i}\omega x}\mathrm{d}x\\&=\frac{1}{2\mathrm{i}}\cdot\int_{-\infty}^{\infty}\frac{\mathrm{e}^{\mathrm{i}(a-\omega)x}}{x}\mathrm{d}x-\frac{1}{2\mathrm{i}}\cdot\int_{-\infty}^{\infty}\frac{\mathrm{e}^{\mathrm{i}(-a-\omega)x}}{x}\mathrm{d}x\\&=\pi[H(a-\omega)-H(-a-\omega)]\end{aligned}$$

其中，

$$H(a-\omega)=\begin{cases}1 & \omega<a\\0 & \omega>a\end{cases}$$

$$H(-a-\omega)=\begin{cases}1 & \omega<-a\\0 & \omega>-a\end{cases}$$

8.5 积分变换法求解无界区域问题

对于无界区域的定解问题,傅里叶变换是一种普遍适用的方法,其求解过程与解常微分方程大体相似。下面通过几个具体的例子来介绍如何用傅里叶变换法来求解数学物理方程。

8.5.1 积分变换法解波动问题

例 11 求解弦振动方程的初值问题

$$\begin{cases} u_{tt}=a^2u_{xx} \\ u(x,0)=\varphi(x), \quad -\infty<x<\infty, t>0 \\ u_t(x,0)=0 \end{cases}$$

解:视 t 为参数,x 为变换量,方程两边进行傅里叶变换,得

$$\mathcal{F}[u_{tt}]=\mathcal{F}[a^2u_{xx}]$$

对 $u(x,t)$ 进行傅里叶变换,有

$$\mathcal{F}[u(x,t)]=\int_{-\infty}^{\infty}u(x,t)\mathrm{e}^{-\mathrm{i}\omega x}\mathrm{d}x=\tilde{u}(\omega,t)$$

$$\mathcal{F}[u_{tt}]=\tilde{u}_{tt}(\omega,t)$$

$$\mathcal{F}[a^2u_{xx}]=-a^2\omega^2\mathcal{F}[u(x,t)]=-a^2\omega^2\tilde{u}(\omega,t)$$

于是得到

$$\tilde{u}_{tt}+a^2\omega^2\tilde{u}=0$$

它的通解为

$$\tilde{u}(\omega,t)=A\cos\omega at+B\sin\omega at$$

又因为定解条件:

$$u(x,0)=\varphi(x), \quad u_t(x,0)=0$$

对初始条件做傅里叶变换

$$\mathcal{F}[\varphi(x)]=\tilde{\varphi}(\omega)$$

则

$$\tilde{u}(\omega,0)=\tilde{\varphi}(\omega), \quad \tilde{u}_t(\omega,0)=0$$

从而得到傅里叶变换后的方程与初始条件:

$$\tilde{u}_{tt}+a^2\omega^2\tilde{u}=0$$

$$\tilde{u}(\omega,0)=\tilde{\varphi}(\omega)$$

$$\tilde{u}_t(\omega,0)=0$$

这是带参数 ω 的常微分方程的初值问题。其方程的通解为

$$\tilde{u}(\omega,t)=A\cos\omega at+B\sin\omega at$$

根据初始条件 $\tilde{u}(\omega,0)=\tilde{\varphi}(\omega)$ 和 $\tilde{u}_t(\omega,0)=0$ 得

$$B=0, \quad A=\tilde{\varphi}(\omega)$$

则

$$\tilde{u}(\omega,t)=\tilde{\varphi}(\omega)\cos\omega at$$

由傅里叶逆变换便能够得到原方程的解,即

$$\begin{aligned}u(x,t)&=\mathcal{F}^{-1}[\tilde{u}(\omega,t)]=\mathcal{F}^{-1}[\tilde{\varphi}(\omega)\cos\omega at]\\&=\frac{1}{2\pi}\cdot\int_{-\infty}^{\infty}\tilde{\varphi}(\omega)\cos\omega at\,\mathrm{e}^{\mathrm{i}\omega x}\mathrm{d}\omega\\&=\frac{1}{4\pi}\int_{-\infty}^{\infty}\tilde{\varphi}(\omega)[\mathrm{e}^{\mathrm{i}\omega(x+at)}+\mathrm{e}^{\mathrm{i}\omega(x-at)}]\mathrm{d}\omega\\&=\frac{1}{2}[\varphi(x+at)+\varphi(x-at)]\end{aligned}\tag{8.35}$$

式(8.35)即为达朗贝尔公式。

积分变换法的解题步骤:①对方程和定解条件中的各项取变换;②得到像函数的常微分方程的定解问题或代数方程;③求解常微分方程的定解问题或代数方程,得到像函数;④求像函数的逆变换,得到原定解问题的解。

例 12 求解无界弦的振动方程

$$\begin{cases}u_{tt}=a^2u_{xx}\\u(x,0)=\varphi(x)\qquad -\infty<x<\infty,t>0\\u_t(x,0)=\psi(x)\end{cases}$$

解: 方程两边应用傅里叶变换,得

$$\begin{aligned}&\tilde{u}_{tt}=a^2(\mathrm{i}\omega)^2\tilde{u}_{xx}=-a^2\omega^2\tilde{u}_{xx}\\&\tilde{u}(x,0)=\tilde{\varphi}(\omega)\\&\tilde{u}_t(x,0)=\tilde{\psi}(x)\end{aligned}$$

将 $t=0$ 代入

$$\tilde{u}(\omega,t)=A\cos\omega at+B\sin\omega at$$

得

$$A=\tilde{\varphi}(\omega),\quad B=\frac{\tilde{\psi}(\omega)}{\omega a}$$

$$\tilde{u}(\omega,t)=\tilde{\varphi}(\omega)\cos\omega at+\frac{\tilde{\psi}(\omega)}{\omega a}\sin\omega at$$

由逆变换可得

$$\begin{aligned}u(x,t)=\mathcal{F}^{-1}[\tilde{u}(\omega,t)]&=\mathcal{F}^{-1}[\tilde{\varphi}(\omega)\cos\omega at]+\mathcal{F}^{-1}\left[\frac{\tilde{\psi}(\omega)}{\omega a}\cdot\sin\omega at\right]\\&=\frac{1}{2\pi}\int_{-\infty}^{\infty}\tilde{\varphi}(\omega)\cos\omega at\cdot\mathrm{e}^{\mathrm{i}\omega x}\mathrm{d}\omega+\frac{1}{2\pi}\int_{-\infty}^{\infty}\frac{\tilde{\psi}(\omega)}{\omega a}\sin\omega at\cdot\mathrm{e}^{\mathrm{i}\omega x}\mathrm{d}\omega\\&=\frac{1}{2}[\varphi(x+at)+\varphi(x-at)]+\frac{1}{2a}\int_{x-at}^{x+at}\psi(\alpha)\mathrm{d}\alpha\end{aligned}$$

例 13 利用傅里叶变换求微积分方程

$$\frac{\mathrm{d}y(x)}{\mathrm{d}x}-a^2\int_{-\infty}^{x}y(\tau)\mathrm{d}\tau=\mathrm{e}^{-a|x|}\quad(a>0)$$

其中,$\mathcal{F}[y(x)]=Y(\omega)$,$Y(0)=0$,$\mathcal{F}[\mathrm{e}^{-a|x|}]=\dfrac{2a}{\omega^2+a^2}$。

解: 对方程两边做傅里叶变换,再应用微分性质和积分性质可得

$$\mathrm{i}\omega Y(\omega)-\frac{a^2}{\mathrm{i}\omega}Y(\omega)=\frac{2a}{\omega^2+a^2}$$

$$Y(\omega)=-\frac{2a\,\mathrm{i}\omega}{(\omega^2+a^2)^2}=\frac{\mathrm{i}}{2}\frac{\mathrm{d}}{\mathrm{d}\omega}\left(\frac{2a}{\omega^2+a^2}\right)=\frac{\mathrm{i}}{2}\mathcal{F}\left[-\mathrm{i}x\mathrm{e}^{-a|x|}\right]$$

由逆变换可得方程的解：$y(x)=\frac{1}{2}x\mathrm{e}^{-a|x|}$。

下面为本题已知条件$\mathcal{F}(\mathrm{e}^{-a|x|})=\frac{2a}{\omega^2+a^2}$的证明过程：

$$\mathcal{F}(\mathrm{e}^{-a|x|})=\int_{-\infty}^{\infty}\mathrm{e}^{-a|x|}\mathrm{e}^{-\mathrm{i}\omega x}\mathrm{d}x=\int_0^{\infty}\mathrm{e}^{-ax}\mathrm{e}^{-\mathrm{i}\omega x}\mathrm{d}x+\int_{-\infty}^{0}\mathrm{e}^{ax}\mathrm{e}^{-\mathrm{i}\omega x}\mathrm{d}x=I_1+I_2$$

其中，

$$\begin{aligned}I_1&=\int_0^{\infty}\mathrm{e}^{-ax}\mathrm{e}^{-\mathrm{i}\omega x}\mathrm{d}x=\int_0^{\infty}\mathrm{e}^{-\mathrm{i}(-\mathrm{i}a)x}\mathrm{e}^{-\mathrm{i}\omega x}\mathrm{d}x\\&=\int_0^{\infty}\mathrm{e}^{-\mathrm{i}[\omega-\mathrm{i}a]x}\mathrm{d}x\\&=-\frac{1}{\mathrm{i}}\left(\frac{1}{\omega-\mathrm{i}a}\right)\mathrm{e}^{-\mathrm{i}(\omega-\mathrm{i}a)x}\Big|_0^{\infty}\\&=\frac{1}{\mathrm{i}}\,\frac{1}{\omega-\mathrm{i}a}\end{aligned}$$

$$\begin{aligned}I_2&=\int_{-\infty}^{0}\mathrm{e}^{ax}\mathrm{e}^{-\mathrm{i}\omega x}\mathrm{d}x=-\int_0^{\infty}\mathrm{e}^{-\mathrm{i}(\mathrm{i}a)x}\mathrm{e}^{-\mathrm{i}\omega x}\mathrm{d}x\\&=\int_0^{\infty}\mathrm{e}^{-\mathrm{i}(\omega+\mathrm{i}a)x}\mathrm{d}x\\&=-\frac{1}{\omega+\mathrm{i}a}\mathrm{e}^{-\mathrm{i}(\omega+\mathrm{i}a)x}\Big|_0^{\infty}\\&=-\frac{1}{\mathrm{i}}\cdot\frac{1}{\omega+\mathrm{i}a}\end{aligned}$$

因此

$$\mathcal{F}\left[\mathrm{e}^{-a|x|}\right]=\int_0^{\infty}\mathrm{e}^{-ax}\mathrm{e}^{-\mathrm{i}\omega x}\mathrm{d}x+\int_{-\infty}^{0}\mathrm{e}^{ax}\mathrm{e}^{-\mathrm{i}\omega x}\mathrm{d}x=\frac{1}{\mathrm{i}}\left(\frac{1}{\omega-\mathrm{i}a}-\frac{1}{\omega+\mathrm{i}a}\right)=\frac{2a}{\omega^2+a^2}$$

8.5.2　利用傅里叶变换求解无界区域的泊松方程

无界区域泊松方程为

$$\Delta u(x,y,z)=-\rho(x,y,z)\qquad -\infty<x,y,z<\infty$$

泊松方程在直角坐标系下可以描述如下：

$$\frac{\partial^2 u}{\partial x^2}+\frac{\partial^2 u}{\partial y^2}+\frac{\partial^2 u}{\partial z^2}=-\rho(x,y,z)$$

解：将变量傅里叶变换进行编号：

$$\mathcal{F}\left[u(x,y,z)\right]=\tilde{u}(\omega_1,\omega_2,\omega_3)$$

$$\mathcal{F}\left[\rho(x,y,z)\right]=\tilde{\rho}(\omega_1,\omega_2,\omega_3)$$

利用偏导数的傅里叶变换

$$\mathcal{F}\left[\frac{\partial f(x,y,z)}{\partial x}\right]=\mathrm{i}\omega_1 F(\omega_1,\omega_2,\omega_3)$$

$$\mathcal{F}\left[\frac{\partial f(x,y,z)}{\partial y}\right]=\mathrm{i}\omega_2 F(\omega_1,\omega_2,\omega_3)$$

$$\mathcal{F}\left[\frac{\partial f(x,y,z)}{\partial z}\right]=\mathrm{i}\omega_3 F(\omega_1,\omega_2,\omega_3)$$

将方程两边进行傅里叶变换,可得

$$[(\mathrm{i}\omega_1)^2+(\mathrm{i}\omega_2)^2+(\mathrm{i}\omega_3)^2[\tilde{u}(\omega_1,\omega_2,\omega_3)]=-\tilde{\rho}(\omega_1,\omega_2,\omega_3)$$

进一步整理可得

$$\tilde{u}(\omega_1,\omega_2,\omega_3)=\frac{1}{\omega_1^2+\omega_2^2+\omega_3^2}\cdot\tilde{\rho}(\omega_1,\omega_2,\omega_3)$$

若$|\vec{\omega}|^2=\omega^2=\omega_1^2+\omega_2^2+\omega_3^2$,则

$$\tilde{u}(\vec{\omega})=\frac{1}{\omega^2}\tilde{\rho}(\vec{\omega})$$

对等式两边进行傅里叶变换,其中

$$\begin{aligned}\mathcal{F}^{-1}\left[\frac{1}{\omega^2}\right]&=\frac{1}{2\pi^3}\cdot\iiint_{\Omega}\frac{1}{\omega^2}\mathrm{e}^{\mathrm{i}\vec{\omega}\cdot\vec{r}}\mathrm{d}\vec{\omega}\\&=\frac{1}{(2\pi)^3}\int_0^{\infty}\int_0^{\pi}\int_0^{2\pi}\frac{1}{\omega^2}\mathrm{e}^{\mathrm{i}\omega r\cos\theta}\omega^2\sin\theta\mathrm{d}\omega\mathrm{d}\theta\mathrm{d}\varphi\\&=\frac{1}{(2\pi)^2}\frac{1}{r}\int_0^{\infty}2\cdot\frac{\sin\omega r}{\omega r}\mathrm{d}(\omega r)\\&=\frac{1}{4\pi r}\end{aligned}$$

利用卷积定理可推导出

$$u(\vec{r})=\frac{1}{4\pi r}*\rho(\vec{r})\frac{1}{4\pi}\cdot\iiint_V\frac{\rho(\vec{r}')}{|\vec{r}-\vec{r}'|}\mathrm{d}\vec{r}'$$

其在直角坐标系中可表示为

$$\begin{aligned}u(x,y,z)&=\frac{1}{4\pi\sqrt{x^2+y^2+z^2}}*\rho(x,y,z)\\&=\frac{1}{4\pi}\int_{-\infty}^{\infty}\int_{-\infty}^{\infty}\int_{-\infty}^{\infty}\frac{\rho(x',y',z')}{\sqrt{(x-x')^2+(y-y')^2+(z-z')^2}}\mathrm{d}x'\mathrm{d}y'\mathrm{d}z'\end{aligned}$$

习　题

1. 求函数 $f(x)=\dfrac{\sin ax}{x}(a>0)$的傅里叶变换。

2. 求函数

$$f(t)=\begin{cases}\sin t & |t|\leqslant\pi\\0 & |t|>\pi\end{cases}$$

的傅里叶变换,并证明含参数 t 的广义积分:

$$\int_0^{\infty} \frac{\sin \omega\pi \sin \omega t}{1-\omega^2} d\omega = \begin{cases} \left(\frac{\pi}{2}\right) \sin t & |t| \leqslant \pi \\ 0 & |t| > \pi \end{cases}$$

3. 求函数 $f(x)=\begin{cases}1-x^2 & |x|<1 \\ 0 & |x|>1\end{cases}$ 的傅里叶变换。

4. 证明：(1) $x\delta(x)=0$；　(2) $\delta(ax)=\frac{1}{|a|}\delta(x)$；　(3) $f(x)\delta(x-a)=f(a)\delta(x-a)$；

(4) $\delta(-x)=\delta(x)$；　(5) $\delta(x^2-a^2)=\frac{1}{2|a|}[\delta(x-a)+\delta(x+a)]$；　(6) $\delta(x^2)=\frac{\delta(x)}{|x|}$；

其中 a 为常数。

5. 已知函数 $f(t)$ 的傅里叶变换 $C(\omega)=\frac{A}{2}[\delta(\omega+\omega_0)+\delta(\omega-\omega_0)]$，求该函数。

6. 证明：(1) $\delta'(-x)=-\delta'(x)$；　(2) $x\delta(x)=-\delta(x)$。

7. 计算下列积分。

(1) $\int_1^2 e^x\delta(x)dx$；

(2) $\iiint_{-\infty}^{\infty} \frac{y}{x^2+z}\cos(x+z)\delta(x,y-1,z+2)dxdydz$；

(3) $\int_{-2}^{1} \sin x\delta'\left(x+\frac{1}{5}\right)dx$；

(4) $\int_{-1}^{1} e^x x\delta'(x)dx$。

8. 设有一电量为 q 的点电荷，置于 x 轴上的 x_0 点，试求点电荷沿 x 轴的分布密度 $\rho(x)$。

9. 设$\mathcal{F}[f(x)]=G(\omega)$，$G^{(m)}(\omega)|_{\omega\to\pm\infty}=0$，$m=0,1,\cdots,n-1$，试证明像函数微分性质

$$\mathcal{F}[(-ix)^n f(x)]=G^{(n)}(\omega),n=1,2,\cdots$$

10. 试用傅里叶变换的方法，求解量子力学中的艾里方程：

$$u''(\xi)-\xi\cdot u(\xi)=0$$

11. 设$\mathcal{F}[f_1(x)]=G_1(\omega)$，$\mathcal{F}[f_2(x)]=G_2(\omega)$，$\mathcal{F}[f(x)]=G(\omega)$。试证明乘积定理

$$\int_{-\infty}^{\infty} f_1(x)f_2(x)dx=\int_{-\infty}^{\infty} G_1^*(\omega)G_2(\omega)d\omega=\int_{-\infty}^{\infty} G_1(\omega)G_2^*(\omega)d\omega$$

和能量积分，即帕塞瓦尔等式：

$$\int_{-\infty}^{\infty}[f(x)]^2dx=\int_{-\infty}^{\infty}|F(\omega)|^2d\omega$$

其中，$G_1^*(\omega)$，$G_2^*(\omega)$分别为 $G_1(\omega)$，$G_2(\omega)$的共轭复数。

12. 试用傅里叶变换法求解上半平面狄氏问题

$$\begin{cases}\Delta u=0,y>0 \\ u|_{y=0}=f(x) \\ \lim\limits_{(x^2+y)\to 0} u=0\end{cases}$$

13. 试用傅里叶变换法求解热传导方程的初值问题：

$$\begin{cases}u_t=a^2u_{xx}, & -\infty<x<\infty,t>0 \\ u|_{t=0}=\cos x\end{cases}$$

14. 试用傅里叶变换法求解无界弦的强迫振动：

$$\begin{cases} u_{tt}=a^2u_{xx}+f(x,t) & -\infty<x<\infty \\ u|_{t=0}=\varphi(x) \\ u_t|_{t=0}=\psi(x) \end{cases}$$

15. 用傅里叶变换法求解无限长梁在初始条件下的自由振动问题：

$$\begin{cases} u_{tt}+a^2u_{xxxx}=0 & -\infty<x<\infty \\ u(x,0)=\varphi(x) \\ u_t(x,0)=a\psi''(x) \end{cases}$$

16. 使用傅里叶变换求弦振动方程：

$$\begin{cases} u_{tt}=a^2u_{xx} & -\infty<x<\infty,t>0 \\ u(x,0)=\varphi(x) \\ u_t(x,0)=\psi(x) \end{cases}$$

第 9 章　拉普拉斯变换

由于傅里叶变换必须在整个实轴上有定义，要求所出现的函数必须在$(-\infty,\infty)$内满足绝对可积这个条件。因此，常数、多项式及三角函数等函数都不能进行傅里叶变换。另一方面，傅里叶变换还要求进行积分变换的函数在无穷区间$(-\infty,\infty)$有定义，但很多问题当 $t<0$ 时 $f(t)$ 无意义，或不需要考虑，那么就不能对变量进行傅里叶变换。故傅里叶变换有局限性，即

拉普拉斯

$$\begin{cases} f(x)\ 在(-\infty,\infty)有意义 \\ f(x)\ 在(-\infty,\infty)可积分 \end{cases}$$

为克服上述问题，引入拉普拉斯变换，简称为拉氏变换。

① 通过阶跃函数 $H(t)$，使 $f(t)$ 在 $t<0$ 时的部分为零；

② $f(t)$ 在 $t>0$ 时加入一个衰减项 $e^{-\beta t}$；

③ 构造 $f(t)e^{-\beta t}H(t)$，满足傅里叶变换要求。

$$\mathcal{F}[f(t)e^{-\beta t}H(t)]=\int_{-\infty}^{\infty}f(t)e^{-\beta t}H(t)e^{-i\omega t}\,dt=\int_{0}^{\infty}f(t)e^{-(\beta+i\omega)t}\,dt \tag{9.1}$$

令 $p=\beta+i\omega$，则有

$$\mathcal{F}[f(t)e^{-\beta t}H(t)]=\int_{0}^{\infty}f(t)e^{-(\beta+i\omega)t}\,dt=F(p) \tag{9.2}$$

式(9.2)即为函数 $f(t)$ 的拉普拉斯变换。

9.1　拉普拉斯变换的定义

对于函数 $f(t)$，当 $t>0$ 时有定义，且 $\int_0^{\infty}f(t)e^{-pt}\,dt$（$p=\beta+i\omega$，$\beta$、$\omega$ 为实数）在 p 的某一区域内收敛。

$$F(p)=\int_0^{\infty}f(t)e^{-pt}\,dt \tag{9.3}$$

称为 $f(t)$ 的拉普拉斯变换，记为 $\mathcal{L}[f(t)]=F(p)$，$F(p)$ 为 $f(t)$ 的**像函数**，拉普拉斯逆变换记为 $\mathcal{L}^{-1}[F(p)]=f(t)$：

$$\mathcal{L}^{-1}[F(p)]=f(t)=\frac{1}{2\pi i}\cdot\int_{\beta-i\infty}^{\beta+i\infty}F(p)e^{pt}\,dp$$

称 $f(t)$ 为 $F(p)$ 的**像原函数**，则有

$$\mathcal{L}\mathcal{L}^{-1}=1,\quad \mathcal{L}^{-1}\mathcal{L}=1$$
$$\mathcal{L}^{-1}\mathcal{L}[f(t)]=f(t),\quad \mathcal{L}\mathcal{L}^{-1}[F(p)]=F(p) \tag{9.4}$$

9.2　拉普拉斯变换的存在条件

若 $f(t)$ 满足下列条件：

① 当 $t<0$ 时，$f(t)=0$；当 $t\geqslant 0$ 时，分段连续。

② 当 $t\to\infty$ 时，$f(t)$ 的增长速度不超过某一指数函数。

即：$|f(t)|\leqslant M\mathrm{e}^{\beta_0 t}$，其中 M、β_0 为实数，则称 $f(t)$ 的增长为指数级，β_0 为增长指数。那么，$f(t)$ 的拉普拉斯变换为

$$F(p)=\int_0^\infty f(t)\mathrm{e}^{-pt}\mathrm{d}t$$

$F(p)$ 在右半平面 $\mathrm{Re}p>\beta_0$ 内存在，且 $F(p)$ 在 $\mathrm{Re}p>\beta_0$ 内是解析函数。

例 1 求 $\delta(t)$ 函数的拉普拉斯变换。

解：由于积分区间过 0 点，因此

$$\int_0^\infty \delta(t)\mathrm{e}^{-pt}\mathrm{d}t=1$$

例 2 $f(t)=t^\alpha$，$\alpha>-1$ 的实数，求 $f(t)$ 的拉普拉斯变换。

解：

$$\mathcal{L}[t^\alpha]=\int_0^\infty t^\alpha\mathrm{e}^{-pt}\mathrm{d}t=\frac{1}{p^{\alpha+1}}\int_0^\infty (pt)^\alpha\mathrm{e}^{-pt}\mathrm{d}(pt)=\frac{\mathcal{L}(\alpha+1)}{p^{\alpha+1}},\mathrm{Re}p>0 \tag{9.5}$$

其中，$\mathcal{T}$ **函数**定义为

$$\mathcal{T}(x)=\int_0^\infty \mathrm{e}^{-t}t^{x-1}\mathrm{d}t,\quad x>0$$

或

$$\mathcal{T}(z)=\int_0^\infty \mathrm{e}^{-t}t^{z-1}\mathrm{d}t,\quad \mathrm{Re}z>0$$

$\mathcal{T}$ 函数又称为第二欧拉积分。$\mathcal{T}$ 函数为**半纯函数**，即在有限区域内，除极点外别无其他奇点的函数。

特别地，取 $\alpha=-\dfrac{1}{2}$，则式(9.5)变为

$$\mathcal{L}[t^{-\frac{1}{2}}]=\frac{1}{\sqrt{p}}\mathcal{T}\left(\frac{1}{2}\right)=\frac{1}{\sqrt{p}}$$

若取 $\alpha=m\ (m=1,2,\cdots)$，则得

$$\mathcal{L}[t^m]=\frac{m!}{p^{m+1}}(\mathrm{Re}p>0) \tag{9.6}$$

$$\mathcal{L}^{-1}\left[\frac{1}{p^{m+1}}\right]=\frac{t^m}{m!}(\mathrm{Re}p>0) \tag{9.7}$$

典型结果如下：

$$\mathcal{L}[t]=\frac{1}{p^2} \tag{9.8}$$

$$\mathcal{L}^{-1}\left[\frac{1}{p}\right]=1 \tag{9.9}$$

$$\mathcal{L}^{-1}\left[\frac{1}{p^2}\right]=t \tag{9.10}$$

例 3 $f(t)=\mathrm{e}^{\alpha t}$（$\alpha$ 为复数），求 $\mathcal{L}[\mathrm{e}^{\alpha t}]$ 的解。

解:

$$\mathcal{L}[e^{\alpha t}]=\int_0^{\infty} e^{\alpha t}\cdot e^{-pt}\,dt=\int_0^{\infty} e^{-(p-\alpha)t}\,dt=\frac{1}{p-\alpha}\quad \mathrm{Re}\,p>\mathrm{Re}\,\alpha \tag{9.11}$$

若 $\alpha=0$,则

$$\mathcal{L}[1]=\frac{1}{p} \tag{9.12}$$

$$\mathcal{L}^{-1}\left[\frac{1}{p}\right]=H(t) \tag{9.13}$$

$$\mathcal{L}[H(t)]=\int_0^{\infty} e^{-pt}\,dt=\frac{1}{p}\quad \mathrm{Re}\,p>0 \tag{9.14}$$

例 4　求$\mathcal{L}[\sin at]$,$\mathcal{L}[\cos at]$,其中 a 为实数。

解:

$$\begin{aligned}\mathcal{L}[\sin at]&=\int_0^{\infty}\sin at\cdot e^{-pt}\,dt\\&=\int_0^{\infty}\frac{1}{2i}(e^{iat}-e^{-iat})e^{-pt}\,dt\\&=\frac{1}{2i}\int_0^{\infty}[e^{-(p-ia)t}-e^{-(p+ia)t}]\,dt\\&=\frac{1}{2i}\left(\frac{1}{p-ia}-\frac{1}{p+ia}\right)\\&=\frac{a}{p^2+a^2}\quad(\mathrm{Re}p>0)\end{aligned} \tag{9.15}$$

$$\begin{aligned}\mathcal{L}[\cos at]&=\int_0^{\infty}\cos at\cdot e^{-pt}\,dt\\&=\int_0^{\infty}\frac{1}{2}[e^{iat}+e^{-iat}]e^{-pt}\,dt\\&=\frac{1}{2}\int_0^{\infty}[e^{-(p-ia)t}+e^{-(p+ia)t}]\,dt\\&=\frac{1}{2}\left(\frac{1}{p-ia}+\frac{1}{p+ia}\right)\\&=\frac{p}{p^2+a^2}\quad(\mathrm{Re}p>0)\end{aligned} \tag{9.16}$$

9.3　拉普拉斯变换的性质

设$\mathcal{L}[f(t)]=F(p)$。

① 线性性质。

$$\mathcal{L}[\alpha f_1(t)+\beta f_2(t)]=\alpha\,\mathcal{L}[f_1(t)]+\beta\,\mathcal{L}[f_2(t)] \tag{9.17}$$

其中,α_1、α_2 为常数。

② 延迟性质。设 $t>0$,则

$$\mathcal{L}[e^{p_0 t}f(t)]=F(p-p_0) \tag{9.18}$$

证明：

$$\int_0^{\infty} e^{p_0 t} f(t) e^{-pt} dt = \int_0^{\infty} f(t) e^{-(p-p_0)t} dt = F(p-p_0)$$

例 5 求 $e^{-\alpha t}\sin \omega t$ 和 $e^{-\alpha t}\cos \omega t$ 的拉普拉斯变换。

解：由式(9.15)和式(9.16)的结果，可得

$$\mathcal{L}[e^{-\alpha t}\sin \omega t] = \frac{\omega}{(p+\alpha)^2+\omega^2}$$

$$\mathcal{L}[e^{-\alpha t}\cos \omega t] = \frac{p+\alpha}{(p+\alpha)^2+\omega^2}$$

③ 位移性质。对于任一非负实数 t_0，有

$$\mathcal{L}[f(t-t_0)] = e^{-pt_0} F(p) \tag{9.19}$$

证明：

$$\begin{aligned}\mathcal{L}[f(t-t_0)] &= \int_0^{\infty} f(t-t_0) e^{-pt} dt \\ &= e^{-pt_0}\int_0^{\infty} f(t-t_0) e^{-p(t-t_0)} d(t-t_0) \\ &= e^{-pt_0}\int_0^{\infty} f(t') e^{-pt'} dt' \\ &= e^{-pt_0} F(p)\end{aligned}$$

④ 相似性质。设 $a>0$，$\mathcal{L}[f(t)]=F(p)$，则

$$\mathcal{L}[f(at)] = \frac{1}{a}\cdot F\left[\frac{p}{a}\right] \tag{9.20}$$

⑤ 微分性质。

a.

$$\begin{cases}\mathcal{L}[f'(t)] = p\,\mathcal{L}[f(t)] - f(0) \\ \mathcal{L}[f''(t)] = p^2\,\mathcal{L}[f(t)] - pf(0) - f'(0) \\ \quad\cdots\cdots \\ \mathcal{L}[f^{(n)}(t)] = p^n\,\mathcal{L}[f(t)] - p^{(n-1)} f(0) - p^{(n-2)} f'(0) - \cdots - f^{(n-1)}(0)\end{cases} \tag{9.21}$$

其中，$f(0)$是 $f(t)$在 $t=0$ 时的值。当 $f(0)=f'(0)=\cdots=f^{(n-1)}(0)=0$ 时，

$$\mathcal{L}[f^{(n)}(t)] = p^n\,\mathcal{L}[f(t)] = p^n F(p)$$

b. 像函数导数的拉普拉斯逆变换：

$$\mathcal{L}^{-1}[F'(p)] = (-t)f(t) \tag{9.22}$$

证明：

$$\begin{aligned}F'(p) &= \frac{d}{dp}\left[\int_0^{\infty} f(t) e^{-pt} dt\right] \\ &= \int_0^{\infty} (-t) f(t) e^{-pt} dt \\ &= \mathcal{L}[(-t)f(t)]\end{aligned}$$

进而可有

$$\begin{aligned}
\mathcal{L}^{-1}[F'(p)] &= (-t)f(t) \\
\mathcal{L}^{-1}[F^{(n)}(p)] &= (-t)^n f(t) \\
\mathcal{L}[tf(t)] &= -F'(p) \\
\mathcal{L}[t^n f(t)] &= (-1)^n F^{(n)}(p)
\end{aligned} \tag{9.23}$$

例 6　求 $f(t)=t\sin\omega t$ 的拉普拉斯变换。

解：

$$\mathcal{L}[\sin\omega t]=\frac{\omega}{p^2+\omega^2}$$

根据微分性质，有

$$\mathcal{L}[t\sin\omega t]=-\frac{\mathrm{d}}{\mathrm{d}p}\left(\frac{\omega}{p^2+\omega^2}\right)=\frac{2\omega p}{(p^2+\omega^2)^2}$$

⑥ 积分性质。

a. 原函数的积分性质：

$$\mathcal{L}\left[\int_0^t f(\tau)\mathrm{d}\tau\right]=\frac{1}{p}\mathcal{L}[f(t)]=\frac{1}{p}F(p) \tag{9.24}$$

b. 像函数积分的拉普拉斯逆变换：

$$\mathcal{L}^{-1}\left[\int_p^{\infty} F(p)\mathrm{d}p\right]=\frac{f(t)}{t} \tag{9.25}$$

若 $p=0$，则

$$\int_0^{\infty}\frac{f(t)}{t}\mathrm{d}t=\int_0^{\infty}F(p)\mathrm{d}p \tag{9.26}$$

例 7　求 $f(t)=\dfrac{\sin t}{t}$ 的拉普拉斯变换。

解：

$$\mathcal{L}[\sin t]=\frac{1}{p^2+1}$$

$$\mathcal{L}\left[\frac{\sin t}{t}\right]=\int_0^{\infty}\frac{1}{p^2+1}\mathrm{d}p=\operatorname{arccot}p$$

$$\int_0^{\infty}\frac{\sin t}{t}\mathrm{e}^{-pt}\mathrm{d}t=\operatorname{arccot}p$$

若令 $p=0$，则

$$\int_0^{\infty}\frac{\sin t}{t}\mathrm{d}t=\frac{\pi}{2}$$

⑦ 卷积定义及卷积定理。

a. 卷积定义：

$$[f_1(t)H(t)]*[f_2(t)H(t)]=\int_{-\infty}^{\infty}f_1(\tau)H(\tau)f_2(t-\tau)H(t-\tau)\mathrm{d}\tau$$

且当 $t>0, t-\tau>0$ 时，有

$$f_1(t)*f_2(t)=\int_0^t f_1(\tau)f_2(t-\tau)\mathrm{d}\tau\ (t\geqslant 0) \tag{9.27}$$

例 8　求 $f_1(t)=t, f_2(t)=\sin t$ 的卷积。

解:

$$\begin{aligned} f_1(t) * f_2(t) = t * \sin t &= \int_0^t f_1(\tau) f_2(t-\tau)\mathrm{d}\tau \\ &= \int_0^t t\sin(t-\tau)\mathrm{d}\tau \\ &= -\tau\cos\tau\Big|_0^t - \int_0^t \tau\sin\tau\mathrm{d}\tau \\ &= t - \sin t \end{aligned}$$

例 9 求 $f(t)=\cos at$ 自身的卷积，a 为实数。

解:

$$\begin{aligned} f_1(t) * f_2(t) &= \cos at * \cos at \\ &= \int_0^t f_1(\tau) f_2(t-\tau)\mathrm{d}\tau \\ &= \int_0^t \cos a\tau\cos a(t-\tau)\mathrm{d}\tau \\ &= \frac{1}{2}\int_0^t [\cos at + \cos a(2\tau - t)]\mathrm{d}\tau \\ &= \frac{1}{2}\int_0^t \cos at\mathrm{d}\tau + \frac{1}{4a}\int_0^t \cos a(2\tau-t)\mathrm{d}[a(2\tau-t)] \\ &= \frac{1}{2}t\cos at + \frac{1}{2a}\sin at \end{aligned}$$

上述推导过程中利用了 $\cos\alpha\cdot\cos\beta=\frac{1}{2}[\cos(\alpha+\beta)+\cos(\alpha-\beta)]$。

b. 卷积定理：

$$\mathcal{L}[f_1(t) * f_2(t)] = F_1(p)\cdot F_2(p) \tag{9.28}$$

例 10 求 $F(p)=\dfrac{1}{p^2(1+p^2)}$ 的拉普拉斯逆变换。

解:

$$\mathcal{L}^{-1}\left[\frac{1}{p^2(1+p^2)}\right] = \mathcal{L}^{-1}\left[\frac{1}{p^2}\cdot\frac{1}{1+p^2}\right] = \mathcal{L}^{-1}\left[\frac{1}{p^2}\right] * \mathcal{L}^{-1}\left[\frac{1}{1+p^2}\right] = t * \sin t = t - \sin t$$

9.4 拉普拉斯变换解微分方程初值问题

9.4.1 拉普拉斯变换求常微分方程初值问题

例 11 求解常微分方程

$$\begin{cases} T''_n(t) + \left(\dfrac{n\pi a}{l}\right)^2 \cdot T_n(t) = f_n(t) \\ T_n(0) = 0 \\ T'_n(0) = 0 \end{cases}$$

解: 对方程两边同时取拉普拉斯变换，由微分性质有

$$L[T''_n(t)] = p^2 L[T_n(t)] - pT_n(0) - T'_n(0)$$

令$\mathcal{L}[T_n(t)] = \tilde{T}(p)$，$\mathcal{L}[f_n(t)] = F(p)$，则方程可表示为

$$p^2\tilde{T}(p) - pT_n(0) - T'_n(0) + \left(\frac{n\pi a}{l}\right)^2 \tilde{T}(p) = F(p)$$

将 $T_n(0)=0$，$T'_n(0)=0$ 代入其中，得

$$p^2\tilde{T}(p) + \left(\frac{n\pi a}{l}\right)^2 \tilde{T}(p) = F(p)$$

整理可得

$$\tilde{T}(p) = F(p) \cdot \frac{1}{p^2 + \left(\frac{n\pi a}{l}\right)^2}$$

又因为$\dfrac{a}{p^2+a^2} = \mathcal{L}[\sin at]$，从而可得

$$\frac{1}{p^2 + \left(\frac{n\pi a}{l}\right)^2} = \frac{l}{n\pi a}\mathcal{L}\left(\sin\frac{n\pi a}{l}t\right), \quad \mathrm{Re}p > 0$$

因此有

$$\tilde{T}(p) = F(p) \cdot \frac{l}{n\pi a}\mathcal{L}\left(\sin\frac{n\pi a}{l}t\right)$$

再进行拉普拉斯逆变换，可得

$$\begin{aligned} T_n(t) &= \mathcal{L}^{-1}[\tilde{T}(p)] \\ &= \frac{l}{n\pi a}\mathcal{L}^{-1}\left[F(p) \cdot \frac{l}{n\pi a}\mathcal{L}\left(\sin\frac{n\pi a}{l}t\right)\right] \\ &= \frac{l}{n\pi a}\mathcal{L}^{-1}[F(p)] * \mathcal{L}^{-1}\left[\mathcal{L}\left(\sin\frac{n\pi a}{l}t\right)\right] \\ &= \frac{l}{n\pi a} \cdot f_n(t) * \sin\frac{n\pi a}{l}t \\ &= \frac{l}{n\pi a}\int_0^t f_n(\tau)\sin\frac{n\pi a}{l}(t-\tau)\mathrm{d}\tau \end{aligned}$$

例 12 求解

$$\begin{cases} \dfrac{\mathrm{d}^2 y(t)}{\mathrm{d}t^2} + \lambda y(t) = 0 \quad t > 0 \\ y(0) = \varphi \\ y'(0) = \psi \end{cases}$$

其中，λ 为实常数。

解：将方程进行拉氏变换

$$\mathcal{L}\left[\frac{\mathrm{d}^2 y}{\mathrm{d}t^2} + \lambda y(t)\right] = p^2 Y(p) - py(0) - y'(0) + \lambda Y(p) = 0$$

将 $y(0)=\varphi$ 和 $y'(0)=\psi$ 代入其中，可得

$$p^2 Y(p) - p\varphi - \psi + \lambda Y(p) = 0$$

整理得

$$Y(p)=\frac{p\varphi+\psi}{p^2+\lambda}$$

下面分别讨论：

① $\lambda=0$，

$$Y(p)=\frac{p\varphi+\psi}{p^2}$$

$$y(t)=\mathcal{L}^{-1}[Y(p)]=\varphi+\psi t$$

② $\lambda>0, \lambda=a^2, a=\sqrt{\lambda}$，

$$Y(p)=\frac{p\varphi+\psi}{p^2+a^2}=\varphi\frac{p}{p^2+a^2}+\frac{\psi a}{a(p^2+a^2)}$$

$$y(t)=\mathcal{L}^{-1}[Y(p)]=\varphi\cos at+\frac{\psi}{a}\sin at$$

③ $\lambda<0, \lambda=-k^2, k=\sqrt{-\lambda}$，

$$Y(p)=\frac{p\varphi+\psi}{p^2-(\sqrt{-\lambda})^2}=\frac{p\varphi+\psi}{p^2-k^2}=\frac{\varphi}{2}\left(\frac{1}{p-k}+\frac{1}{p+k}\right)+\frac{\psi}{2k}\left(\frac{1}{p-k}-\frac{1}{p+k}\right)$$

$$y(t)=\mathcal{L}^{-1}[Y(p)]=\frac{\varphi}{2}(e^{kt}+e^{-kt})+\frac{\psi}{2k}(e^{kt}-e^{-kt})$$

9.4.2 拉普拉斯变换求偏微分方程

例 13 求解半无界弦的振动问题

$$\begin{cases}u_{tt}=a^2u_{xx}, & 0<x<\infty \quad t>0\\ u(0,t)=f(t), & \lim\limits_{x\to\infty}u(x,t)=0 \quad t\geqslant 0\\ u(x,0)=0, & u_t(x,0)=0 \quad 0\leqslant x\leqslant\infty\end{cases}$$

解：① 对方程两边做拉氏变换，假设 x 为参数，对 t 进行积分，则

$$U(x,p)=\mathcal{L}[u(x,t)]=\int_0^{\infty}u(x,t)e^{-pt}\,dt$$

利用微分性质写出$\mathcal{L}[u_{tt}]$：

$$p^2U(x,p)-pu(x,0)-u_t(x,0)=a^2\,\mathcal{L}[u_{xx}]$$

其中，等式右侧的$\mathcal{L}[u_{xx}]$为

$$\mathcal{L}[u_{xx}]=\int_0^{\infty}\frac{d^2u(x,t)}{dx^2}e^{-pt}\,dt=\frac{d^2}{dx^2}\int_0^{\infty}u(x,t)e^{-pt}\,dt=\frac{d^2}{dx^2}\mathcal{L}[u(x,t)]=\frac{d^2U(x,p)}{dx^2}$$

将 $u(x,0)=0, u_t(x,0)=0$ 代入其中，可得

$$\frac{d^2U}{dx^2}-\frac{p^2}{a^2}U=0 \tag{9-29}$$

② 对边界条件做拉普拉斯变换：

$$\mathcal{L}[u(0,t)]=U(0,p)=\mathcal{L}[f(t)]=F(p)$$

$$\lim_{x\to\infty}\mathcal{L}[u(x,t)]=\lim_{x\to\infty}U(x,p)=0$$

方程(9-29)的通解为

$$U(x,p)=c_1(p)\mathrm{e}^{-\frac{px}{a}}+c_2(p)\mathrm{e}^{+\frac{px}{a}}$$

将其代入边界条件，有

$$U(0,p)=c_1(p)+c_2(p)=F(p)$$

$$\lim_{x\to\infty}U(x,p)=\frac{c_1(p)}{\mathrm{e}^{\frac{px}{a}}}+c_2(p)\mathrm{e}^{\frac{px}{a}}=0$$

进而推导出

$$c_2(p)=0 \quad c_1(p)=F(p)$$

则

$$u(x,t)=\mathcal{L}^{-1}[U(x,p)]=\mathcal{L}^{-1}[F(p)\mathrm{e}^{-\frac{px}{a}}]$$

根据位移定理$\mathcal{L}[f(t-t_0)]=\mathrm{e}^{-pt_0}\mathcal{L}[f(t)]=\mathrm{e}^{-pt_0}F(p)$，可推导出

$$F(p)\mathrm{e}^{\frac{-px}{a}}=\mathcal{L}\left[f\left(t-\frac{x}{a}\right)\right]$$

将其代回 $u(x,t)=\mathcal{L}[F(p)\mathrm{e}^{-\frac{px}{a}}]$，可得

$$u(x,t)=\mathcal{L}^{-1}\left\{\mathcal{L}\left[f\left(t-\frac{x}{a}\right)\right]\right\}=\begin{cases}0 & t<\dfrac{x}{a}\\ f\left(t-\dfrac{x}{a}\right) & t\geqslant\dfrac{x}{a}\end{cases}$$

习 题

1. 求下列函数的拉普拉斯变换。

(1) $f(t)=\mathrm{e}^{-2t}$； (2) $f(t)=t^2+t\mathrm{e}^t$； (3) $f(t)=t\cos at+t\sin at$；

(4) $f(t)=\mathrm{e}^{-2t}\sin 6t-5\mathrm{e}^{-2t}$； (5) $f(t)=t^n\mathrm{e}^a-t^{n-1}$。

2. 利用性质或者查表法求下列函数的拉普拉斯变换。

(1) $\dfrac{p+8}{p^2+4p+5}$； (2) $\dfrac{p}{(p^2+a^2)^2}$，$a>0$。

3. 试用反演公式(或展开定理)求下列函数的拉普拉斯变换。

(1) $F(p)=\dfrac{1}{p(p+a)(p+b)}$； (2) $F(p)=\dfrac{1}{(p^2+2p+2)^2}$。

4. 试用拉普拉斯变换法解下列常微分方程及方程组。

(1) $\begin{cases}y'-y=-3\mathrm{e}^{-2t}\\ y(0)=2\end{cases}$； (2) $\begin{cases}y''+4y'+3y=\mathrm{e}^{-t}\\ y(0)=y'(0)=2\end{cases}$； (3) $\begin{cases}y'''-2y''+y'=4\\ y(0)=1,y'(0)=2,y''(0)=-2\end{cases}$；

(4) $\begin{cases}y'-2z'=f(t)\\ y''-z''+z=0\end{cases}$，其中$\begin{cases}y(0)=y'(0)=0\\ z(0)=z'(0)=0\end{cases}$。

5. 求解弹簧振子的受迫振动问题：

$$\begin{cases}m\ddot{x}(t)+kx(t)=f(t)\\ x(0)=0,\quad \dot{x}(0)=0\end{cases}$$

6. 求解下列直流电源的 RLC 电路方程的初值问题。

$$\begin{cases} Li'(t)+Ri(t)+\dfrac{1}{C}\displaystyle\int_0^t i(\tau)\mathrm{d}\tau=E_0 \\ i(0)=\dfrac{E_0}{L} \end{cases}$$

7. 若 $F(p)=\mathcal{L}[f(t)]$，试证明像函数的微分性质：

$$\mathcal{L}[(-t)^n f(t)]=f^{(n)}(p)$$

8. 若 $F(p)=\mathcal{L}[f(t)]$，且 $\int_p^{\infty}F(\xi)\mathrm{d}\xi(\mathrm{Re}p>\beta_0)$ 收敛，试证明像函数积分性质：

$$\mathcal{L}\left[\frac{f(t)}{t}\right]=\int_p^{\infty}F(p)\mathrm{d}p$$

9. 使用拉氏变换法求解下列常微分方程。

$$\begin{cases} T''_n(t)+\left(\dfrac{n\pi a}{l}\right)^2 T_n(t)=f_n(t) \\ T_n(0)=0 \\ T'_n(0)=0 \end{cases}$$

第 10 章　分离变量法

分离变量法是求解数学物理方程的重要方法之一。在求解偏微分方程过程中，由于方程中的变量不止一个，这对于直接求解通解而言，较为困难。若能够将各个自变量通过一定的手段分离出来，得到相应变量所对应的常微分方程，便能够将每一个只含有一个自变量的方程求解而得到特解，再进行合并得到原方程的特解，最后通过所有特解的线性叠加得到原方程的通解。

下面根据方程与边界条件的类型将所讨论的问题分为以下几种情况，并介绍每种情况下分离变量的求解过程。首先将方程分为齐次方程与非齐次方程两种来讨论，将边界条件按照相应的种类进行划分。同时为了方便学习，列举四种常见问题所对应的形式上的通解。

① 第一类齐次边界条件下的波动方程，通解为

$$u(x,t)=\sum_{n=1}^{\infty}\left[A_n\cos\frac{n\pi a}{l}t+B_n\sin\frac{n\pi a}{l}t\right]\sin\frac{n\pi}{l}x$$

② 第二类齐次边界条件下的波动方程，通解为

$$u(x,t)=A_0+B_0t+\sum_{n=1}^{\infty}\left[A_n\cos\frac{n\pi a}{l}t+B_n\sin\frac{n\pi a}{l}t\right]\cos\frac{n\pi}{l}x$$

③ 第一类齐次边界条件下的扩散方程，通解为

$$u(x,t)=\sum_{n=1}^{\infty}A_n\exp\left(-\frac{n^2\pi^2a^2}{l^2}t\right)\sin\frac{n\pi}{l}x$$

④ 第二类齐次边界条件下的扩散方程，通解为

$$u(x,t)=\sum_{n=0}^{\infty}A_n\exp\left(-\frac{n^2\pi^2a^2}{l^2}t\right)\cos\frac{n\pi}{l}x$$

后续内容将对上述方程的求解过程进行详细介绍。

10.1　第一类边界条件下的波动方程

10.1.1　分离变量法

分离变量法的主要思路是将函数的空间与时间自变量拆分成两个变量的乘积，从而将两个变量的函数方程单独求解，进而再次合为原函数。为具体说明该方法的求解过程，下面以弦的自由振动问题为例进行详细讨论。

讨论一条长为 l，两端固定的弦的自由振动问题。首先用变量 u 描述弦在垂直于长度方向的位移。显然 u 是空间位置 x 与时间 t 的函数。u 满足的波动方程为

$$\frac{\partial^2u(x,t)}{\partial t^2}=a^2\frac{\partial^2u(x,t)}{\partial x^2}\quad 0<x<l,\quad t>0\tag{10.1}$$

或简写为

$$u_{tt}=a^2u_{xx} \quad 0<x<l,\quad t>0 \tag{10.2}$$

第一类齐次边界条件描述为

$$u(0,t)=0 \text{ 与 } u(l,t)=0 \tag{10.3}$$

或简写为

$$u\big|_{x=0}=0 \text{ 与 } u\big|_{x=l}=0 \tag{10.4}$$

初始条件描述为

$$u\big|_{t=0}=\varphi(x) \text{ 与 } u_t\big|_{t=0}=\psi(x) \tag{10.5}$$

在进行分类变量求解前，首先引用一个物理模型来描述真实的物理过程。在波动问题中，两列振幅相同，且满足干涉条件的相反方向传播的波相遇后，将在交叠区域形成驻波。在物理学中，两列相反方向传播的波函数可以描述为

$$y_1=A\cos\left(\frac{2\pi}{T}t+\frac{2\pi}{\lambda}x+\varphi\right)=A\cos\alpha \tag{10.6}$$

$$y_2=A\cos\left(\frac{2\pi}{T}t-\frac{2\pi}{\lambda}x+\varphi\right)=A\cos\beta \tag{10.7}$$

其中，T 代表周期，λ 代表波长，A 代表振幅，φ 代表初相位。合成驻波的叠加结果如下：

$$\begin{aligned}y=y_1+y_2&=2A\cos\left(\frac{\alpha+\beta}{2}\right)\cos\left(\frac{\alpha-\beta}{2}\right)\\&=2A\cos\left(\frac{2\pi}{T}t+\varphi\right)\cos\left(\frac{2\pi}{\lambda}x\right)\end{aligned} \tag{10.8}$$

从驻波的形式可以看出，空间与时间变量已经分开成为两项。这刚好符合分离变量法的主要思路，从而可以说明分离变量法是有据可循的。对比描述两端固定弦的自由振动，将纵向位移 $u(x,t)$ 直接表达为两个变量的乘积：

$$u(x,t)=X(x)T(t) \tag{10.9}$$

其中，$X(x)$ 代表空间位置函数，其自变量为 x；$T(t)$ 代表时间函数，其自变量为 t。

将式(10.9)代入方程(10.1)可得

$$X(x)T''(t)=a^2T(t)X''(x) \tag{10.10}$$

将时间函数与空间函数表达在等号两端，即

$$\frac{T''(t)}{a^2T(t)}=\frac{X''(x)}{X(x)} \tag{10.11}$$

式(10.11)的等号左边为时间 t 的函数，右边是空间位置 x 的函数。两个函数均是独立变量，相互间要想等式成立，唯有等号两端均为常数。

令该常数为 μ，则有

$$\frac{T''(t)}{a^2T(t)}=\frac{X''(x)}{X(x)}=\mu \tag{10.12}$$

因此可得

$$X''(x)-\mu X(x)=0 \tag{10.13}$$

$$T''(t)-a^2\mu T(t)=0 \tag{10.14}$$

从而求解偏微分方程(10.1)的问题便简化为求解两个常系数微分方程(10.13)与(10.14)。

边界条件

根据边界条件(10.4)限定方程的解。将 $x=0$ 和 $x=l$ 代入式(10.9)可得

$$X(0)T(t)=0 \tag{10.15}$$

$$X(l)T(t)=0 \tag{10.16}$$

由于 $T(t)$是以 t 为变量的函数,其不能恒为零。因此只能有

$$X(0)=0 \tag{10.17}$$

$$X(l)=0 \tag{10.18}$$

可以看出,原波动方程的边界条件已经转变为常微分方程(10.13)的边界条件。

初始条件

将式(10.9)代入初始条件(10.5),可得

$$X(x)T(0)=\varphi(x) \tag{10.19}$$

$$X(x)T'(0)=\psi(x) \tag{10.20}$$

根据初始条件(10.19)与(10.20)可以看出,要想得到 $T(0)$与 $T'(0)$,须先求解 $X(x)$。

下面对 $X(x)$的常微分方程求解进行详细介绍。这一类问题被称为本征值问题。

10.1.2　第一类边界条件下的本征值问题

描述空间变化的常微分方程(10.13)在第一类边界条件下的问题称为本征值问题,相应的求解过程如下。

首先描述对应的方程和边界条件:

$$\begin{cases} X''(x)-\mu X(x)=0 \\ X(0)=0 \\ X(l)=0 \end{cases} \tag{10.21}$$

其中,常数 μ 不能任意取值,将这些特定的 μ 值称为**本征值**。相应于不同的 μ,方程的非零解称为**本征函数**。

下面详细讨论 μ 的取值。

① 若 $\mu=0$,则上述本征值问题的解为

$$X(x)=C_1x+C_2$$

其中,C_1 和 C_2 为任意常数(以下均同),将其代入边界条件式(10.17)中,解得 $C_1=0$,$C_2=0$,于是

$$X(x)\equiv 0$$

可见,μ 不能为零。

② 若 $\mu>0$,则上述本征值问题的解为

$$X(x)=C_1\mathrm{e}^{\sqrt{\mu}x}+C_2\mathrm{e}^{-\sqrt{\mu}x} \tag{10.22}$$

将其代入边界条件(10.17),可得

$$C_1+C_2=0 \tag{10.23}$$

$$C_1\mathrm{e}^{\sqrt{\mu}l}+C_2\mathrm{e}^{-\sqrt{\mu}l}=0 \tag{10.24}$$

联立式(10.23)与式(10.24)求解可得系数 C_1、C_2 均为零,从而可得

$$X(x)\equiv 0$$

可见,μ 也不能大于零。

③ 若 $\mu<0$,令 $\mu=-k^2$,k 为实数,则上述本征值问题的解为

$$X(x)=C_1\sin kx+C_2\cos kx \tag{10.25}$$

将其代入边界条件(10.17),可得

$$C_2=0$$

$$C_1\sin kl=0$$

由于 $C_2=0$,因此 C_1 不能为零,否则又将得到零值解,故上述二式成立只可能是

$$\sin kl=0$$

故式(10.21)的本征值为

$$k=\frac{n\pi}{l},\quad n=1,2,\cdots$$

但 n 不能取零,否则 $k=0$,又将得到零值解;且 $\pm n$ 给出的两个解只差一个正负号,即是线性相关的。

综上所述,问题(10.21)的本征值为

$$\mu=-k^2=-\frac{n^2\pi^2}{l^2}\quad n=1,2,\cdots \tag{10.26}$$

其相应的本征函数即方程(10.21)的解为

$$X_n(x)=C_n\sin\frac{n\pi x}{l} \tag{10.27}$$

其中,C_n 为任意常数。

10.1.3 第二类边界条件下的本征值问题

第二类边界条件下的本征值问题如下:

$$\begin{cases}X''(x)-\mu X(x)=0\\X'(0)=0\\X'(l)=0\end{cases} \tag{10.28}$$

下面仍然讨论本征值 μ。

① 若 $\mu=0$,则上述本征值问题的解为

$$X(x)=C_1x+C_2$$

将其代入边界条件(10.17),可得

$$X(x)\equiv C \tag{10.29}$$

② 若 $\mu>0$,则上述本征值问题的解为

$$X(x)=C_1e^{\sqrt{\mu}x}+C_2e^{-\sqrt{\mu}x}$$

将其代入边界条件(10.17),可得

$$C_1\sqrt{\mu}+C_2\sqrt{\mu}=0 \tag{10.30}$$

$$C_1\sqrt{\mu}e^{\sqrt{\mu}l}+C_2\sqrt{\mu}e^{-\sqrt{\mu}l}=0 \tag{10.31}$$

联立式(10.30)和式(10.37)求解可得系数 C_1、C_2 均为零,从而可得

$$X(x)\equiv 0$$

③ 若 $\mu<0$,令 $\mu=-k^2$, k 为实数,则上述本征值问题的解为

$$X(x)=C_1\sin kx+C_2\cos kx$$

将其代入边界条件(10.17),可得

$$C_1=0$$

$$C_2 \sin kl = 0$$

因为 $C_1=0$,所以 $C_2 \neq 0$,只能

$$\sin kl = 0$$

其中,$kl=\pm n\pi, n\neq 0$(正负号结果相同),从而 $k=\frac{n\pi}{l}, n=1,2,\cdots$。

相应的本征值为

$$\mu = -k^2 = -\frac{n^2\pi^2}{l^2}, \quad n=1,2,\cdots$$

考虑到常数也是方程的解,属于 $n=0$ 的情况,因此相应的本征函数为

$$X_n(x) = C_n \cos\frac{n\pi x}{l}, \quad n=0,1,2,\cdots$$

其中,C_n 为任意常数。

10.1.4 混合边界条件下的本征值问题

混合边界条件下的本征值问题如下:

$$\begin{cases} X''(x) - \mu X(x) = 0 \\ X(0) = 0 \\ X'(l) = 0 \end{cases} \tag{10.32}$$

下面仍然讨论本征值 μ。

① 若 $\mu=0$,则上述本征值问题的解为

$$X(x) = C_1 x + C_2$$

将其代入边界条件,可得

$$X(x) \equiv 0$$

② 若 $\mu>0$,则上述本征值问题的解为

$$X(x) = C_1 e^{\sqrt{\mu}x} + C_2 e^{-\sqrt{\mu}x}$$

将其代入边界条件,可得

$$C_1 + C_2 = 0 \tag{10.33}$$

$$C_1\sqrt{\mu}\, e^{\sqrt{\mu}l} - C_2\sqrt{\mu}\, e^{-\sqrt{\mu}l} = 0 \tag{10.34}$$

联立式(10.33)和式(10.34)求解可得系数 C_1、C_2 均为零,从而可得

$$X(x) \equiv 0$$

③ 若 $\mu<0$,令 $\mu=-k^2$,k 为实数,则上述本征值问题的解为

$$X(x) = C_1 \sin kx + C_2 \cos kx$$

将其代入边界条件,可得

$$C_2 = 0$$

$$C_1 \cos kl = 0, \quad C_1 \neq 0$$

因为 $C_1=0$,所以 $C_2\neq 0$,只能

$$\cos kl = 0$$

其中,$kl=\left(n+\frac{1}{2}\right)\pi$(正负号结果相同),从而 $k=\frac{\left(n+\frac{1}{2}\right)\pi}{l}, n=0,1,2,\cdots$

相应的本征值为

$$\mu=-k^2=-\frac{\left(n+\frac{1}{2}\right)^2\pi^2}{l^2},\quad n=0,1,2,\cdots$$

相应的本征函数为

$$X_n(x)=C_n\sin\frac{\left(n+\frac{1}{2}\right)\pi x}{l},\quad n=0,1,2,\cdots$$

其中，C_n 为任意常数。

若混合边界条件下的本征值问题为

$$\begin{cases}X''(x)-\mu X(x)=0\\X'(0)=0\\X(l)=0\end{cases}$$

则可得本征函数为

$$X_n(x)=C_n\cos\frac{\left(n+\frac{1}{2}\right)\pi x}{l},\quad n=0,1,2,\cdots$$

10.1.5 第一类边界条件下的波动方程

根据对于本征值问题的求解，第一类边界条件下，波动问题的空间变量可以描述如下：

$$u_{tt}=a^2u_{xx},\quad 0<x<l,\quad t>0$$
$$u\big|_{x=0}=0$$
$$u\big|_{x=l}=0$$

其中，空间变量为

$$X_n(x)=C_n\sin\frac{n\pi x}{l}\quad n=1,2,\cdots$$

其中，C_n 为任意常数。波动方程对应的时间变量的方程可以表达为

$$T''(t)+\left(\frac{n\pi}{l}\right)^2a^2T(t)=0\tag{10.35}$$

时间方程的通解为

$$T_n(t)=A_n\cos\frac{n\pi a}{l}t+B_n\sin\frac{n\pi a}{l}t,\quad n=1,2,\cdots$$

波动方程定解问题的通解为所有特解的线性组合，即

$$u_n(x,t)=X_n(x)T_n(t)$$

$$u(x,t)=\sum_{n=1}^{\infty}u_n(x,t)=\sum_{n=1}^{\infty}\left[A_n\cos\frac{n\pi a}{l}t+B_n\sin\frac{n\pi a}{l}t\right]\sin\frac{n\pi}{l}x\tag{10.36}$$

相关系数可通过初始条件确定。

例 1 求解波动方程

$$\begin{cases}u_{tt}(x,t)-a^2u_{xx}(x,t)=0\quad 0<x<l,t>0\\u(0,t)=0,\quad u(l,t)=0\\u(x,0)=0,\quad u_t(x,0)=\sin\frac{\pi x}{l}\left(A+B\cos\frac{\pi x}{l}\right)\end{cases}$$

解：令 $u(x,t)=X(x)T(t)$，将其代入波动方程，再分离变量，得

$$X''(x)-\mu X(x)=0$$
$$T''(t)-\mu a^2T(t)=0$$

其中，本征值问题的表达式为

$$X''(x)-\mu X(x)=0$$
$$X(0)=0,X(l)=0$$

相应的通解为

$$X_n(x)=\sin\frac{n\pi}{l}x,\quad n=1,2,\cdots$$

关于时间的方程为

$$T''(t)+\left(\frac{n\pi}{l}\right)^2a^2T(t)=0$$

时间方程的通解为

$$T_n(t)=A_n\cos\frac{n\pi a}{l}t+B_n\sin\frac{n\pi a}{l}t,\quad n=1,2,\cdots$$

波动方程定解问题的通解为所有特解的线性组合，即

$$u_n(x,t)=X_n(x)T_n(t)$$
$$u(x,t)=\sum_{n=1}^{\infty}u_n(x,t)=\sum_{n=1}^{\infty}\left[A_n\cos\frac{n\pi a}{l}t+B_n\sin\frac{n\pi a}{l}t\right]\sin\frac{n\pi}{l}x$$

将上述通解代入初始条件，可得

$$u(x,0)=\sum_{n=1}^{\infty}A_n\sin\frac{n\pi}{l}x=0$$
$$u_t(x,0)=\sum_{n=1}^{\infty}\frac{n\pi a}{l}B_n\sin\frac{n\pi}{l}x=\sin\frac{\pi x}{l}\left(A+B\cos\frac{\pi x}{l}\right)$$

通过对比系数的方法获得方程的解为

$$A_1=0,\quad A_2=0\cdots A_n=0,\quad n=1,2\cdots$$
$$\sum_{n=1}^{\infty}\frac{n\pi a}{l}B_n\sin\frac{n\pi}{l}x=A\sin\frac{\pi x}{l}+\frac{B}{2}\sin\frac{2\pi x}{l}$$

对比系数可得

$$A_n=0,\quad n=1,2\cdots$$
$$B_1=\frac{l}{\pi a}A,\quad B_2=\frac{l}{4\pi a}B$$

从而方程的解为

$$u(x,t)=\frac{l}{\pi a}A\sin\frac{\pi a}{l}t\sin\frac{\pi x}{l}+\frac{l}{4\pi a}B\sin\frac{2\pi a}{l}t\sin\frac{2\pi x}{l}$$

例 2　求解波动方程

$$\begin{cases}u_{tt}(x,t)-a^2u_{xx}(x,t)=0,\quad 0<x<\pi,t>0\\ u(0,t)=0,\quad u(\pi,t)=0\\ u(x,0)=0,\quad u_t(x,0)=A\sin3x+B\sin5x\end{cases}$$

解：令 $u(x,t)=X(x)T(t)$，将其代入波动方程，再分离变量，可得

$$X''(x) - \mu X(x) = 0$$
$$T''(t) - \mu a^2 T(t) = 0$$

其中,本征值问题的表达式为

$$X''(x) - \mu X(x) = 0$$
$$X(0) = 0, X(\pi) = 0$$

相应的通解为

$$X_n(x) = \sin nx \quad n = 1,2,\cdots$$

关于时间的方程为

$$T''(t) + n^2 a^2 T(t) = 0$$

时间方程的通解为

$$T_n(t) = A_n \cos nat + B_n \sin nat \quad n = 1,2,\cdots$$

波动方程定解问题的通解为所有特解的线性组合,即

$$u_n(x,t) = X_n(x) T_n(t)$$
$$u(x,t) = \sum_{n=1}^{\infty} u_n(x,t) = \sum_{n=1}^{\infty} [A_n \cos nat + B_n \sin nat] \sin nx$$

将上述通解代入初始条件,可得

$$u(x,0) = \sum_{n=1}^{\infty} A_n \sin nx = 0$$
$$u_t(x,0) = \sum_{n=1}^{\infty} naB_n \sin nx = A\sin 3x + B\sin 5x$$

通过对比系数的方法获得方程的解为

$$A_1 = 0, A_2 = 0 \cdots A_n = 0, \quad n = 1,2\cdots$$
$$3aB_3 \sin 3x + 5aB_5 \sin 5x = A\sin 3x + B\sin 5x$$

对比系数可得

$$A_n = 0, n = 1,2\cdots$$
$$B_3 = \frac{A}{3a}, \quad B_5 = \frac{B}{5a}, \quad B_n = 0, n = 1,2\cdots, n \neq 3, n \neq 5$$

从而方程的解为

$$u(x,t) = \frac{A}{3a} \sin 3at \sin 3x + \frac{B}{5a} \sin 5at \sin 5x$$

10.2 第二类边界条件下的波动方程

假设 $u(x,t)$ 满足的齐次波动方程为

$$u_{tt} = a^2 u_{xx}, \quad 0 < x < l, \ t > 0 \tag{10.37}$$

第二类齐次边界条件描述为

$$u_x\big|_{x=0} = 0 \text{ 与 } u_x\big|_{x=l} = 0 \tag{10.38}$$

初始条件描述为

$$u\big|_{t=0} = \varphi(x) \text{ 与 } u_t\big|_{t=0} = \psi(x) \tag{10.39}$$

采用分离变量法的思路,将 $u(x,t)$ 直接表达为两个变量的乘积:

$$u(x,t)=X(x)T(t) \tag{10.40}$$

其中，$X(x)$代表空间位置函数，其自变量为 x；$T(t)$代表时间函数，其自变量为 t。

将式(10.38)代入方程(10.35)及定解条件式(10.36)和式(10.37)中，将时间函数与空间函数表达在等号两端，得

$$\frac{T''(t)}{a^2T(t)}=\frac{X''(x)}{X(x)}$$

该式等号左边为时间 t 的函数，右边是空间位置 x 的函数。两个函数均是独立变量，唯有等号两端均为常数时等号成立。

令该常数为 μ，则有

$$\frac{T''(t)}{a^2T(t)}=\frac{X''(x)}{X(x)}=\mu$$

因此可得

$$X''(x)-\mu X(x)=0 \tag{10.41}$$

$$T''(t)-a^2\mu T(t)=0 \tag{10.42}$$

从而求解偏微分方程(10.35)的问题便简化为求解两个常系数微分方程(10.39)与(10.40)。

第二类边界条件下的本征值问题描述如下：

$$\begin{cases}X''(x)-\mu X(x)=0\\X'(0)=0\\X'(l)=0\end{cases} \tag{10.43}$$

本征值 μ 的讨论过程见 10.1.3 小节，这里不再赘述，直接将结果描述如下。

相应的本征函数为

$$X_n(x)=C_n\cos\frac{n\pi x}{l},\quad n=0,1,2\cdots$$

其中，C_n 为任意常数。根据确定的本征值 μ，将时间方程描述为

$$T''(t)+\left(\frac{n\pi}{l}\right)^2a^2T(t)=0$$

时间方程的通解为

$$T_n(t)=A_0+B_0t+\sum_{n=1}^{\infty}\left(A_n\cos\frac{n\pi a}{l}t+B_n\sin\frac{n\pi a}{l}t\right)$$

波动方程定解问题的通解为所有特解的线性组合，即

$$\begin{aligned}u(x,t)&=\sum_{n=0}^{\infty}u_n(x,t)=\sum_{n=0}^{\infty}X_n(x)T_n(t)\\&=A_0+B_0t+\sum_{n=1}^{\infty}\left[A_n\cos\frac{n\pi a}{l}t+B_n\sin\frac{n\pi a}{l}t\right]\cos\frac{n\pi}{l}x\end{aligned} \tag{10.44}$$

根据具体问题中，初始条件的确切函数形式，进行系数对比方法确定方程的解。根据初始条件(10.39)，确定对应的系数 A_n、B_n，过程如下：

$$u\big|_{t=0}=\varphi(x)=\sum_{n=0}^{\infty}T_n(0)\cos\frac{n\pi}{l}x$$

$$u_t\big|_{t=0}=\psi(x)=\sum_{n=0}^{\infty}T'_n(0)\cos\frac{n\pi}{l}x$$

将初始条件 $\varphi(x)$ 与 $\psi(x)$ 进行傅里叶级数展开，可得

$$\varphi(x)=\sum_{n=0}^{\infty}\varphi_n\cos\frac{n\pi}{l}x$$

$$\psi(x)=\sum_{n=0}^{\infty}\psi_n\cos\frac{n\pi}{l}x$$

通过对比系数的方式，便能够将时间函数方程求得，即

$$T_n(0)=\varphi_n=\frac{2}{l}\int_0^l\varphi(\xi)\cos\frac{n\pi\xi}{l}\mathrm{d}\xi$$

$$T'_n(0)=\psi_n=\frac{2}{l}\int_0^l\psi(\xi)\cos\frac{n\pi\xi}{l}\mathrm{d}\xi$$

从而能够求得第二类边界条件下的齐次波动方程的解。

10.3 第一类边界条件下的扩散(热传导)方程

扩散是自然界中的一个普遍现象，其中最典型的扩散问题便是温度的传导。用变量 u 描述温度的空间分布，温度的分布是空间位置 x 和时间 t 的函数。满足 u 的热传导方程可以描述为

$$u_t-a^2u_{xx}=0,\quad 0<x<l,t>0 \tag{10.45}$$

第一类齐次边界条件描述为

$$u\big|_{x=0}=0\ 与\ u\big|_{x=l}=0 \tag{10.46}$$

初始条件描述为

$$u\big|_{t=0}=\varphi(x) \tag{10.47}$$

采用分离变量法的思路，将 $u(x,t)$ 直接表达为两个变量的乘积：

$$u(x,t)=X(x)T(t) \tag{10.48}$$

其中，$X(x)$ 代表空间位置函数，自变量为 x；$T(t)$ 代表时间函数，自变量为 t。

将式(10.46)代入方程(10.43)及定解条件式(10.44)和式(10.45)中，并将时间函数与空间函数表达在等号两端，得

$$\frac{T'(t)}{a^2T(t)}=\frac{X''(x)}{X(x)}$$

该式等号左边为时间 t 的函数，右边是空间位置 x 的函数。两个函数均是独立变量，唯有等号两端均为常数时等号成立。令该常数为 μ，则有

$$\frac{T'(t)}{a^2T(t)}=\frac{X''(x)}{X(x)}=\mu$$

因此可得

$$X''(x)-\mu X(x)=0 \tag{10.49}$$

$$T'(t)-a^2\mu T(t)=0 \tag{10.50}$$

方程(10.47)在第一类边界条件下的求解已经详细介绍过，这里不再描述，直接给出结论。

相应的空间变量的通解为

$$X_n(x)=C_n\sin\frac{n\pi}{l}x,\quad n=1,2\cdots$$

时间变量的方程(10.48)的解为

$$T_n(t)=A_n\exp\left(-\frac{n^2\pi^2a^2}{l^2}t\right),\quad n=1,2\cdots$$

相应的描述温度的热传导方程的通解为

$$u(x,t)=\sum_{n=1}^{\infty}u_n(x,t)=\sum_{n=1}^{\infty}X_n(x)T_n(t)=\sum_{n=1}^{\infty}A_n\exp\left(-\frac{n^2\pi^2a^2}{l^2}t\right)\sin\frac{n\pi}{l}x \tag{10.51}$$

其中,系数 A_n 可以通过傅里叶级数展开的方法,根据初始条件确定。对初始条件式(10.47),进行傅里叶级数展开,得

$$\varphi(x)=\sum_{n=1}^{\infty}A_n\sin\frac{n\pi}{l}x$$

$$A_n=\frac{2}{l}\int_0^l\varphi(x)\sin\frac{n\pi x}{l}\mathrm{d}x$$

或者根据初始条件的具体形式,应用系数对比的方式求解。

例3　求解下列热传导方程

$$\begin{cases}u_t-a^2u_{xx}=0,\quad 0<x<\pi,t>0\\ u|_{x=0}=0,\quad u|_{x=\pi}=0\\ u|_{t=0}=A\sin2x\end{cases}$$

解: 令 $u(x,t)=X(x)T(t)$,并将其代入热传导方程,可得

$$\frac{T'(t)}{a^2T(t)}=\frac{X''(x)}{X(x)}=\mu$$

$$X''(x)-\mu X(x)=0$$

$$T'(t)-a^2\mu T(t)=0$$

第一类边界条件下的本征值问题的通解如下:

$$X_n(x)=C_n\sin nx,\quad n=1,2\cdots$$

时间变量方程的通解为

$$T_n(t)=A_n\exp(-n^2a^2t),\quad n=1,2\cdots$$

相应热传导方程的通解为

$$u(x,t)=\sum_{n=1}^{\infty}u_n(x,t)=\sum_{n=1}^{\infty}X_n(x)T_n(t)=\sum_{n=1}^{\infty}A_n\exp(-n^2a^2t)\sin nx$$

根据初始条件进行对比系数:

$$A\sin2x=\sum_{n=1}^{\infty}A_n\sin nx$$

从而可以确定 $A_2=A$,其余 $A_n=0,n\neq2$。

相应的热传导方程的解为

$$u(x,t)=A\exp(-4a^2t)\sin2x$$

10.4　第二类边界条件下的扩散(热传导)方程

第二类边界条件下的热传导方程,可以对比本征值问题与热传导方程的时间变量函数形

式综合而得。下面通过一个例题，对该问题进行描述。

例 4　求解第二类边界条件下的热传导方程

$$\begin{cases} u_t - a^2 u_{xx} = 0, \quad 0 < x < l,\ t > 0 \\ u_x|_{x=0} = 0, \quad u_x|_{x=l} = 0 \\ u|_{t=0} = A\cos^2 \dfrac{\pi}{l}x \end{cases}$$

解：令 $u(x,t)=X(x)T(t)$，并将其代入热传导方程，可得

$$\frac{T'(t)}{a^2T(t)} = \frac{X''(x)}{X(x)} = \mu$$

$$X''(x) - \mu X(x) = 0$$

$$T'(t) - a^2\mu T(t) = 0$$

第二类边界条件下的本征值问题的通解如下：

$$X_n(x) = C_n \cos\frac{n\pi x}{l}, \quad n = 0,1,2\cdots$$

时间变量方程的通解为

$$T_n(t) = A_n \exp\left(-\frac{n^2\pi^2a^2}{l^2}t\right), \quad n = 0,1,2\cdots$$

相应热传导方程的通解为

$$u(x,t) = \sum_{n=0}^{\infty} u_n(x,t) = \sum_{n=0}^{\infty} X_n(x)T_n(t) = \sum_{n=0}^{\infty} A_n \exp\left(-\frac{n^2\pi^2a^2}{l^2}t\right)\cos\frac{n\pi x}{l}$$

根据初始条件进行对比系数：

$$A\cos^2\frac{\pi}{l}x = \sum_{n=0}^{\infty} A_n \cos\frac{n\pi x}{l}$$

$$A_0 + A_1\cos\frac{\pi x}{l} + A_2\cos\frac{2\pi x}{l} + A_3\cos\frac{3\pi x}{l} + \cdots = \frac{1}{2}A + \frac{1}{2}A\cos\frac{2\pi x}{l}$$

从而可以确定

$$A_0 = \frac{1}{2}A, \quad A_1 = 0, \quad A_2 = \frac{1}{2}A, \quad A_n = 0, n > 2$$

相应的热传导方程的解为

$$u(x,t) = \frac{1}{2}A + \frac{1}{2}A\exp\left(-\frac{4\pi^2a^2}{l^2}t\right)\cos\frac{2\pi x}{l}$$

10.5　非齐次方程

若方程为非齐次，可通过求解对应的齐次方程，后续再分析非齐次项。

例 5　求解第二类边界条件下的非齐次热传导方程

$$\begin{cases} u_t - a^2 u_{xx} = A\sin\omega t, \quad 0 < x < l,\ t > 0 \\ u_x|_{x=0} = 0, \quad u_x|_{x=l} = 0 \\ u|_{t=0} = 0 \end{cases}$$

解：首先根据分离变量法求解齐次的热传导方程。

令 $u(x,t)=X(x)T(t)$，并将其代入齐次热传导方程，可得

$$\frac{T'(t)}{a^2T(t)}=\frac{X''(x)}{X(x)}=\mu$$

$$X''(x)-\mu X(x)=0$$

$$T'(t)-a^2\mu T(t)=0$$

第二类边界条件下的本征值问题的通解如下：

$$X_n(x)=C_n\cos\frac{n\pi x}{l},\quad n=0,1,2\cdots$$

相应的齐次热传导方程的通解为

$$u_n(x,t)=\sum_{n=0}^{\infty}T_n(t)\cos\frac{n\pi x}{l},\quad n=0,1,2\cdots$$

将上述通解代入初始条件与非齐次热传导方程，可得

$$\sum_{n=0}^{\infty}\left(T'_n(t)+\left(\frac{n\pi a}{l}\right)^2T_n(t)\right)\cos\frac{n\pi x}{l}=A\sin\omega t$$

将通解代入初始条件，可得

$$\sum_{n=0}^{\infty}T_n(0)\cos\frac{n\pi x}{l}=0$$

从而可得 $n=0$，即

$$T_0(0)=0,\quad T'_0(0)=0$$

当 $n\neq 0$ 时，有

$$T'_n(t)+\left(\frac{n\pi a}{l}\right)^2T_n(t)=0$$

$$T_n(0)=0$$

进一步可得

$$T'_0(t)=A\sin\omega t$$

$$T_0(t)=\int_0^t A\sin\omega t\,\mathrm{d}t=-\frac{A}{\omega}\cos\omega t\Big|_0^t=\frac{A}{\omega}(1-\cos\omega t)$$

$$T_n(t)=0,\quad n=0,1,2\cdots$$

因此，方程的解为

$$u(x,t)=\frac{A}{\omega}(1-\cos\omega t)$$

10.6　非齐次边界条件的处理

大多数实际问题都是非齐次边界条件，将边界条件齐次化是一种非常有效的求解手段。本节介绍齐次化的方法。在此再次明确一下边界条件与初始条件的表达方式。

边界条件，如：

$$u(x,t)\big|_{x=0}=0\ \text{与}\ u_x(x,t)\big|_{x=l}=0\text{(齐次边界)}$$

$$u(x,t)\big|_{x=0}=g(t)\ \text{与}\ u_x(x,t)\big|_{x=l}=h(t)\text{(非齐次边界)}$$

初始条件，如：

$$u(x,t)\big|_{t=0}=\varphi(x) \text{ 与 } u_t\big|_{t=0}=\psi(x)$$

下面将根据边界条件的类型：第一类边界条件、第二类边界条件、混合边界条件 3 种情况进行介绍。

10.6.1 第一类边界条件的齐次化

已知齐次波动方程表述如下：

$$\begin{cases} u_{tt}-a^2u_{xx}=0 \quad 0<x<l,\ t>0 \\ u\big|_{x=0}=g(t) \quad u\big|_{x=l}=h(t) \\ u\big|_{t=0}=\varphi(x) \quad u_t\big|_{t=0}=\psi(x) \end{cases}$$

其边界为非齐次的第一类边界。令 $u(x,t)=v(x,t)+w(x,t)$，若能够找到 $w(x,t)$ 满足如下关系：

$$w\big|_{x=0}=g(t) \tag{10.52}$$

$$w\big|_{x=l}=h(t) \tag{10.53}$$

便能够得到 $v(x,t)=u(x,t)-w(x,t)$，并且函数满足其边界为齐次，即

$$v\big|_{x=0}=u\big|_{x=0}-w\big|_{x=0}=0 \tag{10.54}$$

$$v\big|_{x=l}=u\big|_{x=l}-w\big|_{x=l}=0 \tag{10.55}$$

下面对 $w(x,t)$ 的选取进行描述。

若将时间固定，选取空间 x 作为变量。那么根据 $w(x,t)$ 所满足的关系，函数 $w(x,t)$ 与自变量 x 应该满足线性关系。因为 $x-w(x,t)$ 需要过两个点，即 $(0,g(t))$ 与 $(l,h(t))$，所以可以初步判断最简单的 $w(x,t)$ 是过两点的直线，其表达式为

$$w(x,t)=A(t)x+B(t) \tag{10.56}$$

相应的系数可以根据两个已知点的坐标获得：

$$A(t)=\frac{h(t)-g(t)}{l} \tag{10.57}$$

$$B(t)=g(t) \tag{10.58}$$

因此在第一类边界条件下，满足如下关系的函数便能够将定解问题的边界条件齐次化：

$$w(x,t)=\frac{h(t)-g(t)}{l}x+g(t) \tag{10.59}$$

将式(10.59)代入波动方程，可得

$$u_{tt}-a^2u_{xx}=0$$

$$(v+w)_{tt}-a^2(v+w)_{xx}=0$$

$$v_{tt}-a^2v_{xx}=-(w_{tt}-a^2w_{xx})$$

对于上述 v 的方程，其边界条件为

$$v\big|_{x=0}=0$$

$$v\big|_{x=l}=0$$

此时边界条件被齐次化，对应的初始条件为

$$v\big|_{t=0}=u\big|_{t=0}-w\big|_{t=0}=\varphi(x)-w\big|_{t=0}$$

$$v_t\big|_{t=0}=u_t\big|_{t=0}-w_t\big|_{t=0}=\psi(x)-w_t\big|_{t=0}$$

例 6 将下列方程的边界条件齐次化，写出相应的定解问题。

$$\begin{cases} u_{tt}-a^2u_{xx}=0, & 0<x<l,\ t>0 \\ u|_{x=0}=0, & u|_{x=l}=\sin\omega t \\ u|_{t=0}=0, & u_t|_{t=0}=0 \end{cases}$$

解：令 $u(x,t)=v(x,t)+w(x,t)$，并将其代入方程可得

$$w(x,t)=\frac{\sin\omega t-0}{l}x+0=\frac{x}{l}\sin\omega t$$

相应 v 的方程为

$$v_{tt}-a^2v_{xx}=-(w_{tt}-a^2w_{xx})=\frac{x}{l}\omega^2\sin\omega t$$

$$v|_{x=0}=0,\ v|_{x=l}=0$$

$$v|_{t=0}=u|_{t=0}-w|_{t=0}=0$$

$$v_t|_{t=0}=u_t|_{t=0}-w_t|_{t=0}=0-w_t|_{t=0}=-\frac{\omega x}{l}$$

定解问题随之转变为

$$\begin{cases} v_{tt}-a^2v_{xx}=\dfrac{x}{l}\omega^2\sin\omega t \\ v|_{x=0}=0, & v|_{x=l}=0 \\ v|_{t=0}=0, & v_t|_{t=0}=-\dfrac{\omega x}{l} \end{cases}$$

10.6.2　第二类边界条件的齐次化

以热传导方程：

$$\begin{cases} u_t-Du_{xx}=0, & 0<x<l,\ t>0 \\ u_x|_{x=0}=g(t), & u_x|_{x=l}=h(t) \end{cases}$$

为例，描述第二类边界条件齐次化过程。

令 $u(x,t)=v(x,t)+w(x,t)$。同样，还是需要寻找 $w(x,t)$ 使其满足如下关系：

$$w_x|_{x=0}=g(t) \tag{10.60}$$

$$w_x|_{x=l}=h(t) \tag{10.61}$$

便能够得到 $v(x,t)=u(x,t)-w(x,t)$，并且函数满足其边界为齐次，即

$$v_x|_{x=0}=u_x|_{x=0}-w_x|_{x=0}=0 \tag{10.62}$$

$$v_x|_{x=l}=u_x|_{x=l}-w_x|_{x=l}=0 \tag{10.63}$$

对于第二类边界条件，$w(x,t)$ 选取如下：

$$w(x,t)=A(t)x^2+B(t)x+C(t) \tag{10.64}$$

将 $(0,g(t))$ 与 $(l,h(t))$ 两点坐标代入式(10.64)可得

$$w_x|_{x=0}=2A(t)\times 0+B(t)=g(t) \tag{10.65}$$

$$w_x|_{x=l}=2A(t)\times l+B(t)=h(t) \tag{10.66}$$

因此得

$$A(t)=\frac{h(t)-g(t)}{2l} \tag{10.67}$$

$$B(t)=g(t) \tag{10.68}$$

$$w(x,t)=\frac{h(t)-g(t)}{2l}x^2+g(t)x \tag{10.69}$$

10.6.3 混合边界条件的齐次化

仍然以热传导方程

$$\begin{cases}u_t-Du_{xx}=0, & 0<x<l,\ t>0\\ u|_{x=0}=g(t), & u_x|_{x=l}=h(t)\end{cases}$$

为例，描述混合边界条件齐次化过程。仍然令 $u(x,t)=v(x,t)+w(x,t)$，此时需要寻找 $w(x,t)$ 使其满足如下关系：

$$w|_{x=0}=g(t) \tag{10.70}$$

$$w_x|_{x=l}=h(t) \tag{10.71}$$

便能够得到 $v(x,t)=u(x,t)-w(x,t)$，并且函数满足其边界为齐次，即

$$v|_{x=0}=u|_{x=0}-w|_{x=0}=0 \tag{10.72}$$

$$v_x|_{x=l}=u_x|_{x=l}-w_x|_{x=l}=0 \tag{10.73}$$

对于混合边界条件，$w(x,t)$ 选取如下：

$$w(x,t)=h(t)x+g(t) \tag{10.74}$$

10.7 三维正交曲线坐标系的分离变量

分离变量时先把时间变量 t 分离出来。对于三维的波动方程，直接求解存在困难。因此把时间变量分离出来独立处理后，能降低方程的求解维度，从而简化求解过程。

先来描述三维波动过程分离时间变量的过程，三维波动方程如下：

$$u_{tt}-a^2\nabla^2u=0 \tag{10.75}$$

为将时间变量分离出来，令

$$u(M,t)=T(t)v(M) \tag{10.76}$$

其中，M 可以是三维直角坐标系中的 (x,y,z)，也可以是柱坐标系的 (ρ,φ,z)，也可以是球坐标系的 (r,θ,φ)。将式(10.76)代入波动方程可得

$$T''(t)v(M)-a^2T(t)\nabla^2v(M)=0$$

分离变量得

$$\frac{T''(t)}{a^2T(t)}=\frac{\nabla^2v}{v} \tag{10.77}$$

式(10.77)第1个等号左边是时间的函数，右边是空间的函数。二者若相等，只能等于常数。令常数为 $-\lambda$，从而可得两个独立的方程：

$$T''(t)+a^2\lambda T(t)=0 \tag{10.78}$$

$$\nabla^2v+\lambda v=0 \tag{10.79}$$

关于空间的方程 $\nabla^2v+\lambda v=0$ 称为**赫姆霍兹方程**。

同理，如方程为三维扩散方程，如：

$$u_t-a^2\nabla^2u=0 \tag{10.80}$$

为将时间变量分离出来，令

$$u(M,t)=T(t)v(M) \tag{10.81}$$

将式(10.81)代入扩散方程,可得

$$T'(t)v(M)-a^2T(t)\nabla^2 v(M)=0$$

分离变量得

$$\frac{T'(t)}{a^2T(t)}=\frac{\nabla^2 v}{v} \tag{10.82}$$

式(10.82)第 1 个等号左边是时间的函数,右边是空间的函数。二者若相等,只能等于常数。令常数为$-\lambda$,从而可得两个独立的方程:

$$T'(t)+a^2\lambda T(t)=0 \tag{10.83}$$

$$\nabla^2 v+\lambda v=0 \tag{10.84}$$

可以看到,三维扩散方程将时间变量分离后,同样也得到了**赫姆霍兹方程**。

下面,将方程中的拉普拉斯算符写成直角坐标系中的形式

$$\nabla^2=\frac{\partial^2}{\partial x^2}+\frac{\partial^2}{\partial y^2}+\frac{\partial^2}{\partial z^2}$$

当然,也可以转变为柱坐标系进行讨论,同理也可以转变为球坐标系。

1. 柱坐标系中的赫姆霍兹方程

赫姆霍兹方程为

$$\nabla^2 v+\lambda v=0$$

在柱坐标系中,赫姆霍兹方程可以表述为

$$\frac{1}{\rho}\frac{\partial}{\partial\rho}\left(\rho\frac{\partial v}{\partial\rho}\right)+\frac{1}{\rho^2}\frac{\partial^2 v}{\partial\varphi^2}+\frac{\partial^2 v}{\partial z^2}+\lambda v=0 \tag{10.85}$$

令$v(\rho,\varphi,z)=R(\rho)\Phi(\varphi)Z(z)$,并将其代入式(10.85)可得

$$\frac{\Phi Z}{\rho}\frac{\mathrm{d}}{\mathrm{d}\rho}\left(\rho\frac{\mathrm{d}R}{\mathrm{d}\rho}\right)+\frac{RZ}{\rho^2}\frac{\mathrm{d}^2\Phi}{\mathrm{d}\varphi^2}+R\Phi\frac{\mathrm{d}^2 Z}{\mathrm{d}z^2}+\lambda R\Phi Z=0 \tag{10.86}$$

式(10.86)两边同时乘以$1/(R\Phi Z)$,得

$$\frac{1}{R\rho}\frac{\mathrm{d}}{\mathrm{d}\rho}\left(\rho\frac{\mathrm{d}R}{\mathrm{d}\rho}\right)+\frac{1}{\Phi\rho^2}\frac{\mathrm{d}^2\Phi}{\mathrm{d}\varphi^2}+\lambda=-\frac{1}{Z}\frac{\mathrm{d}^2 Z}{\mathrm{d}z^2} \tag{10.87}$$

根据分离变量法的思维知,等式(10.87)左边ρ、φ为变量,右边变量为z,左右两边用等号连接,只能都等于一个常数。设该常数为μ,从而可得

$$-\frac{1}{Z}\frac{\mathrm{d}^2 Z}{\mathrm{d}z^2}=\mu$$

即

$$Z''+\mu Z=0 \tag{10.88}$$

$$\frac{1}{R\rho}\frac{\mathrm{d}}{\mathrm{d}\rho}\left(\rho\frac{\mathrm{d}R}{\mathrm{d}\rho}\right)+\frac{1}{\Phi\rho^2}\frac{\mathrm{d}^2\Phi}{\mathrm{d}\varphi^2}+\lambda-\mu=0 \tag{10.89}$$

式(10.89)两边同乘以ρ^2,有

$$\frac{\rho}{R}\frac{\mathrm{d}}{\mathrm{d}\rho}\left(\rho\frac{\mathrm{d}R}{\mathrm{d}\rho}\right)+\rho^2(\lambda-\mu)=-\frac{1}{\Phi}\frac{\mathrm{d}^2\Phi}{\mathrm{d}\varphi^2}=n^2 \tag{10.90}$$

假设$\lambda-\mu\geqslant 0$,记为k^2;$\lambda-\mu<0$,记为$-k^2$。进而可得关于Φ和R的方程。

$$-\frac{1}{\Phi}\frac{\mathrm{d}^2\Phi}{\mathrm{d}\varphi^2}=n^2$$

即

$$\Phi''+n^2\Phi=0 \tag{10.91}$$

$$\frac{\rho}{R}\frac{\mathrm{d}}{\mathrm{d}\rho}\left(\rho\frac{\mathrm{d}R}{\mathrm{d}\rho}\right)+\rho^2(\lambda-\mu)=n^2 \tag{10.92}$$

式(10.92)可简化为

$$\rho^2R''+\rho R'+(k^2\rho^2-n^2)R=0 \tag{10.93}$$

赫姆霍兹方程 $\Delta v+\lambda v=0$ 至此便通过分离变量法转变为以下三个独立的方程。

$$Z''+\mu Z=0$$

$$\Phi''+n^2\Phi=0$$

$$\rho^2R''+\rho R'+(k^2\rho^2-n^2)R=0$$

上述的三个方程可以再通过其他方法进一步求解。

2. 柱坐标系中的拉普拉斯方程

若赫姆霍兹方程 $\nabla^2 v+\lambda v=0$ 中的常数 $\lambda=0$，则该方程便变为拉普拉斯方程。下面通过一个例子对拉普拉斯方程进行求解。

例 7 求解下列二维拉普拉斯方程：

$$\nabla^2 v=0$$

边界条件为 $v|_{\rho=a}=f(\varphi)$，函数 $f(\varphi)$ 为已知的函数。

解：在柱坐标系中对二维拉普拉斯方程 $\nabla^2 v=0$ 运用分离变量法求解，具体过程如下：

$$\frac{1}{\rho}\frac{\partial}{\partial\rho}\left(\rho\frac{\partial v}{\partial\rho}\right)+\frac{1}{\rho^2}\frac{\partial^2 v}{\partial\varphi^2}=0 \tag{10.94}$$

令 $v(\rho,\varphi)=R(\rho)\Phi(\varphi)$，并将其代入式(10.94)得

$$\frac{1}{R\rho}\frac{\mathrm{d}}{\mathrm{d}\rho}\left(\rho\frac{\mathrm{d}R}{\mathrm{d}\rho}\right)+\frac{1}{\Phi\rho^2}\frac{\mathrm{d}^2\Phi}{\mathrm{d}\varphi^2}=0 \tag{10.95}$$

两边同时乘以 ρ^2，得

$$\frac{\rho}{R}\frac{\mathrm{d}}{\mathrm{d}\rho}\left(\rho\frac{\mathrm{d}R}{\mathrm{d}\rho}\right)+\frac{1}{\Phi}\frac{\mathrm{d}^2\Phi}{\mathrm{d}\varphi^2}=0 \tag{10.96}$$

即

$$\Phi''+n^2\Phi=0 \tag{10.97}$$

$$\rho\frac{\mathrm{d}}{\mathrm{d}\rho}\left(\rho\frac{\mathrm{d}R}{\mathrm{d}\rho}\right)-n^2R=0 \tag{10.98}$$

根据柱坐标系求解过程，方程自然满足周期性边界条件

$$u(\rho,\varphi+2\pi)=u(\rho,\varphi)$$

即

$$R(\rho)\Phi(\varphi+2\pi)=R(\rho)\Phi(\varphi)$$

因此可得

$$\Phi(\varphi+2\pi)=\Phi(\varphi)$$

同时根据

$$\Phi''+n^2\Phi=0$$

可以解得，当 $n=0$ 时，

$$\Phi(\varphi)=B_0\varphi+A_0$$

其中，A_0，B_0 为常数。根据周期性边界条件有

$$B_0(\varphi+2\pi)+A_0=B_0\varphi+A_0$$

进一步可得 $B_0=0$，即

$$\Phi(\varphi)=A_0$$

① 若 $n^2<0$，令 $n^2=-\lambda^2$ 且 $\lambda>0$，则可得

$$\Phi(\varphi)=A\mathrm{e}^{\lambda\varphi}+B\mathrm{e}^{-\lambda\varphi}$$

由于该解不是周期函数，因此不是方程的解。

② 若 $n^2>0$，则相应的方程的解为

$$\Phi(\varphi)=A_n\cos(n\varphi)+B_n\sin(n\varphi)$$

将其代入周期性边界条件，得

$$A_n\cos[n(\varphi+2\pi)]+B_n\sin[n(\varphi+2\pi)]=A_n\cos(n\varphi)+B_n\sin(n\varphi)$$

因此，当 n 取值满足，$n=0,\pm1,\pm2,\cdots$ 时，等式才成立。一般选取 $n=0,1,2,\cdots$

$$\Phi_n(\varphi)=A_n\cos(n\varphi)+B_n\sin(n\varphi)$$

第二部分方程：

$$\rho\frac{\mathrm{d}}{\mathrm{d}\rho}\left(\rho\frac{\mathrm{d}R}{\mathrm{d}\rho}\right)-n^2R=0$$

即

$$\rho^2R''+\rho R'-n^2R=0$$

令 $t=\ln\rho$，则

$$\frac{\mathrm{d}^2R}{\mathrm{d}t^2}-n^2R=0$$

因此方程的解为

$$R_n(\rho)=\begin{cases}C_0+D_0t=C_0+D_0\ln\rho & n=0\\ C_n\mathrm{e}^{nt}+D_n\mathrm{e}^{-nt}=C_n\rho^n+D_n\rho^{-n} & n\geqslant1\end{cases}$$

根据有界性边界条件 $\rho\to0$，对于温度场，$R_n(\rho)$ 为有限值，因此系数 $D_0=0$，$D_n=0$。从而可得

$$R_n(\rho)=C_n\rho^n$$

$$v_n(\rho,\varphi)=R_n(\rho)\Phi_n(\varphi)=\rho^n[A_n\cos(n\varphi)+B_n\sin(n\varphi)]+C_0$$

$$v(\rho,\varphi)=\sum_{n=0}^{\infty}\rho^n[A_n\cos(n\varphi)+B_n\sin(n\varphi)]+C_0$$

将通解代入边界条件，可得

$$v|_{\rho=a}=f(\varphi)=\sum_{n=0}^{\infty}a^n[A_n\cos(n\varphi)+B_n\sin(n\varphi)]+C_0$$

根据傅里叶级数展开可得

$$\alpha_0=a^0A_0=\frac{1}{2\pi}\int_{-\pi}^{\pi}f(\varphi)\cos(n\varphi)\,\mathrm{d}\varphi\quad n=0$$

$$\alpha_n=a^nA_n=\frac{1}{2\pi}\int_{-\pi}^{\pi}f(\varphi)\cos(n\varphi)\,\mathrm{d}\varphi\quad n\geqslant1$$

$$\beta_n = a^n B_n = \frac{1}{2\pi}\int_{-\pi}^{\pi} f(\varphi)\sin(n\varphi)\,\mathrm{d}\varphi \quad n \geqslant 1$$

$$v(\rho,\varphi) = \sum_{n=0}^{\infty}\left(\frac{\rho}{a}\right)^n [\alpha_n\cos(n\varphi) + \beta_n\sin(n\varphi)]$$

10.8 傅里叶级数法在分离变量中的应用

通过前面的学习,已知只有齐次泛定方程采用分离变量才能给出两个相互独立的常微分方程。分离变量法最重要的环节是求解空间函数 $X(x)$ 的本征值问题,要求本征函数存在、正交且完备,否则分离变量法失效。对于傅里叶级数形式的初始条件或非齐次方程可通过傅里叶级数展开手段确定级数的系数,也即方程解的系数项,下面通过一个例题进行介绍。

例 8 求解下列方程

$$\begin{cases} u_{tt} - a^2 u_{xx} = 0 \\ u_x|_{x=0} = 0, \quad u_x|_{x=l} = 0 \\ u|_{t=0} = 0, \quad u_t|_{t=0} = A\cos\dfrac{\pi x}{l}\sin\omega t \end{cases}$$

解: 已知方程属于齐次波动方程+第二类边界条件的情况,设通解为

$$u = \sum_{n=0}^{\infty} T_n(t)\cos\frac{n\pi x}{l}$$

将其代入 $u_{tt} - a^2 u_{xx} = 0$,得

$$\sum_{n=0}^{\infty}\left[T_n''(t) + \frac{n^2\pi^2a^2}{l^2}T_n(t)\right]\cos\frac{n\pi x}{l} = 0$$

$$T_n'' + \frac{n^2\pi^2a^2}{l^2}T_n = 0$$

$$\begin{cases} T_0 = A_0 + B_0 t \\ T_n(t) = A_n\cos\dfrac{n\pi a}{l}t + B_n\sin\dfrac{n\pi a}{l}t \end{cases}$$

$$u = A_0 + B_0 t + \sum_{n=1}^{\infty}\left(A_n\cos\frac{n\pi a}{l}t + B_n\sin\frac{n\pi a}{l}t\right)\cos\frac{n\pi x}{l}$$

将通解代入初始条件,可得

$$u|_{t=0} = 0 = A_0 + \sum_{n=1}^{\infty} A_n\cos\frac{n\pi x}{l} = 0$$

$$u_t|_{t=0} = B_0 + \sum_{n=1}^{\infty} B_n\frac{n\pi a}{l}\cos\frac{n\pi x}{l} = A\cos\frac{\pi x}{l}\sin\omega t$$

进一步得

$$A_n = 0(n = 1,2\cdots), \quad B_1 = \frac{Al}{\pi a}\sin\omega t, \quad B_n = 0(n = 2,3\cdots)$$

$$u(x,t) = \frac{Al}{\pi a}\cdot\sin\omega t\cdot\sin\frac{\pi a}{l}t\cdot\cos\frac{\pi x}{l}$$

例 9 求解下列方程

$$\begin{cases} u_{tt} - a^2 u_{xx} = A\cos\dfrac{\pi x}{l}\sin \omega t \\ u_x\big|_{x=0} = 0, \quad u_x\big|_{x=l} = 0 \\ u\big|_{t=0} = \varphi(x), \quad u_t\big|_{t=0} = \psi(x) \quad 0 < x < l \end{cases}$$

解: 已知方程非齐次波动方程+第二类边界条件的情况,有如下通解:

$$u(x,t) = \sum_{n=0}^{\infty} T_n(t)\cos\frac{n\pi x}{l}$$

将其代入非齐次波动方程,可得

$$\sum_{n=0}^{\infty}\left(T''_n + \frac{n^2\pi^2a^2}{l^2}T_n\right)\cdot \cos\frac{n\pi x}{l} = A\cos\frac{\pi x}{l}\sin \omega t$$

当 $n=1$ 时,

$$T''_1 + \frac{\pi^2a^2}{l^2}T_1 = A\sin \omega t$$

当 $n\neq 1$ 时,

$$T''_n + \frac{\pi^2a^2}{l^2}T_n = 0$$

将通解代入初始条件,并将 $\varphi(x)$ 和 $\psi(x)$ 按第二类边界条件的本征函数展开,可得

$$\sum_{n=0}^{\infty} T_n(0)\cdot\cos\frac{n\pi x}{l} = \varphi(x) = \sum_{n=0}^{\infty}\varphi_n\cos\frac{n\pi x}{l}$$

$$\sum_{n=0}^{\infty} T'_n(0)\cdot\cos\frac{n\pi x}{l} = \psi(x) = \sum_{n=0}^{\infty}\psi_n\cos\frac{n\pi x}{l}$$

展开系数为

$$\begin{cases} T_0(0) = \varphi_0 = \dfrac{1}{l}\cdot\displaystyle\int_0^l \varphi(\xi)\mathrm{d}\xi \\ T'_0(0) = \psi_0 = \dfrac{1}{l}\cdot\displaystyle\int_0^l \psi(\xi)\mathrm{d}\xi \end{cases}$$

$$\begin{cases} T_0(0) = \varphi_n = \dfrac{2}{l}\cdot\displaystyle\int_0^l \varphi(\xi)\cos\frac{n\pi x}{l}\mathrm{d}\xi \\ T'_0(0) = \psi_n = \dfrac{2}{l}\cdot\displaystyle\int_0^l \psi(\xi)\cos\frac{n\pi x}{l}\mathrm{d}\xi \end{cases}$$

当 $n=0$ 时,时间部分函数为

$$T_0(\tau) = \varphi_0 + \psi_0 t$$

当 $n=1$ 时,时间部分函数为

$$T_1(\tau) = \frac{Al}{\pi a}\cdot\frac{1}{\omega^2 - \dfrac{\pi^2a^2}{l^2}}\cdot\left(\omega\sin\frac{\pi a t}{l} - \frac{\pi a}{l}\sin \omega t\right) + \varphi_1\cos\frac{\pi a t}{l} + \frac{l}{\pi a}\psi_1\sin\frac{\pi a t}{l}$$

当 $n\neq 0$ 时,时间部分函数为

$$T_n(\tau) = \varphi_n\cos\frac{n\pi a t}{l} + \frac{l}{n\pi a}\psi_n\sin\frac{n\pi a t}{l} \quad (n\neq 0,1)$$

将 $T_0(t)$、$T_1(t)$ 和 $T_n(t)$ 代入 $u(x,t) = \sum\limits_{n=0}^{\infty} T_n(t)\cos\dfrac{n\pi x}{l}$,可得

$$u(x,t)=\frac{Al}{\pi a}\cdot\frac{1}{\omega^2-\frac{\pi^2a^2}{l^2}}\cdot\left(\omega\sin\frac{\pi at}{l}-\frac{\pi a}{l}\sin\omega t\right)\cos\frac{\pi x}{l}+\varphi_0+\psi_0 t+$$

$$\sum_{n=1}^{\infty}\left(\varphi_n\cos\frac{n\pi at}{l}+\frac{l}{n\pi a}\psi_n\sin\frac{n\pi at}{l}\right)\cos\frac{n\pi x}{l}$$

例 10 求解下列方程组

$$\begin{cases}u_{tt}-a^2u_{xx}=A\cos\frac{\pi x}{l}\sin\omega t\\ u_x\big|_{x=0}=0,\quad u_x\big|_{x=l}=0\\ u\big|_{t=0}=0,\quad u_t\big|_{t=0}=0\end{cases}$$

解: 由冲量定理可先求解如下齐次方程:

$$\begin{cases}v_{tt}-a^2v_{xx}=0\\ v_x\big|_{x=0}=0,\quad v_x\big|_{x=l}=0\\ v\big|_{t=\tau}=0,\quad v_t\big|_{t=\tau}=A\cos\frac{\pi x}{l}\sin\omega\tau\end{cases}$$

将 v 用傅里叶级数展开为

$$v(x,t,\tau)=\sum_{n=0}^{\infty}T_n(t,\tau)\cos\frac{n\pi x}{l}$$

将其代入方程 $v_{tt}-a^2v_{xx}=0$,可得

$$\sum_{n=0}^{\infty}\left[T''_n+\frac{n^2\pi^2a^2}{l^2}T_n\right]\cos\frac{n\pi x}{l}=0$$

即

$$T''_n+\frac{n^2\pi^2a^2}{l^2}T_n=0$$

令 $T=t-\tau$,得

$$T_0=A_0(\tau)+B_0(\tau)\cdot(t-\tau)$$

$$\begin{aligned}T_n(t,\tau)&=A_n(\tau)\cdot\cos\frac{n\pi a}{l}\cdot T+B_n(\tau)\sin\frac{n\pi a}{l}\cdot T\\&=A_n(\tau)\cdot\cos\frac{n\pi a}{l}(t-\tau)+B_n(\tau)\sin\frac{n\pi a}{l}(t-\tau)\end{aligned}$$

因此有

$$v=A_0(\tau)+B_0(\tau)\cdot(t-\tau)+$$

$$\sum_{n=0}^{\infty}\left[A_n(\tau)\cdot\cos\frac{n\pi a}{l}(t-\tau)+B_n(\tau)\sin\frac{n\pi a}{l}(t-\tau)\right]\cos\frac{n\pi a}{l}$$

其中,系数 $A_n(\tau)$,$B_n(\tau)$ 由初始条件确定,因为

$$\begin{cases}A_0(\tau)+\sum_{n=1}^{\infty}A_n(\tau)\cos\frac{n\pi a}{l}=0\\ B_0(\tau)+\sum_{n=1}^{\infty}B_n(\tau)\ \frac{n\pi a}{l}\cos\frac{n\pi a}{l}=A\ \frac{\pi x}{l}\sin\omega\tau\end{cases}$$

所以有

$$A_n(\tau)=0,\quad B_1(\tau)=A\ \frac{l}{\pi a}\sin\omega t,\quad B_n(\tau)=0(n=2,3\cdots)$$

将其代回 $v(x,t,\tau)=\sum\limits_{n=0}^{\infty}T_n(t,\tau)\cos\dfrac{nx\pi}{l}$，有

$$v(x,t,\tau)=A\ \frac{l}{\pi a}\sin\omega t\sin\frac{\pi a(t-\tau)}{l}\cos\frac{\pi x}{l}$$

根据冲量定理，可得方程的解为

$$u(x,t)=\int_0^t v(x,t,\tau)\,\mathrm{d}\tau=\frac{Al}{\pi a}\cdot\cos\frac{\pi x}{l}\cdot\int_0^t\sin\omega t\cdot\sin\frac{\pi a(t-\tau)}{l}\mathrm{d}\tau$$

$$=\frac{Al}{\pi a}\cdot\frac{1}{\omega^2-\dfrac{\pi^2a^2}{l^2}}\cdot\left(\omega\sin\frac{\pi a}{l}t-\frac{\pi a}{l}\sin\omega t\right)\cos\frac{\pi x}{l}$$

习　题

1. 试用分离变量法求解下列定解问题。

$$\begin{cases}u_{tt}=a^2u_{xx} & 0<x<\pi,\ t>0\\ u(0,t)=0, & u(\pi,t)=0\\ u(x,0)=3\sin x, & u_t(x,0)=0\end{cases}$$

2. 试用分离变量法求解下列定解问题。

$$\begin{cases}u_{tt}-a^2u_{xx}=0 & 0<x<l,\ t>0\\ u(0,t)=0, & u(l,t)=0\\ u(x,0)=0, & u_t(x,0)=\sin\dfrac{\pi x}{l}\left(A+B\cos\dfrac{\pi x}{l}\right)\end{cases}$$

3. 试用分离变量法求解下列定解问题。

$$\begin{cases}u_{tt}-u_{xx}=0 & 0<x<2\pi,\ t>0\\ u_x(0,t)=0, & u_x(2\pi,t)=0\\ u(x,0)=x-sinx, & u_t(x,0)=0\end{cases}$$

4. 试用分离变量法求解下列定解问题。

$$\begin{cases}u_{tt}=a^2u_{xx} & 0<x<l,\ t>0\\ u_x(0,t)=0, & u(l,t)=0\\ u(x,0)=3\sin x, & u_t(x,0)=0\end{cases}$$

5. 用分离变量法求解下列定解问题。

$$\begin{cases}u_t=Du_{xx} & 0<x<\pi,\ t>0\\ u(0,t)=0, & u(\pi,t)=0\\ u(x,0)=\sin x+2\sin 3x\end{cases}$$

6. 用分离变量法求解下列定解问题。

$$\begin{cases} u_t = a^2 u_{xx} & 0 < x < l,\ t > 0 \\ u_x(0,t) = 0, \quad u_x(l,t) = 0 \\ u|_{t=0} = \left(\cos \dfrac{\pi x}{l}\right)^4 \end{cases}$$

7. 用分离变量法求解下列定解问题。

$$\begin{cases} u_t - a^2 u_{xx} = 0 & 0 < x < l,\ t > 0 \\ u(0,t) = 0, \quad u_x(l,t) = 0 \\ u(x,0) = A\sin \dfrac{3\pi x}{2l} + B\sin \dfrac{5\pi x}{2l} \end{cases}$$

8. 考察长为 l 的均匀细杆的导热问题,若

(1) 杆的两端温度保持零度;

(2) 杆的两端均绝热;

(3) 杆的一端为恒温零度,另一端绝热;

若杆的初始温度分布均为 $\varphi(x)$,试用分离变量法求在上述三种不同情况下的杆的导热问题,并注意其本征函数的差异。

9. 长为 $2l$ 的均匀细杆,被作用在两端的压力压缩成 $2l(1-\varepsilon)$,在 $t=0$ 时刻,把这个荷载移去。试证:若 $x=0$ 是杆的中点,则在时刻 t,坐标为 x 的杆的截面位移 $u(x,t)$ 由下式确定:

$$u(x,t) = \frac{8\varepsilon l}{\pi^2} \sum_{n=0}^{\infty} \frac{(-1)^{n+1}}{(2n+1)^2} \sin \frac{(2n+1)}{2l} \pi x \cos \frac{(2n+1)\pi a}{2l} t$$

10. 均匀细杆长为 l,在 $x=0$ 端固定,另一端受着一个沿杆长方向的力 Q,如果在开始一瞬间,突然停止这个力的作用,求杆的纵向振动。

11. 用分离变量法求解下列定解问题

$$\begin{cases} u_t = 4u_{xx} & 0 < x < 1,\ t > 0 \\ u(0,t) = u(1,t) = N_0 \\ u(x,0) = 0 & 0 \leqslant x \leqslant 1 \end{cases}$$

12. 求量子力学中满足如下薛定谔方程的定解问题的处于一维无限深势阱中粒子的状态

$$\begin{cases} \mathrm{i}\hbar \dfrac{\partial}{at} \psi(x,t) = -\dfrac{\hbar^2}{2\mu} \dfrac{\partial^2}{\partial x^2} \psi(x,t) \\ \psi(-a,t) = \psi(a,t) = 0 \\ \psi(x,0) = \dfrac{1}{\sqrt{a}} \sin \dfrac{\pi}{a}(x+a) \end{cases}$$

13. 求解下列定解问题

$$\begin{cases} u_{tt} = a^2 u_{xx} + Ax & 0 < x < l,\ t > 0 \\ u(0,t) = 0, \quad u(l,t) = 0 \\ u(x,0) = 0, \quad u_t(x,0) = 0 \end{cases}$$

14. 设弹簧一端固定,另一端在外力作用下作周期振动,此时定解问题为

$$\begin{cases} u_{tt} = a^2 u_{xx} & 0 < x < l,\ t > 0 \\ u(x,0) = 0, \quad u_t(x,0) = 0 \\ u(0,t) = 0, \quad u(l,t) = A\sin \omega t \end{cases}$$

试求解 $u(x,t)$。其中$\frac{\omega l}{\pi a}$不为正整数，a、l、ω 均为常数。

15. 应用光致聚合物实现全息照相的过程中，相干光照射到材料后，将导致材料内部单体成分发生聚合反应。依据光的干涉特征，在光亮区单体成分被大量消耗，在光暗区单体未发生反应，从而形成单体成分的浓度空间调制分布，进一步会形成相位型光栅。由于浓度差的存在，单体会发生从光暗区向光亮区进行的扩散行为。因此单体分子的扩散过程可以用典型的齐次扩散方程描述。现将模型简化为一维情况，假设曝光范围发生在 $x=0$ 与 $x=l$ 间(包括边界)，在曝光点边缘外部两侧满足第一类边界条件的要求，并且单体浓度分别为常数 u_1，u_2。假设 u 为单体分子的浓度，单体分子的扩散系数为常数 D。

初始条件由光强的空间分布描述为 $u_t(x,0)=\varphi(x)$。

(1) 试写出描述单体分子扩散的定解问题；

(2) 若单体满足的典型一维扩散方程为

$$\begin{cases} u_t - a^2 u_{xx} = 0 \quad 0 < x < l,\ t > 0 \\ u(0,t) = u_1, u(l,t) = u_2, \quad u_1 > 0 \quad u_2 > 0 \\ u_t(x,0) = V\sin\left(\pi + \dfrac{\pi x}{l}\right) \end{cases}$$

将该非齐次边界条件其次化，并写出边界条件齐次化后的定解问题。

(3) 应用分离变量法求解该问题，获得描述单体分子浓度一维时间空间变化的解析解。

16. 人工耳蜗对于声波的接收可以通过一个典型的一维齐次波动方程描述。假设声波在空气中的传播速度为 a，在边界处满足第一类边界条件，并且声波在边界 $x=0$ 处幅度可表达为 u_1，在 $x=2\pi$ 处幅度为 u_2。初始时刻的声波幅度为 $\varphi(x)$，初始时刻声波导致的介质振动速度为 $\varphi(x)$，u_1 与 u_2 为常数。试写出满足声波的一维波动方程，将该方程的非齐次边界条件齐次化，并写出边界条件齐次化后的定解问题。

17. 求解圆外的狄氏问题

$$\begin{cases} \Delta_2 u = 0 \\ u\big|_{\rho=a} = A\cos 2\varphi + B\cos 4\varphi \end{cases}$$

提示：极坐标中 $\Delta_2 u$ 的表达式为 $\Delta_2 u = \frac{1}{\rho}\frac{\partial}{\partial\rho}\left(\rho\frac{\partial u}{\partial\rho}\right) + \frac{1}{\rho^2}\frac{\partial^2 u}{\partial\varphi^2}$

第 11 章　常微分方程的数值求解

11.1　常微分方程问题介绍

在各种实际工程和科学问题中，常常会遇到常微分方程和常微分方程组。例如，受到空气阻力自由下落的物体，其速度可以用如下常微分方程（Ordinary Different Equation，ODE）描述：

$$m\frac{\mathrm{d}v}{\mathrm{d}t}=mg-kv \tag{11.1}$$

其中，g 是重力加速度，k 是与空气阻力有关的系数，m 是物体质量。

根据常微分方程的阶数，可将常微分方程分为一阶、二阶或高阶常微分方程。例如，由弹簧-振子组成的简谐振动系统，其运动形式就由二阶常微分方程描述：

$$m\frac{\mathrm{d}^2x}{\mathrm{d}t^2}=-kx \tag{11.2}$$

这个二阶常微分方程也可以改写为由两个一阶微分方程组成的微分方程组：

$$\begin{cases}\dfrac{\mathrm{d}v}{\mathrm{d}t}=-\dfrac{k}{m}x\\[2ex]\dfrac{\mathrm{d}x}{\mathrm{d}t}=v\end{cases} \tag{11.3}$$

一个二阶常微分方程可写成如下形式

$$a\frac{\mathrm{d}^2x}{\mathrm{d}t^2}+b\frac{\mathrm{d}x}{\mathrm{d}t}+cy+d=0 \tag{11.4}$$

如果式(11.4)中系数 a，b，c 和 d 是常数，或者是不依赖于变量 t 的函数，那么这样的微分方程就是线性微分方程。如果微分方程的系数与 x 或时间 t 有关，则就是非线性方程。例如，描述单摆运动的微分方程中包含有非线性项 $\sin\theta$，因此属于非线性方程：

$$\frac{\mathrm{d}^2\theta}{\mathrm{d}t^2}+\frac{g}{L}\sin\theta=0 \tag{11.5}$$

在实际问题中，几乎所有的微分方程都是非线性的，并且都是无法找到解析解或者精确解的，这样就只能通过数值计算的方法去寻找这些问题的数值近似解。

下面将介绍常微分方程的几种常用解法，包括欧拉法，Heun 方法，龙格库塔法等。这些方法有各自的特点，计算精度和所需要消耗的计算资源也不同，读者可以根据自己所面对的问题和所需要的计算精度自行选择。本章最后还介绍了如何将高阶微分方程转化成一阶微分方程组，从而使用以上方法对其进行数值求解。

11.2 数值微分和差商

在常微分方程和偏微分方程中，都含有函数的求导运算，因此在学习各种数值计算方法之前，需要先掌握数值微分方法。

根据求导的定义，当间隔 Δx 趋向 0 时，函数 $y=f(x)$的导数定义为

$$\frac{\mathrm{d}y}{\mathrm{d}x}=\lim_{\Delta x\to 0}\frac{f(x+\Delta x)-f(x)}{\Delta x} \tag{11.6}$$

函数导数的几何含义为在 x 处函数曲线的斜率。如图 11－1 所示，如果取间隔为 Δx 的两个临近点 x 和 $x+\Delta x$，则可以使用泰勒展开将函数 $f(x+\Delta x)$在 x 附近展开成多项式，即

$$f(x+\Delta x)=f(x)+\Delta x f'(x)+\frac{(\Delta x)^2}{2!}f''(x)+\cdots \tag{11.7}$$

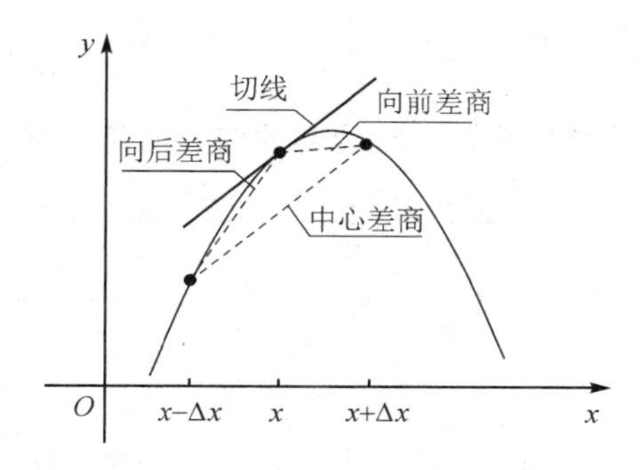

图 11－1

如果忽略高阶项，那么函数在 x 处的导数值可以用下式近似计算：

$$f'(x)=\frac{f(x+\Delta x)-f(x)}{\Delta x}+O(\Delta x) \tag{11.8}$$

该计算导数的方法称为向前差商。类似地，函数 $f(x-\Delta x)$的值也可以展开成多项式：

$$f(x-\Delta x)=f(x)-\Delta x f'(x)+\frac{(\Delta x)^2}{2!}f''(x)+\cdots \tag{11.9}$$

函数在 x 处的导数值也可以用下式近似计算：

$$f'(x)=\frac{f(x)-f(x-\Delta x)}{\Delta x}+O(\Delta x) \tag{11.10}$$

这一计算方法称为向后差商。如果将式(11.7)和式(11.9)相减，即

$$f(x+\Delta x)-f(x-\Delta x)=2\Delta x f'(x)+\frac{2(\Delta x)^3}{3!}f'''(x)+\cdots \tag{11.11}$$

则可以得到中心差商公式：

$$f'(x)=\frac{f(x+\Delta x)-f(x-\Delta x)}{2\Delta x}+O((\Delta x)^2) \tag{11.12}$$

向前和向后差商具有一阶精度，而中心差商具有二阶精度。

可以通过类似的方式求出高阶导数的数值计算方法。例如，使用泰勒展开将函数 $f(x+2\Delta x)$在 x 处展开：

$$f(x+2\Delta x)=f(x)+(2\Delta x)f'(x)+\frac{(2\Delta x)^2}{2!}f''(x)+\cdots \tag{11.13}$$

再将公式(11.7)两边乘2,得

$$2f(x+\Delta x)=2f(x)+2\Delta xf'(x)+(\Delta x)^2f''(x)+\cdots \tag{11.14}$$

式(11.12)与式(11.13)相减后可以得到

$$f(x+2\Delta x)-2f(x+\Delta x)=-f(x)+(\Delta x)^2f''(x)+\cdots \tag{11.15}$$

整理后可以得到二阶导数的计算公式:

$$f''(x)=\frac{f(x+2\Delta x)-2f(x+\Delta x)+f(x)}{(\Delta x)^2}+O(\Delta x) \tag{11.16}$$

等式(11.16)右边第一项被称作向前二阶差商,可以认为其近似等于函数的二阶导数。可以看出,该方法具有一阶精度。

还可以通过中心差商得到二阶导数的数值计算公式:

$$f''(x)=\frac{f(x+\Delta x)-2f(x)+f(x-\Delta x)}{(\Delta x)^2}+O((\Delta x)^2) \tag{11.17}$$

使用类似方法可以得到函数的其他具有一阶精度的向前高阶差商:

$$f'''(x)=\frac{f(x+3\Delta x)-3f(x+2\Delta x)+3f(x+\Delta x)-f(x)}{(\Delta x)^3}+O(\Delta x) \tag{11.18}$$

$$f''''(x)=\frac{f(x+4\Delta x)-4f(x+3\Delta x)+6f(x+2\Delta x)-4f(x+\Delta x)+f(x)}{(\Delta x)^4}+O(\Delta x) \tag{11.19}$$

例1 取 $\Delta x=0.1$,分别使用向前,向后和中心差商计算函数 $f(x)=\mathrm{e}^x$ 在 $x=2$ 处的一阶导数值。使用向前和中心差商计算二阶导数值。

解: 根据题目知,$f(1.9)=6.6859$,$f(2)=7.3891$,$f(2.1)=8.1662$,$f(2.2)=9.0250$。在 $x=2$ 处,函数一阶导数为 $f'(2)=7.3891$。

使用向前差商计算 $x=2$ 处一阶导数值,结果为

$$f'(2)\approx(8.1662-7.3891)/0.1=7.771$$

使用向后差商计算 $x=2$ 处一阶导数值,结果为

$$f'(2)\approx(7.3891-6.6859)/0.1=7.032$$

使用中心差商计算 $x=2$ 处一阶导数值,结果为

$$f'(2)\approx(8.1662-6.6859)/0.2=7.4015$$

上述三种算法误差分别为5.17%、4.83%和0.17%。可见,中心差商方法具有更高的精度。

使用向前差商计算 $x=2$ 处二阶导数值,结果为

$$f''(2)=(9.0250-2\times8.1662+7.3891)/(0.1)^2=8.17$$

使用中心差商计算 $x=2$ 处二阶导数值,结果为

$$f''(2)=(8.1662-2\times7.3891+6.6859)/(0.1)^2=7.39$$

上述两种方法计算二阶导数的误差分别为10.61%,0.083%。

11.3　欧拉法

欧拉法是求解一定初值条件如下的一阶常微分方程的最简单的方法

$$\frac{\mathrm{d}x}{\mathrm{d}t}=f(x,t) \tag{11.20}$$

欧拉法求解常微分方程并非要求函数 $x(t)$ 在任意时刻的值，而是先设置时间间隔 $\Delta t=h$，将时间离散化，这样，第 i 个时间格点所表示的时刻 $t_i=t_0+ih$，再求出每个离散时间格点上的函数值 $x_i=x(t_i)$。

如果使用向前差商(11.8)来表示每一个时间点的导数，则微分方程可表示为

$$\frac{x_{i+1}-x_i}{h}=f(x_i,t_i) \tag{11.21}$$

移项整理后，可以得到显式欧拉迭代公式：

$$x_{i+1}=hf(x_i,t_i)+x_i \tag{11.22}$$

式(11.22)等号的右侧中只包含第 i 时间步的函数值。如图 11－2 所示，如果第 i 步的函数值 x_i 已知，则可以将第 $i+1$ 步的函数值 x_{i+1} 显式地计算出来，因此该方法被称为显式欧拉法。

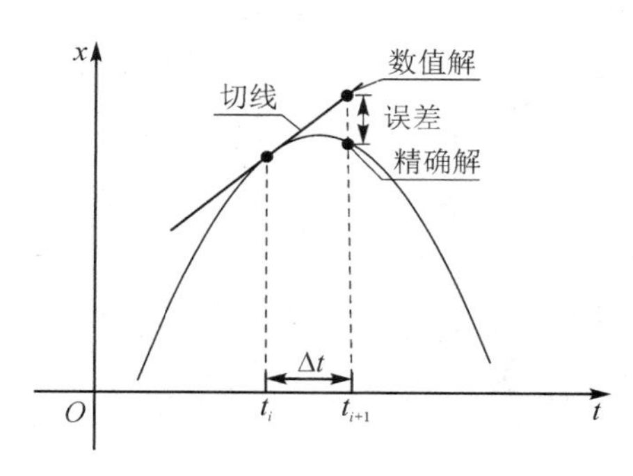

图 11－2

在显式欧拉法中，可以先根据函数初值 x_0，使用公式(11.22)计算出在 t_1 时刻的函数值 x_1，再依次计算出下面每个时间步的函数值 $x_2,x_3,\cdots$。由于使用的向前差商具有一阶精度，显式欧拉法每一步的误差同样为 $O(h)$，这些局部误差累积起来产生的全局误差也为 $O(h)$，因此欧拉法是一种一阶方法。

例 2　在定义域 $1\leqslant t\leqslant 2$ 上，使用欧拉法数值求解常微分方程 $\frac{\mathrm{d}x}{\mathrm{d}t}=1+\frac{x}{t}$，其中初始条件为 $x(1)=2$，时间步长 $h=0.25$。

初值 $t_0=1,x_0=2$，时间步长 $h=0.25$，在欧拉法的第一步中，

$$x_1=2+\left(1+\frac{2}{1}\right)\times 0.25=2.75$$

在第二步中取 $x_1=2.75,t_1=1.25$，则

$$x_2=2.75+\left(1+\frac{2.75}{1.25}\right)\times 0.25=3.55$$

再取 $x_2=3.55, t_2=1.5$，则

$$x_3=3.55+\left(1+\frac{3.55}{1.5}\right)\times 0.25=4.391\ 67$$

接下来，可以计算出：

$$x_4=4.391\ 67+\left(1+\frac{4.391\ 67}{1.75}\right)\times 0.25=5.269\ 05$$

因此，该常微分方程的解析解为 $x(t)=t\ln t+2t$。

表 11－1 对比了不同时间步长下欧拉法数值解和精确解。这些结果表明计算结果的误差与时间步长 h 有关，使用较小的时间步长可以获得更加精确的结果，但同时也增加了计算量。

表 11－1

T	精确解	$h=0.25$	$h=0.125$	$h=0.0625$
1.000 0	2.000 0	2.000 0	2.000 0	2.000 0
1.062 5	2.189 4			2.187 5
1.125 0	2.382 5		2.375 0	2.378 7
1.187 5	2.579 1			2.573 3
1.250 0	2.778 9	2.750 0	2.763 9	2.771 3
1.312 5	2.981 9			2.972 3
1.375 0	3.187 9		2.375 0	3.176 4
1.437 5	3.396 7			3.383 2
1.500 0	3.608 2	3.550 0	3.578 0	3.592 8

在显式的欧拉法中使用了向前差商，利用 $f(x_i,t_i)$ 作为 $x(t)$ 在 t_i 处的斜率来计算 x_{i+1} 处的数值结果，如果使用向后差商，就可以使用 $x(t)$ 在 t_{i+1} 处的斜率 $f(x_{i+1},t_{i+1})$ 来进行计算，这样迭代公式为

$$x_{i+1}=hf(x_{i+1},t_{i+1})+x_i \tag{11.23}$$

方程(11.23)中，未知的函数值 x_{i+1} 同时出现在方程的两侧，并不能通过 x_i 显式的得到，因此该方法又被称为隐式欧拉法。为了得到 x_{i+1}，计算中需要求解上述方程，如果函数 $f(x,t)$ 是非线性函数，则计算量就会明显增加。因为向后差商公式同样具有一阶精度，所以隐式欧拉法的误差同样为 $O(h)$。

11.4 Heun 法

提出 Heun 法主要是为了提高数值计算精度。由 11.3 节关于欧拉法的误差讨论可以知道，想提高数值解的精度，就需要在计算过程中更好地计算函数的斜率。欧拉法使用一步法计算斜率，而 Heun 法用两步法计算斜率来提升计算精度。如图 11－3 所示，Heun 法每一次的计算由两步构成，第一步使用 x_i，t_i 计算斜率，并利用这一斜率计算出下一时间步的位置 x_{i+1}^0，这一步可以看作对下一时间步函数值的预测。x_{i+1}^0 的计算公式如下：

$$x_{i+1}^0=x_i+f(x_i,t_i)h \tag{11.24}$$

接下来，使用第一步中得到的 x_{i+1}^0，重新计算斜率 $f(x_{i+1}^0, t_{i+1})$，并使用新斜率与第一步得到的斜率的平均值作为 t_i 时刻函数的斜率。最后计算下一时间步的新位置 x_{i+1}，这一步可以看作对函数值的校正，因此该方法又被称为预测-校正法。Heun 法的迭代公式如下：

$$x_{i+1} = x_i + \frac{f(x_i, t_i) + f(x_{x+1}^0, t_{i+1})}{2} h \tag{11.25}$$

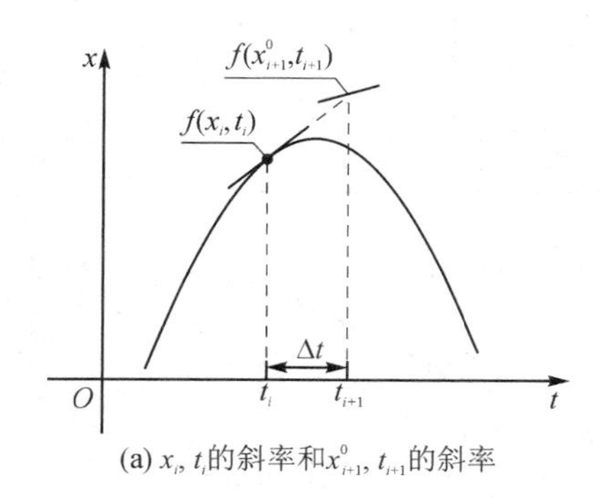

(a) x_i, t_i的斜率和x_{i+1}^0, t_{i+1}的斜率

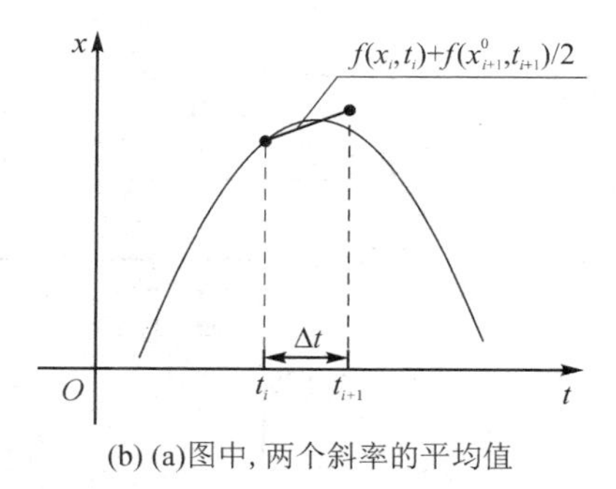

(b) (a)图中，两个斜率的平均值

图 11－3

例 3　使用 Heun 法数值求解例 2 中的常微分方程。

解：时间步长 $h=0.25$，在 Heun 法第一步中 $t_0=1$，$x_0=2$，有

$$f(x_0, t_0) = 1 + \frac{2}{1} = 3$$

$$x_1^0 = 2 + 3 \times 0.25 = 2.75$$

$$f(x_1^0, t_1) = 1 + \frac{2.75}{1.25} = 3.2$$

$$x_1 = 2 + \frac{3 + 3.2}{2} \times 0.25 = 2.775$$

在第二步中 $x_1=2.775$，$t_1=1.25$，有

$$f(x_1, t_1) = 1 + \frac{2.775}{1.25} = 3.22$$

$$x_2^0 = 2.775 + 3.22 \times 0.25 = 3.58$$

$$f(x_2^0, t_2) = 1 + \frac{3.58}{1.5} = 3.386\ 67$$

$$x_2 = 2.775 + \frac{3.22 + 3.386\ 67}{2} \times 0.25 = 3.600\ 83$$

以此类推可得 $x_3=4.468\ 8$，$x_4=5.372\ 9$。表 11－2 所列为精确解与 Heun 法和 Euler 法的对比结果，图 11－4 也展示了欧拉法和 Heun 法所得结果的绝对误差随时间的变化。从这些结果中可以看出 Heun 法所得结果的精度比欧拉法好很多。Heun 法是一种二阶方法，具有二阶精度 $O(h^2)$。

表 11-2

T	精确解	欧拉法	Heun 法
1.000 0	2.000 0	2.000 0	2.000 0
1.250 0	2.778 9	2.750 0	2.775 0
1.500 0	3.608 2	3.550 0	3.600 8
1.750 0	4.479 3	4.391 7	4.468 8
2.000 0	5.386 3	5.269 0	5.372 9

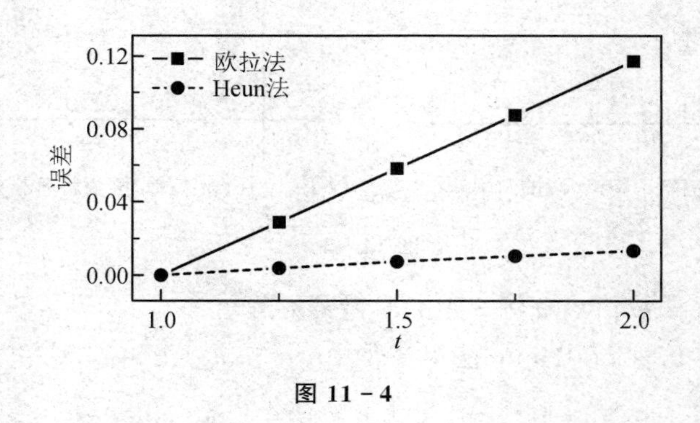

图 11-4

11.5 Runge-Kutta 法

11.5.1 Runge-Kutta 法

Runge-Kutta 法是一种在工程和科学计算领域中常用的高精度数值计算方法，其核心思想是通过多步法计算出 x_i, t_i 处合适的斜率来计算在 t_{i+1} 处的函数值 x_{i+1}，即

$$x_{i+1} = x_i + \phi(x_i, t_i, h)h \tag{11.26}$$

其中，$\phi = a_1k_1 + a_2k_2 + a_3k_3 + \cdots + a_nk_n$ 为增量函数，其中

$$\begin{cases} k_1 = f(x_i, t_i) \\ k_2 = f(x_i + q_{11}k_1h, t_i + p_1h) \\ k_3 = f(x_i + q_{21}k_1h + q_{22}k_2h, t_i + p_2h) \\ \qquad\vdots \\ k_n = f\left(x_i + \sum\limits_{j=1}^{n-1} q_{n-1,j}k_jh, t_i + p_{n-1}h\right) \end{cases} \tag{11.27}$$

式(11.27)中的 n 称为 Runge-Kutta 法所使用的阶，p 和 q 是公式中的一些常数系数。可以看出，一阶 Runge-Kutta 法就是欧拉法。Runge-Kutta 法所使用的阶数越高，精度也就越高，同时计算量也会增大。下面通过二阶 Runge-Kutta 法来介绍公式中系数 p, q 的计算方法。

11.5.2　二阶 Runge - Kutta 法

根据公式(11.26)和公式(11.27)可知，二阶 Runge - Kutta 法的计算迭代公式可以表示为

$$x_{i+1}=x_i+(a_1k_1+a_2k_2)h \tag{11.28}$$

其中，

$$k_1=f(x_i,t_i)k_2=f(x_i+q_{11}k_1h,t_i+p_1h) \tag{11.29}$$

公式(11.29)中，包含 a_1,a_2,p_1 和 q_{11}4 个未知参数，这 4 个未知参数可以通过泰勒展开得到：

$$x_{i+1}=x_i+f(x_i,t_i)h+\left[\frac{\partial f}{\partial t}+f(x_i,t_i)\frac{\partial f}{\partial x}\right]\frac{h^2}{2}+\cdots \tag{11.30}$$

对于二元函数 $g(x,y)$，泰勒展开为 $g(x+r,y+s)=g(x,y)+r\dfrac{\partial g}{\partial x}+s\dfrac{\partial g}{\partial y}+\cdots$，将其带入式(11.29)中 k_2 式，可以得到

$$k_2=f(x_i,t_i)+p_1h\frac{\partial f}{\partial t}+q_{11}k_1h\frac{\partial f}{\partial x}+\cdots \tag{11.31}$$

再将 k_1 代入式(11.31)中的第三项，再将 k_1 和 k_2 代入式(11.28)，可以得到

$$x_{i+1}=x_i+[a_1f(x_i,t_i)+a_2f(x_i,t_i)]h+\left[a_2p_1\frac{\partial f}{\partial t}+a_2q_{11}f(x_i,t_i)\frac{\partial f}{\partial x}\right]h^2+\cdots \tag{11.32}$$

对比式(11.32)和泰勒展开式(11.30)中各项，可以得到以下三个方程：

$$a_1+a_2=1 \tag{11.33}$$

$$a_2p_1=0.5 \tag{11.34}$$

$$a_2q_{11}=0.5 \tag{11.35}$$

这三个方程中包含了 4 个未知数，因此 4 个变量中有一个是独立的。如果设置 $a_1=\dfrac{1}{2}$，则可以得到其他参数的值 $a_2=\dfrac{1}{2}$，$p_1=\dfrac{1}{2}$，$q_{11}=\dfrac{1}{2}$，二阶 Runge - Kutta 法的公式可以写为

$$x_{i+1}=x_i+\left(\frac{1}{2}k_1+\frac{1}{2}k_2\right)h \tag{11.36}$$

其中，$k_1=f(x_i,t_i)$为每一步开始处的斜率，$k_2=f(x_i+hk_1,t_i+h)$为利用 k_1 计算出每一步结束处的斜率。可以看出，这就是 11.4 节的 Huen 方法。

如果取其他 a_1 值，也可以得到不同形式的二阶龙格库塔法公式。例如，如果设置 $a_1=0$，则 $a_1=1$，$p_1=\dfrac{1}{2}$，$q_{11}=\dfrac{1}{2}$，二阶龙格库塔法就写为

$$x_{i+1}=x_i+k_2h \tag{11.37}$$

其中，$k_2=f\left(t_i+\dfrac{1}{2}h,x_i+\dfrac{1}{2}hf(x_i,t_i)\right)$。这一方法又被称作改进的欧拉法。

11.5.3　四阶 Runge - Kutta 法

四阶 Runge - Kutta ($n=4$)需要计算 4 次 $f(x,t)$函数，其结果具有四阶精度 $O(h^4)$。该方法取得了计算效率和结果精度的平衡，被广泛应用于商业软件和数值求解各种工程问题。

这里不再推导四阶 Runge - Kutta 法，仅仅给出最常用的四阶 Runge - Kutta 法计算公式：

$$x_{i+1}=x_i+\left[\frac{1}{6}(k_1+2k_2+2k_3+k_4)\right]h \tag{11.38}$$

其中，

$$k_1=f(x_i,t_i)k_2=f\left(x_i+\frac{1}{2}hk_1,t_i+\frac{1}{2}h\right)k_3$$
$$=f\left(x_i+\frac{1}{2}hk_2,t_i+\frac{1}{2}h\right)k_4=f(x_i+hk_3,t_i+h) \tag{11.39}$$

例 4 利用四阶 Runge - Kutta 法求解常微分方程$\frac{dx}{dt}=x\cos t$，初始条件为 $x(0)=1$，时间步长为 $h=0.25$。

解：根据题目描述，设置初始条件为 $x_0=1,t_0=0$。利用公式(11.38)和公式(11.39)，四阶 Runge - Kutta 法前两步各个系数的计算结果为

$$k_1=\cos(0)=1k_2=\left(1+\frac{1}{2}\times0.25\times1\right)\cos\left(\frac{0.25}{2}\right)$$
$$=1.116\,22k_3=\left(1+\frac{1}{2}\times0.25\times1.116\,22\right)\cos\left(\frac{0.25}{2}\right)$$
$$=1.130\,64k_4=(1+0.25\times1.130\,64)\cos(0.25)$$
$$=1.242\,79x_1=1+\left[\frac{1}{6}(1+2\times1.116\,22+2\times1.130\,64+1.242\,78)\right]\times0.25$$
$$=1.280\,69$$

在第二步的计算中，使用 $x_1=1.280\,69,t_1=0.25$，则计算结果为

$$k_1=1.280\,69\cos(0.25)=1.240\,88k_2$$
$$=\left(1.280\,69+\frac{1}{2}\times0.25\times1.240\,88\right)\cos\left(0.25+\frac{0.25}{2}\right)=1.336\,02k_3$$
$$=\left(1.280\,69+\frac{1}{2}\times0.25\times1.336\,02\right)\cos\left(0.25+\frac{0.25}{2}\right)=1.347\,09k_4$$
$$=(1.280\,69+0.25\times1.347\,09)\cos(0.25+0.25)=1.419\,46x_2$$
$$=1.280\,69+\left[\frac{1}{6}(1.240\,87+2\times1.336\,02+2\times1.347\,09+1.419\,45)\right]\times0.25$$
$$=1.615\,13$$

不断重复以上步骤，就可以计算每一个时间步上的 x 值。表 11 - 3 给出了各个时间点上该微分方程解的精确值，图 11 - 5 对比了 Heun 法和四阶 Runge - Kutta 法给出的数值计算结果的绝对误差。可以看出，四阶 Runge - Kutta 法的精度非常高，与精确解几乎没有差别。

表 11 - 3

时　间	0	0.25	0.5	0.75	1	1.25	1.5	1.75	2
精确解	1	1.280 7	1.615 15	1.977 12	2.319 78	2.583 09	2.711 48	2.675 1	2.482 58
Heun 法	1	1.276 39	1.604 92	1.959 96	2.295 81	2.553 58	2.678 58	2.641 53	2.451 39
Runge - Kutta 法	1	1.280 69	1.615 13	1.977 09	2.319 74	2.583 04	2.711 44	2.675 05	2.482 54

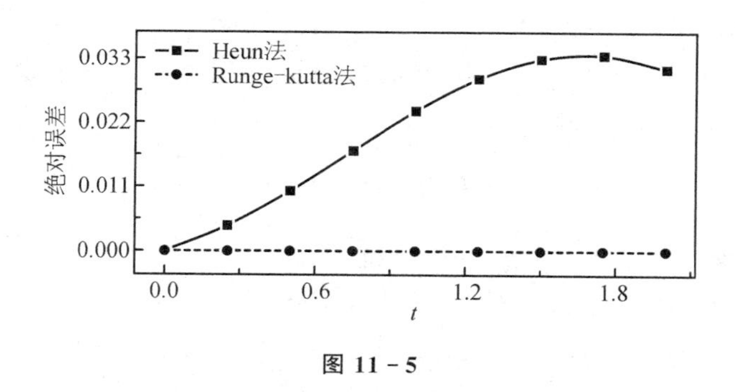

图 11 - 5

11.6　高阶微分方程和常微分方程组的数值解法

在实际工程问题中，经常会遇到高阶微分方程或者由多个相互耦合的一阶微分方程构成的方程组，高阶微分方程可以转化为一阶微分方程组再进行求解。一个由 n 个一阶微分方程组成的方程组可以表示为

$$\begin{aligned}\frac{\mathrm{d}x_1}{\mathrm{d}t}&=f_1(t,x_1,x_2,\cdots,x_n)\\\frac{\mathrm{d}x_2}{\mathrm{d}t}&=f_2(t,x_1,x_2,\cdots,x_n)\\&\vdots\\\frac{\mathrm{d}x_n}{\mathrm{d}t}&=f_n(t,x_1,x_2,\cdots,x_n)\end{aligned}\tag{11.40}$$

接下来，本节通过一个例题，介绍如何将高阶微分方程改写为微分方程组，并使用四阶 Runge - Kutta 法进行数值求解。

例 5　使用欧拉法和四阶 Runge - Kutta 法，在时间范围 $0\leqslant t\leqslant 3$ 求解如下二阶微分方程，时间步长 $h=0.1$。

$$\frac{\mathrm{d}^2x}{\mathrm{d}t^2}+2\frac{\mathrm{d}x}{\mathrm{d}t}+4x=0\tag{11.41}$$

初始条件为 $x(0)=2,x'(0)=0$ 。

首先，将 $\frac{\mathrm{d}x}{\mathrm{d}t}=y$ 看作另一个变量，则式(11.41)可分解为由两个一阶微分方程构成的方程组，即

$$\frac{\mathrm{d}x}{\mathrm{d}t}=y\ \frac{\mathrm{d}y}{\mathrm{d}t}=-2y-4x\tag{11.42}$$

初始条件为 $x(0)=2,y(0)=0$。

如果使用欧拉法，则方程(11.42)的差分形式可以写为

$$x_{i+1}=x_i+f_1(x_i,y_i,t)h=x_i+y_ihy_{i+1}=y_i+f_2(x_i,y_i,t)h=y_i+(-2y_i-4x_i)h\tag{11.43}$$

取时间步长 $h=0.1$，欧拉法的第一步计算结果为

$$x_1=2+0\times0.1=2y_1=0+(-2\times0-4\times2)\times0.1=-0.8$$

第二步的计算结果为

$$x_2=2-0.8\times0.1=1.92y_2=-0.8+[-2\times(-0.8)-4\times2]\times0.1=-1.44$$

使用四阶 Runge - Kutta 法,可得

$$x_{i+1}=x_i+\left[\frac{1}{6}(k_{1x}+2k_{2x}+2k_{3x}+k_{4y})\right]hy_{i+1}=y_i+\left[\frac{1}{6}(k_{1y}+2k_{2y}+2k_{3y}+k_{4y})\right]h$$

上式中的各系数分别为

$$k_{1x}=f_1(x_i,y_i,t_i)$$

$$k_{2x}=f_1\left(x_i+\frac{1}{2}hk_{1x},y_i+\frac{1}{2}hk_{1y},t+\frac{1}{2}h\right)$$

$$k_{3x}=f_1\left(x_i+\frac{1}{2}hk_{2x},y_i+\frac{1}{2}hk_{2y},t+\frac{1}{2}h\right)$$

$$k_{4x}=f_1(x_i+hk_{3x},y_i+hk_{3y},t+h)$$

$$k_{1y}=f_2(x_i,y_i,t_i)$$

$$k_{2y}=f_2\left(x_i+\frac{1}{2}hk_{1x},y_i+\frac{1}{2}hk_{1y},t+\frac{1}{2}h\right)$$

$$k_{3y}=f_2\left(x_i+\frac{1}{2}hk_{2x},y_i+\frac{1}{2}hk_{2y},t+\frac{1}{2}h\right)$$

$$k_{4y}=f_2(x_i+hk_{3x},y_i+hk_{3y},t+h)$$

例如,当取初值 $x_0=2,y_0=0$,时间步长 $h=0.1$ 时,上式中的系数计算结果分别为 $k_{1x}=0,k_{2x}=-0.4,k_{3x}=-0.36,k_{4x}=-0.72,k_{1y}=-8,k_{2y}=-7.2,k_{3y}=-7.2,k_{4y}=-6.416$,因此解出 $x_1=1.962\,667,y_1=-0.720\,267$。下面,可以用这一结果计算下一步的数值。该问题的精确解为

$$y(x)=2e^{-x}\left[\cos(\sqrt{3}x)+\frac{1}{\sqrt{3}}\sin(\sqrt{3}x)\right] \tag{11.44}$$

表 11 - 4 比较了这一问题各个时间点的精确解,以及步长为 $h=0.1$ 时欧拉法和四阶 Runge - Kutta 法的结果。

表 11 - 4

t/s	精确解	欧拉法	Runge - Kutta 法
0	2	2	2
0.5	1.319 40	1.359 36	1.319 41
1	0.301 15	0.185 38	0.301 14
1.5	−0.248 71	−0.429 15	−0.248 73
2	−0.306 25	−0.400 12	−0.306 26
2.5	−0.149 18	−0.121 28	−0.149 18
3	−0.004 58	0.076 168	−0.004 57

第12章 偏微分方程的数值求解

12.1 偏微分方程的定义和有限差分方法

偏微分方程中的多元函数会包含两个或多个独立变量，函数通过偏微分方程联系起来。例如，热传导方程就是将温度在时空上的分布函数通过对函数求偏导联系起来的，其表达形式为

$$\frac{\partial u(x,t)}{\partial t}=k\frac{\partial^2 u(x,t)}{\partial x^2} \tag{12.1}$$

在物理系统中，最常见的偏微分方程是二阶偏微分方程，包括热传导方程、拉普拉斯方程和振动方程等。二阶偏微分方程中可能会包含三个空间变量 x,y,z 和一个时间变量 t。

如果偏微分方程中的系数只包含常数项，或者只是独立变量的函数，则该方程为线性方程。下面的两个方程都是线性偏微分方程：

$$\frac{\partial^2 u}{\partial x^2}+\frac{\partial^2 u}{\partial y^2}+u=5 \tag{12.2}$$

$$(x+y)\frac{\partial^2 u}{\partial x^2}+\frac{\partial^2 u}{\partial x\partial y}+\frac{\partial u}{\partial y}=y^2 \tag{12.3}$$

如果方程中的系数是 u 的函数，或者方程中微分项幂次数不为1，则该方程属于非线性偏微分方程。下面的微分方程中包含微分项的0.5次方，因此属于非线性偏微分方程。

$$\frac{\partial^2 u}{\partial x^2}+\left(\frac{\partial u}{\partial y}\right)^{0.5}=0 \tag{12.4}$$

很多实际工程问题所涉及的物理现象都是由偏微分方程描述的。例如，飞机机翼在负载下的振动问题；某个零件受热时，其内部的热传导问题；以及零件表面温度分布问题等。虽然这些实际问题可以用明确的偏微分方程进行描述，但其不规则的形状和复杂的边界条件使其很难被解析求解，因此只能使用有限差分法对其进行数值求解。

后面内容将详细地介绍各种偏微分方程的数值解法。在数值求解偏微分方程的过程中，还需要知道材料的边界条件和初始条件。经常会遇到下面两类边界条件。

第一类边界条件又叫作 Dirichlet 条件，这一类边界条件由边界处温度 $u(x,t)$ 的函数值给出。例如，在热传导问题中材料边界处的温度 $u(0,t)=T_1$。

第二类边界条件又叫作 Neumann 条件，这一类边界条件由边界处因变量的梯度给出。例如，在一维热传导问题中，如果一端是绝热的，则要求 $\partial u/\partial x=0$。

在数值求解偏微分方程的过程中，还需要初始条件的信息。例如，对于一维热传导问题，初始条件用在 $t=0$ 时刻的长杆上的温度分布函数 $u(x,0)=f(x)$ 描述。

有限差分方法求解偏微分方程的基本思想也是用空间和时间上离散格点的函数值去描述函数，因此同样需要先对时间和空间进行离散化，然后将方程中的各种偏导写成差商形式。这

样就将求解偏微分方程转化成求解代数方程组的问题。下面章节将分别介绍椭圆型、抛物型和双曲型偏微分方程的数值求解方法。

12.2 椭圆型方程的数值求解

下面考虑描述稳态下导热平板温度分布的椭圆形偏微分方程：

$$\frac{\partial^2 T}{\partial x^2}+\frac{\partial^2 T}{\partial y^2}=0 \tag{12.5}$$

该微分方程的解为温度在二维空间中的分布函数 $T(x,y)$。当使用有限差分方法数值求解该方程时，需要先沿着 x 和 y 轴方向将平面分割成一系列的空间格子，如图 12－1 所示。在两个方向上空间格点的间隔分别为 Δx 和 Δy；在第 i 行和第 j 列的空间格点上，材料的温度用符号 $T_{i,j}$ 表示。

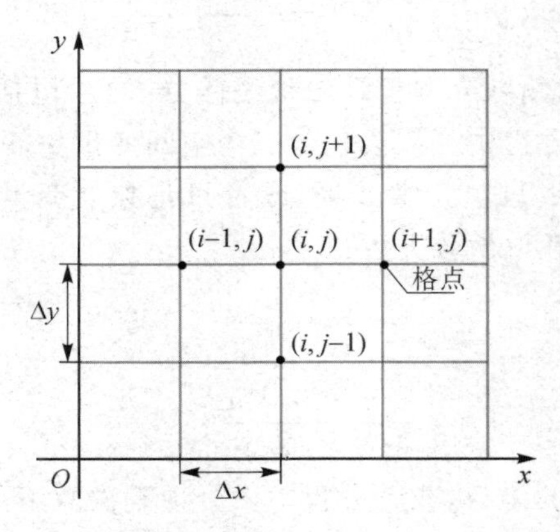

图 12－1

接下来，有限差分方法要将偏微分方程(12.5)转换成代数方程，利用二阶微分项可以表示为

$$\frac{\partial^2 T}{\partial x^2}=\frac{T_{i+1,j}-2T_{i,j}+T_{i-1,j}}{(\Delta x)^2}\quad \frac{\partial^2 T}{\partial y^2}=\frac{T_{i,j+1}-2T_{i,j}+T_{i,j-1}}{(\Delta y)^2} \tag{12.6}$$

如果使 $\Delta x=\Delta y$，公式(12.5)就可以写成如下线性方程：

$$T_{i+1,j}+T_{i-1,j}+T_{i,j+1}+T_{i,j-1}-4T_{i,j}=0 \tag{12.7}$$

由方程(12.7)可知，空间中每个格点的温度可以由最近邻的四个格点温度求出。在整个平面上，除了通过第一类边界条件给出边界处的格点温度，在每个格点上都可以写出一个这样的线性方程，并组成一个线性方程组。通过对线性方程组求解，就可以得到各个格点的温度。

例 1 使用有限差分方法求解拉普拉斯方程

$$\frac{\partial^2 u}{\partial x^2}+\frac{\partial^2 u}{\partial y^2}=0 \quad 0\leqslant x\leqslant 1, 0\leqslant y\leqslant 1 \tag{12.8}$$

解： 设置 $\Delta x=\Delta y=0.25$ 的边界条件为

$$u(x,0)=0, u(x,1)=xu(0,y)=0, u(1,y)=y$$

并与精确解 $u(x,y)=xy$ 进行比较。

如图 12－2 所示，空间间隔为 0.25，有限差分法需要先将空间分割成 5×5 的格子，空间中

格点 i,j 处的函数值记为 $u_{i,j}$。只有内部 9 个格点的函数值是未知的，其余边界处 16 个格点的函数值已知，分别为 $u_{1,1}=u_{1,2}=u_{1,3}=u_{1,4}=u_{1,5}=u_{2,1}=u_{3,1}=u_{4,1}=u_{5,1}=0$，$u_{2,5}=u_{5,2}=0.25$，$u_{5,3}=u_{3,5}=0.5$，$u_{5,4}=u_{4,5}=0.75$，$u_{5,5}=1$。利用公式(12.7)，可以写出内部 9 个格点所

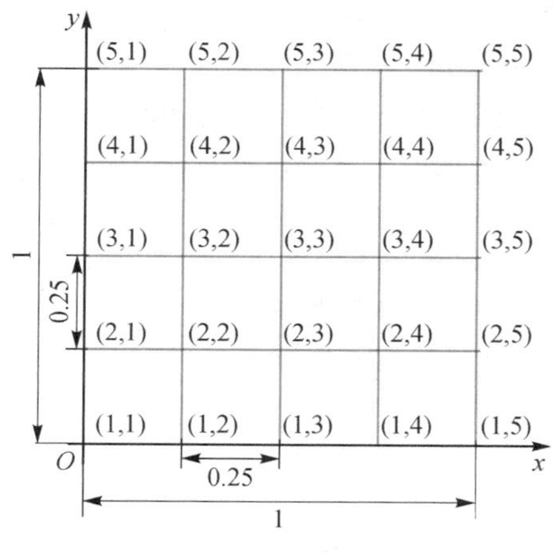

图 12－2

需要满足的代数方程：

$$
\begin{aligned}
0+0+u_{2,3}+u_{3,2}-4u_{2,2} &= 0u_{2,2}+0+u_{2,4}+u_{3,3}-4u_{2,3} \\
&= 0u_{2,3}+0+0.25+u_{3,4}-4u_{2,4}=00+u_{2,2}+u_{3,3}+u_{4,2}-4u_{3,2} \\
&= 0u_{3,2}+u_{2,3}+u_{3,4}+u_{4,3}-4u_{3,3}=0u_{3,3}+u_{2,4}+0.5+u_{4,4}-4u_{3,4} \\
&= 00+u_{3,2}+u_{4,3}+0.25-4u_{4,2}=0u_{4,2}+u_{3,3}+u_{4,4}+0.5-4u_{4,3} \\
&= 0u_{4,3}+u_{3,4}+0.75+0.75-4u_{4,4}=0
\end{aligned}
\tag{12.9}
$$

该代数方程可以写成如下矩阵的形式：

$$
\begin{bmatrix}
4 & -1 & 0 & -1 & 0 & 0 & 0 & 0 & 0 \\
-1 & 4 & -1 & 0 & -1 & 0 & 0 & 0 & 0 \\
0 & -1 & 4 & 0 & 0 & -1 & 0 & 0 & 0 \\
-1 & 0 & 0 & 4 & -1 & 0 & -1 & 0 & 0 \\
0 & -1 & 0 & -1 & 4 & -1 & 0 & -1 & 0 \\
0 & 0 & -1 & 0 & -1 & 4 & 0 & 0 & -1 \\
0 & 0 & 0 & -1 & 0 & 0 & 4 & -1 & 0 \\
0 & 0 & 0 & 0 & -1 & 0 & -1 & 4 & -1 \\
0 & 0 & 0 & 0 & 0 & -1 & 0 & -1 & 4
\end{bmatrix}
\begin{bmatrix}
u_{2,2} \\ u_{2,3} \\ u_{2,4} \\ u_{3,2} \\ u_{3,3} \\ u_{3,4} \\ u_{4,2} \\ u_{4,3} \\ u_{4,4}
\end{bmatrix}
=
\begin{bmatrix}
0 \\ 0 \\ 0.25 \\ 0 \\ 0 \\ 0.5 \\ 0.25 \\ 0.5 \\ 1.5
\end{bmatrix}
\tag{12.10}
$$

求解后可得各个格点上的函数值，表 12－1 为有限差分法数值解结果和精确解结果的对比。

表 12－1

函　数	$u_{2,2}$	$u_{2,3}$	$u_{2,4}$	$u_{3,2}$	$u_{3,3}$	$u_{3,4}$	$u_{4,2}$	$u_{4,3}$	$u_{4,4}$
精确解	0.062 5	0.125	0.187 5	0.125 0	0.250 0	0.375 0	0.187 5	0.375 0	0.562 5
数值解	0.062 5	0.125 0	0.187 5	0.125 0	0.250 0	0.375 0	0.187 5	0.375 0	0.562 5

12.3 抛物型方程的数值求解

抛物型方程也是物理系统中一种常见的偏微分方程,最常见的抛物型偏微分方程是热传导方程。本节考虑一维热传导问题:在 x 轴方向上有一根长度为 L 的长杆,其密度为 ρ、热容量为 c、导热系数为 k,杆上各点的温度用空间位置 x 和时间 t 的函数 $T(x,t)$ 描述,并且满足热传导方程

$$k\frac{\partial^2 T}{\partial x^2}=\rho c\frac{\partial T}{\partial t} \tag{12.11}$$

使用有限差分法求解热传导方程时,同样需要将 $T(x,t)$ 沿空间和时间分割成格点。例如,空间格点间隔为 Δx,时间格点间隔为 Δt,第 i 个空间格点、第 n 个时间步的温度用符号 $T_i^n=T(\mathrm{i}\Delta x,n\Delta t)$ 表示。

12.3.1 显式方法

显式方法是求解抛物型偏微分方程的各种方法中最简单的一种。在显式方法中,温度随时间的一阶偏导可以表示为

$$\frac{\partial T}{\partial t}=\frac{T_i^{n+1}-T_i^n}{\Delta t} \tag{12.12}$$

二阶空间偏导可表示为

$$\frac{\partial^2 T}{\partial x^2}=\frac{T_{i+1}^n-2T_i^n+T_{i-1}^n}{(\Delta x)^2} \tag{12.13}$$

将式(12.12)和式(12.13)带入方程(12.11),可以得到代数方程:

$$\frac{k}{\rho c}\frac{T_{i+1}^n-2T_i^n+T_{i-1}^n}{(\Delta x)^2}=\frac{T_i^{n+1}-T_i^n}{\Delta t} \tag{12.14}$$

整理后可以发现,在 $n+1$ 时间步、格点 i 上的温度可以由第 n 步上格点 $i-1,i,i+1$ 的温度完全确定,即

$$T_i^{n+1}=T_i^n+\alpha(T_{i+1}^n-2T_i^n+T_{i-1}^n) \tag{12.15}$$

其中,$\alpha=\dfrac{k\Delta t}{\rho c(\Delta x)^2}$。这样一个计算过程可以通过图 12-3 表示出来,由于在该方法中,未知的 $n+1$ 时间步的温度完全由第 n 步的温度显式的计算出来,因此该方法被称作显式方法。

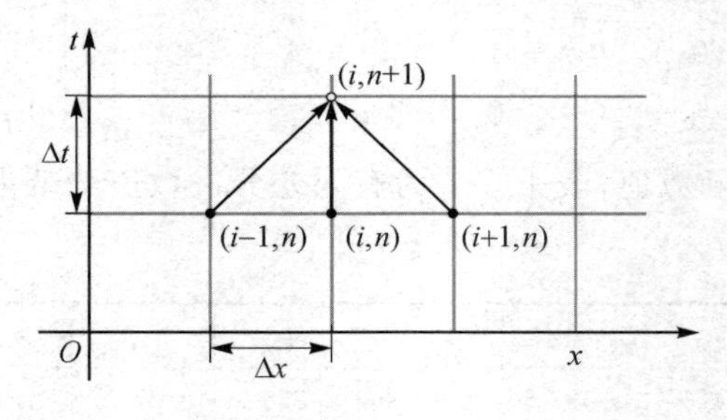

图 12-3

显式方法虽然简单清晰，但空间间隔 Δx 和时间间隔 Δt 需要满足条件一定的条件：$\Delta t \leqslant \frac{\rho c(\Delta x)^2}{2k}$，或者 $\alpha \leqslant 0.5$，否则计算结果将发散。在这一条件中，时间间隔 Δt 需要随着空间间隔 $(\Delta x)^2$ 减小，因此时间间隔常常需要取值很小，这样增加了计算复杂度。

例 2　长度 $L=1$ 的长杆，如果 $k/\rho c=1$，时间 $t=0$ 时，长杆上的温度为 $T(x,0)=\sin(2\pi x)$，长杆两端温度固定为 $T=0$，长杆空间间隔 $\Delta x=0.1$，时间间隔 $\Delta t=0.005$，在时间 $0<t<0.1$ 范围内，使用显式方法计算温度函数 $T(x,t)$ 在各格点上的数值。

解：

根据题目知参数 $\alpha=\frac{k}{\rho c}\frac{\Delta t}{(\Delta x)^2}=(1)\frac{0.005}{(0.1)^2}=0.5$，满足稳定性条件。由 $\Delta x=0.1$ 可知每个时刻上都具有 11 个空间格点。由初始条件可知，在第 0 个时间格点，$T_i^0=\sin(0.2i\pi)$。例如 $T_0^0=0$，$T_1^0=\sin(0.2\pi)=0.587\,785$，$T_2^0=\sin(0.4\pi)=0.951\,057$。

使用公式(12.15)计算 $n=1$，$i=1$ 格点的温度：

$$T_1^1=0.587\,785+0.5\times(0.951\,057-2\times 0.587\,785+0)=0.475\,529$$

可以用这一方法来确定其他格点上的函数值。该方程解析解为 $u(x,t)=\mathrm{e}^{-4\pi^2 t}\sin(2\pi x)$，表 12－2 所列为各时刻不同格点用显式法得出的数值解和精确解的数值结果。

表 12－2

t	x					
	0	1	2	3	4	5
0	0	0.587 785	0.951 057	0.951 057	0.587 785	0
0.02	0	0.251 796	0.407 415	0.407 415	0.251 796	0
	0	0.266 878	0.431 818	0.431 818	0.266 878	0
0.04	0	0.107 865	0.174 529	0.174 529	0.107 865	0
	0	0.121 174	0.196 063	0.196 063	0.121 174	0
0.06	0	0.046 207	0.074 765	0.074 765	0.046 207	0
	0	0.055 018	0.089 021	0.089 021	0.055 018	0
0.08	0	0.019 794	0.032 028	0.032 028	0.019 794	0
	0	0.024 98	0.040 419	0.040 419	0.024 98	0
0.10	0	0.008 48	0.013 72	0.013 72	0.008 48	0
	0	0.011 342	0.018 352	0.018 352	0.011 342	0

如果选择更小的时间或空间间隔，显式法可以给出精度更高的数值计算结果，同时也会使用更多的计算资源。但如果所选择的 $\alpha>0.5$，则在计算足够多的时间步后，隐藏在数值中的微小误差将会放大发散，无法得到正确结果。图 12－4 给出了例 2 在参数 $\Delta x=0.05$、$\Delta t=0.002\,5$、$\alpha=1$ 下的计算结果。可以看出，时间 $t=0.1$ 时，结果开始出现明显的发散的现象。

12.3.2　隐式方法

隐式方法的提出是为了解决当 Δt 太大时显式方法计算结果发散的问题，但是隐式方法

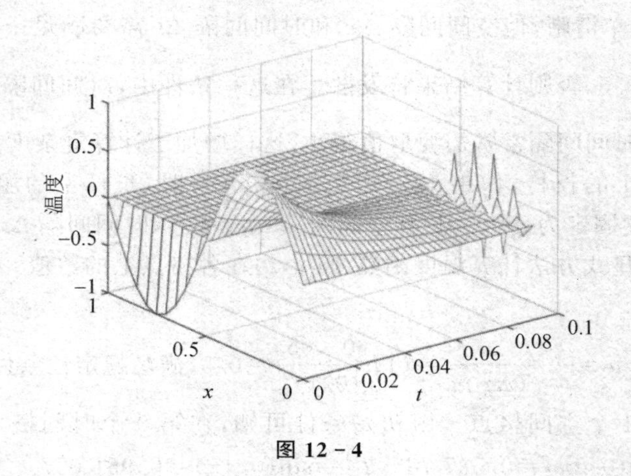

图 12-4

需要求解线性方程组，增加了算法的计算量。在隐式方法中，温度随时间偏导依然表示为

$$\frac{\partial T}{\partial t}=\frac{T_i^{n+1}-T_i^n}{\Delta t} \tag{12.16}$$

二阶空间偏导则由第 $n+1$ 时间步的中心差商给出：

$$\frac{\partial^2 T}{\partial x^2}=\frac{T_{i+1}^{n+1}-2T_i^{n+1}+T_{i-1}^{n+1}}{(\Delta x)^2} \tag{12.17}$$

这样，热传导方程可以写为如下线性方程：

$$T_i^{n+1}=T_i^n+\frac{k\Delta t}{\rho c(\Delta x)^2}(T_{i+1}^{n+1}-2T_i^{n+1}+T_{i-1}^{n+1}) \tag{12.18}$$

整理后可以得到

$$-\alpha T_{i-1}^{n+1}+(1+2\alpha)T_i^{n+1}-\alpha T_{i+1}^{n+1}=T_i^n \tag{12.19}$$

方程(12.19)等号右侧第 n 时间格点的温度值是已知的，但等号左侧包含了空间格点 $i-1,i,i+1$ 在 $n+1$ 时间格点的温度值。这一方法的计算过程如图 12-5 所示，在 $n+1$ 时间步上，空间各格点的温度耦合在一起，需要求解一个三对角线性方程才可以将其全部解出。由于在该方法中 $n+1$ 时间步上某一空间格点的温度值并不能由 n 时间步温度直接计算得出，因此该方法被称为隐式方法。

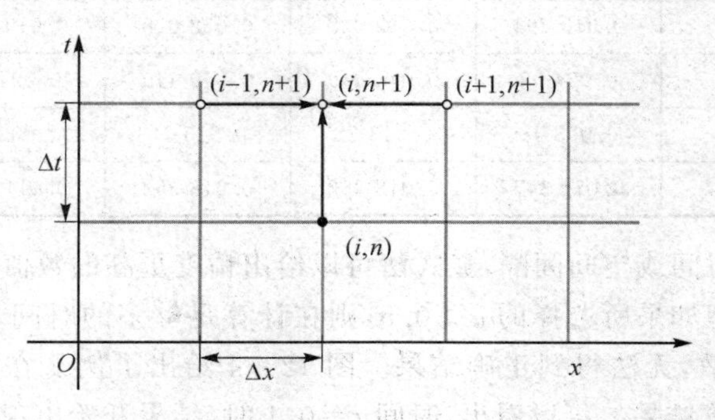

图 12-5

隐式方法没有稳定性问题，不会产生结果的发散，不需要对时间步长进行限制，但是如果选择太大的时间步长，计算结果的精度会很差。同时，隐式方法需要求解线性方程组，这样就

需要使用更多的计算资源。

例 3　使用隐式法重新求解例 2 中的问题。时间步长 $\Delta t=0.01$，这一时间步长已经超过了显式方法的稳定性条件。

解：当 $\Delta t=0.01$，$\Delta x=0.1$ 时，$\alpha=1$，方程(12.19)变为

$$-T_{i-1}^{n+1}+3T_i^{n+1}-T_{i+1}^{n+1}=T_i^n \tag{12.20}$$

由于空间分为 10 个空间间隔，因此每个时间步有 11 个温度格点，其中 $T_1^n=T_{11}^n=0$ 为边界处的温度。时间步中每个其他温度格点都可以写出这样一个线性方程，如果使用矩阵，可以表示为

$$\begin{bmatrix} 1 & & & & & \\ -1 & 3 & -1 & & & \\ & -1 & 3 & -1 & & \\ & & \ddots & \ddots & \ddots & \\ & & & -1 & 3 & -1 \\ & & & & & 1 \end{bmatrix}\begin{bmatrix} T_1^{n+1} \\ T_2^{n+1} \\ T_3^{n+1} \\ \vdots \\ T_{10}^{n+1} \\ T_{11}^{n+1} \end{bmatrix}=\begin{bmatrix} T_1^n \\ T_2^n \\ T_3^n \\ \vdots \\ T_{10}^n \\ T_{11}^n \end{bmatrix} \tag{12.21}$$

通过高斯消元法或者 LU 分解可以求解该方程。表 12-3 所列为一些时刻不同空间格点用隐式法得出的温度值与精确解的对比。隐式方法和显式方法一样，只具有一阶精度。

表 12-3

t	x					
	1	2	3	4	5	6
0	0	0.587 785	0.951 057	0.951 057	0.587 785	0
0.02	0	0.307 768	0.497 98	0.497 98	0.307 768	0
	0	0.266 878	0.431 818	0.431 818	0.266 878	0
0.04	0	0.161 15	0.260 746	0.260 746	0.161 15	0
	0	0.121 174	0.196 063	0.196 063	0.121 174	0
0.06	0	0.084 379	0.136 528	0.136 528	0.084 379	0
	0	0.055 018	0.089 021	0.089 021	0.055 018	0
0.08	0	0.044 181	0.071 487	0.071 487	0.044 181	0
	0	0.024 98	0.040 419	0.040 419	0.024 98	0
0.10	0	0.023 134	0.037 431	0.037 431	0.023 134	0
	0	0.011 342	0.018 352	0.018 352	0.011 342	0

12.3.3　Crank-Nicolson 方法

Crank-Nicolson(CN)方法也是一种隐式方法，具有很好的稳定性。与隐式方法相比，CN 方法在时间和空间上都具有二阶精度，因此所得结果的误差更小。

首先，温度的时间偏导依然用第 n 步和第 $n+1$ 步的温度差表示

$$\frac{\partial T}{\partial t}=\frac{T_i^{n+1}-T_i^n}{\Delta t} \tag{12.22}$$

而二阶空间偏导则使用第 n 步和第 $n+1$ 步空间二阶差商的平均值：

$$\frac{\partial^2 T}{\partial x^2}=\frac{1}{2}\left[\frac{T_{i+1}^{n+1}-2T_i^{n+1}+T_{i-1}^{n+1}}{(\Delta x)^2}+\frac{T_{i+1}^{n}-2T_i^{n}+T_{i-1}^{n}}{(\Delta x)^2}\right] \tag{12.23}$$

将式(12.22)和式(12.23)代入热传导方程(2.11)后可以得到以下差分形式

$$-\alpha T_{i-1}^{n+1}+2(1+\alpha)T_i^{n+1}-\alpha T_{i+1}^{n+1}=\alpha T_{i-1}^{n}+2(1-\alpha)T_i^{n}+\alpha T_{i+1}^{n} \tag{12.24}$$

式(12.24)等号右侧 $i-1,i,i+1$ 处各格点温度已知，而等号左侧 $i-1,i,i+1$ 处各格点温度未知。同样，未知时刻各格点不能通过已知信息显式计算出来，因此 CN 方法也是一种隐式方法。该方法在温度格点上的计算过程如图 12-6 所示。由于在空间二阶偏导上使用了中心差商的平均值，因此该方法比隐式方法的计算精度更高。

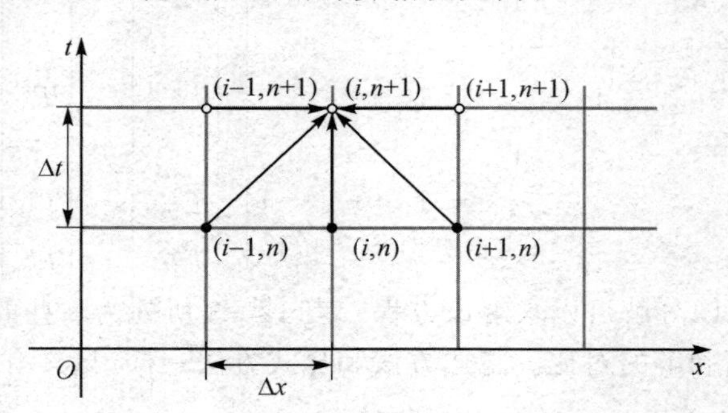

图 12-6

例 4 使用 CN 方法求解例 2 中的问题。时间步长 $\Delta t=0.02$，$\Delta x=0.1$。

解： 当 $\Delta t=0.02$，$\Delta x=0.1$ 时，$\alpha=2$，这样方程(12.24)变为

$$-2T_{i-1}^{n+1}+6T_i^{n+1}-2T_{i+1}^{n+1}=2T_{i-1}^{n}-2T_i^{n}+2T_{i+1}^{n} \tag{12.25}$$

同样，可将方程(12.25)应用于 T_2^n 到 T_{10}^n，写成矩阵形式后有

$$\begin{bmatrix} 1 & & & & & \\ -1 & 3 & -1 & & & \\ & -1 & 3 & -1 & & \\ & & \ddots & \ddots & \ddots & \\ & & & -1 & 3 & -1 \\ & & & & & 1 \end{bmatrix}\begin{bmatrix} T_1^{n+1} \\ T_2^{n+1} \\ T_3^{n+1} \\ \vdots \\ T_{10}^{n+1} \\ T_{11}^{n+1} \end{bmatrix}=\begin{bmatrix} 1 & & & & & \\ 1 & -1 & 1 & & & \\ & 1 & -1 & 1 & & \\ & & \ddots & \ddots & \ddots & \\ & & & 1 & -1 & 1 \\ & & & & & 1 \end{bmatrix}\begin{bmatrix} T_1^{n} \\ T_2^{n} \\ T_3^{n} \\ \vdots \\ T_{10}^{n} \\ T_{11}^{n} \end{bmatrix} \tag{12.26}$$

使用高斯消元法或者 LU 分解，可以求解此线性方程组。表 12-4 所列为各时刻用 CN 法得出的一些空格点上的温度值与精确解的对比。由此表中可以看出，虽然计算中使用了更大的时间步长，但相比显式法和隐式法，CN 法的计算结果精度更高。

表 12-5 对比了 $\Delta x=0.1$ 和 $\Delta x=0.05$，在不同的 Δt 下，用显式法、隐式法和 CN 方法在 $t=0.1$，$x=0.2$ 处所得的数值结果。在此处，精确解 $T=0.1321$。$\alpha>0.5$ 时，显式法没有给出发散结果是因为计算时间较短，结果还未来得及发散。CN 方法的结果误差明显比显式法和隐式法要小，但结果误差并没有随着 Δt 减小而逐渐减小至 0，这是因为计算精度受到了空间格点间隔的限制。通过不同 Δx 的对比可以看出，如果继续减小空间格点间隔，算法给出的结果误差会进一步减小。

表 12－4

t	x					
	1	2	3	4	5	6
0	0	0.587 785	0.951 057	0.951 057	0.587 785	0
0.02	0	0.262 866	0.425 325	0.425 325	0.262 866	0
	0	0.266 878	0.431 818	0.431 818	0.266 878	0
0.04	0	0.117 557	0.190 211	0.190 211	0.117 557	0
	0	0.121 174	0.196 063	0.196 063	0.121 174	0
0.06	0	0.052 573	0.085 065	0.085 065	0.052 573	0
	0	0.055 018	0.089 021	0.089 021	0.055 018	0
0.08	0	0.023 511	0.038 042	0.038 042	0.023 511	0
	0	0.024 98	0.040 419	0.040 419	0.024 98	0
0.10	0	0.010 515	0.017 013	0.017 013	0.010 515	0
	0	0.011 342	0.018 352	0.018 352	0.011 342	0

表 12－5

Δx	Δt	α	显式法	隐式法	CN 方法
0.10	0.010 0	1.00	0.085 8	0.188 7	0.137 6
	0.005 0	0.50	0.114 2	0.165 6	0.140 0
	0.001 0	0.10	0.135 7	0.146 0	0.140 8
	0.000 5	0.05	0.138 3	0.143 4	0.140 8
	0.000 1	0.01	0.140 3	0.141 4	0.140 8
0.05	0.010 0	4.00	0.079 3	0.182 3	0.130 9
	0.005 0	2.00	0.107 6	0.159 1	0.133 4
	0.001 0	0.40	0.129 1	0.139 4	0.134 2
	0.000 5	0.20	0.131 7	0.136 8	0.134 3
	0.000 1	0.04	0.133 8	0.134 8	0.134 3

12.3.4　抛物型方程中第二类边界条件的数值计算方法

前面章节中介绍了数值求解含有第一类边界条件的抛物型偏微分方程的各种计算方法，本小节将介绍如何使用有限差分法求解含有第二类边界条件的热传导问题。

描述热量在介质中传导或者扩散的热传导方程是满足能量守恒定律的。如图 12－7 所示，考虑一维杆上的热传导问题。根据傅里叶定律，x 处热流正比于温度的梯度，即

$$q_x = -k \frac{\partial T}{\partial x} \tag{12.27}$$

在有限差分方法的温度格点中，通过第 i 个格点的热流量可以使用差分计算，公式如下：

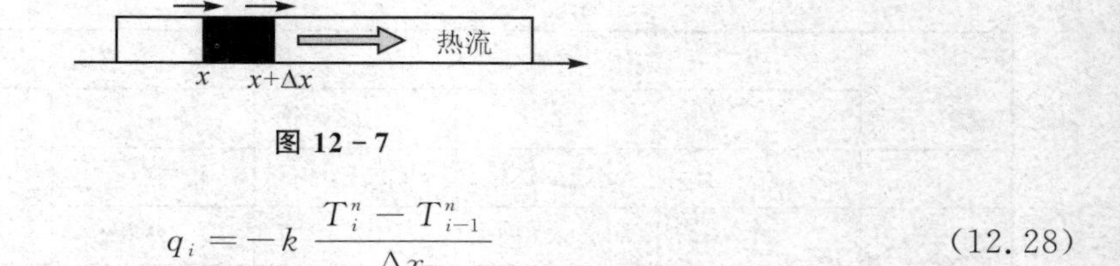

图 12-7

$$q_i = -k \frac{T_i^n - T_{i-1}^n}{\Delta x} \tag{12.28}$$

考虑一段 x 到 $x+\Delta x$ 的材料，单位时间内流入或者流出的净热会导致其温度变化：

$$q_x - q_{x+\Delta x} = \rho c \Delta x \frac{\partial T}{\partial t} \tag{12.29}$$

其中，ρ 是材料密度，c 为单位质量热容量。

将式(12.29)等号右侧的偏导运算写成时间差分就可以将偏微分方程问题转化为代数方程。下面通过一个例题来说明如何求解含有第二类边界条件的热传导问题。

例 5 考虑一维杆上的热传导问题，杆长 $L=1$，如果初始条件为 $T(x,0)=x^2$，长杆右端为恒温 $T(1,t)=1$，长杆左端与环境有热交换，热流大小与环境温度 $T_0=0$ 和长杆左端温度差成正比：

$$q_0 = h(T_0 - T(0,t))$$

其中，$h=10$。设 $\rho=c=1$，如果长杆由两种材料构成，则在 $0\leqslant x\leqslant 0.5$ 范围内，导热系数 $k_1=1$，在 $0.5<x\leqslant 1$ 范围内，导热系数 $k_2=5$。空间和时间格点间隔为 $\Delta x=0.01$，$\Delta t=0.01$。使用 CN 方法计算长杆上各点温度随时间的变化。

解根据题目描述，如图 12-8 所示，在长杆上设置 101 个空间格点来描述长杆的温度分布。其中，第 0 个格点温度 T_0^n 表示时刻 $n\Delta t$、$0\leqslant x<\Delta x/2$ 范围内的温度；第 i 个格点的温度 T_i^n 表示 $i\Delta x-\Delta x/2\leqslant x<i\Delta x+\Delta x/2$ 范围内的温度；最后一个格点则表示 $1-\Delta x/2\leqslant x\leqslant 1$ 范围内温度。

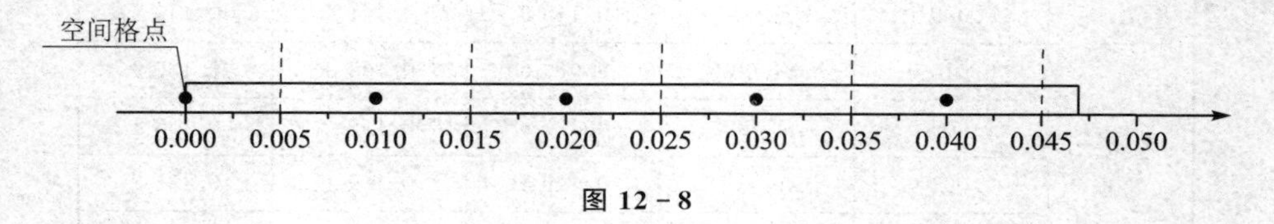

图 12-8

在 $n\Delta t$ 时刻，第 0 个格点的净热流为 $q_0^n = h(T_0 - T_0^n) - k\dfrac{T_0^n - T_1^n}{\Delta x}$，等号右侧第一项为从端点流入的热量，第二项为从第 0 个格点流向第 1 个格点的热量。使用 CN 方法，用 n 和 $n+1$ 时间格点的净热流平均值计温度随时间的变化梯度：

$$\frac{1}{2}(q_0^{n+1} + q_0^n) = \frac{1}{2}\rho c \Delta x \frac{T_0^{n+1} - T_0^n}{\Delta t} \tag{12.30}$$

整理可得

$$-\beta T_0 + (1+\beta+\alpha_1)T_0^{n+1} - \alpha_1 T_1^{n+1} = \beta T_0 + (1-\beta-\alpha_1)T_0^n + \alpha_1 T_1^n \tag{12.31}$$

其中，$\beta=\dfrac{h\Delta t}{\rho c\Delta x}$，$\alpha_1=\dfrac{k_1\Delta t}{\rho c(\Delta x)^2}$。除最后一个格点和第 50 个格点外的其他格点有

$$\frac{k}{2}\left[\frac{T_{i+1}^{n+1}-2T_i^{n+1}+T_{i-1}^{n+1}}{(\Delta x)^2}+\frac{T_{i+1}^{n}-2T_i^{n}+T_{i-1}^{n}}{(\Delta x)^2}\right]=\rho c\,\frac{T_i^{n+1}-T_i^{n}}{\Delta t} \tag{12.32}$$

整理可得

$$-\alpha T_{i+1}^{n+1}+2(1+\alpha)T_i^{n+1}-\alpha T_{i-1}^{n+1}=\alpha T_{i+1}^{n}+2(1-\alpha)T_i^{n}+\alpha T_{i-1}^{n} \tag{12.33}$$

其中，对于格点 1～49，取值 $\alpha=\alpha_1$；对于格点 51～99，取值 $\alpha=\alpha_2=\dfrac{k_2\Delta t}{\rho c(\Delta x)^2}$；对于第 50 个格点，其左侧热流使用 k_1 计算，右侧热流使用 k_2 计算，有

$$\frac{1}{2}\left(\frac{k_1(T_{i-1}^{n+1}-T_i^{n+1})-k_2(T_i^{n+1}-T_{i+1}^{n+1})}{(\Delta x)^2}+\frac{k_1(T_{i-1}^{n}-T_i^{n})-k_2(T_i^{n}-T_{i+1}^{n})}{(\Delta x)^2}\right)=\rho c\,\frac{T_i^{n+1}-T_i^{n}}{\Delta t}$$

整理后可得

$$-\alpha_1T_{i-1}^{n+1}+(2+\alpha_1+\alpha_2)T_i^{n+1}-\alpha_2T_{i+1}^{n+1}=\alpha_1T_{i-1}^{n}+(2-\alpha_1-\alpha_2)T_i^{n}+\alpha_2T_{i+1}^{n} \tag{12.34}$$

将方程(12.32)～(12.34)写成矩阵形式：

$$\begin{bmatrix}1 &&&&&&&&\\ -\beta & 1+\beta+\alpha_1 & -\alpha_1 &&&&&&\\ & -\alpha_1 & 2(1+\alpha_1) & -\alpha_1 &&&&&\\ && \ddots & \ddots & \ddots &&&&\\ &&& -\alpha_1 & 2+\alpha_1+\alpha_2 & -\alpha_2 &&&\\ &&&& \ddots & \ddots & \ddots &&\\ &&&&& -\alpha_2 & 2(1+\alpha_2) & -\alpha_2 &\\ &&&&&&&& 1\end{bmatrix}\begin{bmatrix}T_0\\ T_0^{n+1}\\ T_1^{n+1}\\ \vdots\\ T_{50}^{n+1}\\ \vdots\\ T_{99}^{n+1}\\ T_{100}^{n+1}\end{bmatrix}$$

$$=\begin{bmatrix}1 &&&&&&&&\\ \beta & 1-\beta-\alpha_1 & \alpha_1 &&&&&&\\ & \alpha_1 & 2(1-\alpha_1) & \alpha_1 &&&&&\\ && \ddots & \ddots & \ddots &&&&\\ &&& \alpha_1 & 2-\alpha_1-\alpha_2 & \alpha_2 &&&\\ &&&& \ddots & \ddots & \ddots &&\\ &&&&& \alpha_2 & 2(1-\alpha_2) & \alpha_2 &\\ &&&&&&&& 1\end{bmatrix}\begin{bmatrix}T_0\\ T_0^{n}\\ T_1^{n}\\ \vdots\\ T_{50}^{n}\\ \vdots\\ T_{99}^{n}\\ T_{100}^{n}\end{bmatrix} \tag{12.35}$$

初始条件为 $T_i^0=(\Delta xi)^2$，$T_0=0$ 为环境温度。通过不断求解方程(12.35)可以得到任意时刻温度值。图 12-9 给出了在时间 $t\leqslant 0.2$ 范围内本题的解。

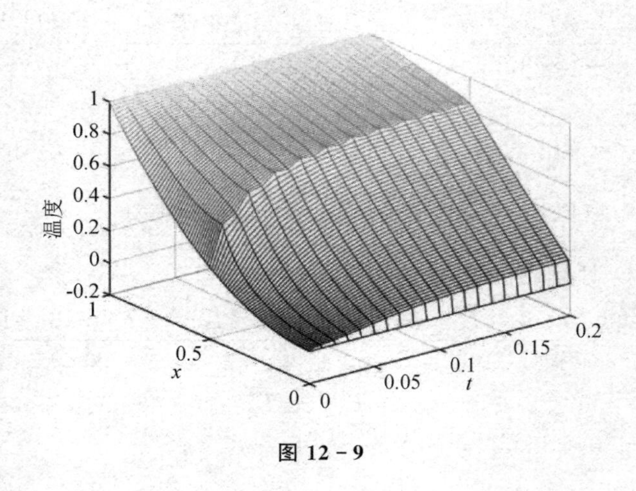

图 12-9

12.4 双曲型方程的数值求解

双曲型偏微分方程常常用来描述弦上振动的传播、空气中密度波的传播，电磁波的传播等问题。这里以一维弦上波的传播为例，波动方程写为

$$\frac{\partial^2 u}{\partial t^2}=k^2\frac{\partial^2 u}{\partial x^2} \tag{12.36}$$

其中，$u(x,t)$表示弦上质点偏离平衡位置的位移；$k^2=\frac{Tg}{w}$为与拉力、绳子密度有关的物理量。在使用有限差分方法求解双曲方程时，需要先将时间、空间等间隔分割成多个格点。如果弦长为L，空间间隔为Δx，第i个格点所在的空间位置$x=\mathrm{i}\Delta x$。同样，时间格点间隔为Δt，那么$u_i^n=u(\mathrm{i}\Delta x,n\Delta t)$表示第$i$个空间格点、第$n$个时间格点上弦偏离平衡位置的位移。

使用中心差商来表示时间和空间的二阶偏导

$$\frac{\partial^2 u}{\partial t^2}=\frac{u_i^{n+1}-2u_i^n+u_i^{n-1}}{(\Delta t)^2} \tag{12.37}$$

$$\frac{\partial^2 u}{\partial x^2}=\frac{u_{i+1}^n-2u_i^n+u_{i-1}^n}{(\Delta x)^2} \tag{12.38}$$

将式(12.37)和式(12.38)代入双曲方程(12.36)后得到如下方程：

$$\frac{u_i^{n+1}-2u_i^n+u_i^{n-1}}{(\Delta t)^2}=k^2\frac{u_{i+1}^n-2u_i^n+u_{i-1}^n}{(\Delta x)^2} \tag{12.39}$$

整理后可以得到格点i在$n+1$时刻的温度值：

$$n_i^{n+1}=2u_i^n-u_i^{n-1}+C(u_{i+1}^n-2u_i^n+u_{i-1}^n) \tag{12.40}$$

其中，

$$C=\frac{k^2(\Delta t)^2}{(\Delta x)^2} \tag{12.41}$$

称为库朗数(Courant Number)，双曲方程计算结果的精度与库朗数有关。有限差分方法要求$C=1$。当$C>1$时，计算结果是发散的；当$C<1$时，计算结果的精度会很低。该算法的计算过程如图 12-10 所示，第$n+1$时刻的位移值是由第n步和第$n-1$步的位移所决定。

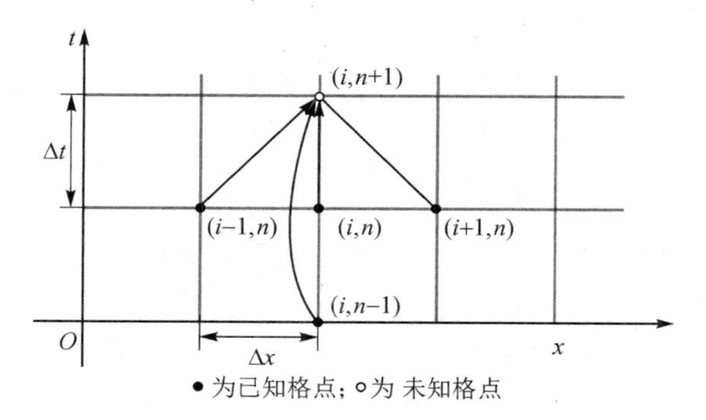

图 12 - 10

计算开始时,计算 $n=1$ 时刻各个质点的振动位移值就需要 $n=0$ 和 $n=-1$ 时刻的位移值作为初始值。例如,如果初始速度为 0,则有

$$\frac{\partial u}{\partial t}(x,0)=0 \tag{12.42}$$

利用中心差商,可以得到 $u_i^{-1}=u_i^1$,将其带入式(12.40)可以得到

$$n_i^1=2u_i^0-u_i^1+C(u_{i+1}^0-2u_i^0+u_{i-1}^0) \tag{12.43}$$

整理得

$$n_i^1=u_i^0+\frac{C}{2}(u_{i+1}^0-2u_i^0+u_{i-1}^0) \tag{12.44}$$

如果选择 Δx 和 Δt 使得 $C=1$,则式(12.44)和式(12.40)可以写为

$$n_i^1=\frac{1}{2}(u_{i+1}^0+u_{i-1}^0)\ n_i^{n+1}=-u_i^{n-1}+u_{i+1}^n+u_{i-1}^n \tag{12.45}$$

利用式(12.45),可以计算出各个格点上的位移值。

例 6　数值求解双曲方程

$$\frac{\partial^2 u}{\partial t^2}=\frac{\partial^2 u}{\partial x^2}\quad 0\leqslant x\leqslant 1,t\geqslant 0 \tag{12.46}$$

边界条件为 $u(0,t)=u(1,t)=0$,初始条件为 $u(x,0)=\sin\pi x$,$\frac{\partial u}{\partial t}(x,0)=0$,取 $\Delta t=0.2$,数值求解该方程。

解: 根据题目可知,$k=1$,如果设置 $C=\frac{k^2(\Delta t)^2}{(\Delta x)^2}=1$,$\Delta x=0.2$。根据初始条件,$u_0^0=u_5^0=0$,$u_1^0=u_4^0=\sin(0.2\pi)=0.587\ 785$,$u_2^0=u_3^0=\sin(0.4\pi)=0.951\ 057$,在 $t=0.2$,使用公式(12.45)可以先计算出第一步空间格点的位移为 $u_1^1=\frac{1}{2}(0+0.951\ 057)=0.475\ 529$,$u_2^1=\frac{1}{2}(0.587\ 785+0.951\ 057)=0.769\ 421$。然后再计算出后面每一步各格点位移,例如

$$u_1^2=-u_1^0+u_2^1+u_0^1=-0.587\ 785+0.769\ 421+0=0.181\ 636$$

此偏微分方程精确解为 $u(x,t)=\sin\pi x\cos\pi t$。图 12 - 11 给出了各个格点上数值计算结果和精确解结果,该结果与精确解一致。

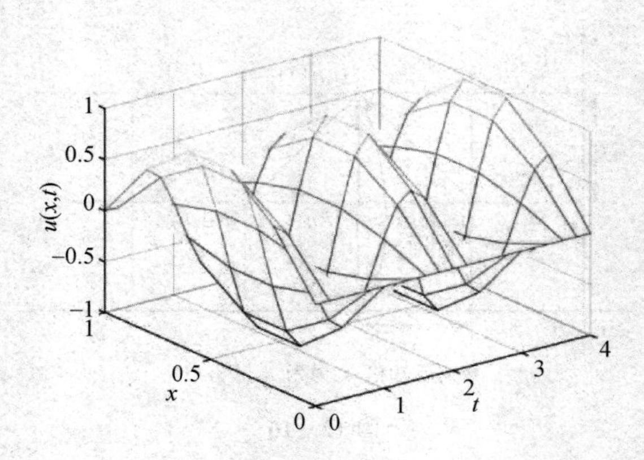

图 12－11

第三部分　民航应用案例分析

案例1　机场噪声污染问题

中国民用航空局发布的《“十四五”民用航空发展规划》指出，预计到2025年，中国民用运输机场将超过270个，运输总周转量将达1 750亿吨公里，旅客运输量将达到9.3亿人次，相比于2020年运输量目标增加2亿余人次。以上数据表明，疫情后中国民航运输量仍将持续增长，航空器的活动也呈现增加趋势，但也伴随着飞机噪声污染的问题。目前，北京、上海、广州等地的大型机场均存在严重的飞机噪声污染问题[1]。飞机噪声污染已成为制约我国民航发展的一大问题，而我国民航局在“十二五”规划中提出了有关绿色民航的建设，又在“十三五”规划中强调了对绿色民航建设更进一步的推进。为有效研究并解决机场噪声污染问题，本案例将基于天津滨海国际机场进行噪声污染问题的相关研究，包括监测、评价和提出解决方案。

疫情前，国内外民航运输总量均呈现增长趋势，疫情后航班量也逐步恢复正常。国内外都在寻找降低机场噪声的方法，如设立了机场噪声的相关评估措施。国内外正在使用的或曾经使用过的噪声评价指标高达11余种。国际方面，欧洲国家、美国的飞机噪声防控措施主要是使用降噪程序，如图案例1-1所示[2]。截至目前，世界最繁忙机场前100名中约85%建立了噪声监测与管理系统。此外，美国联邦航空局(FAA)研发的综合噪声模型(INM)可利用机场的基本信息、航班信息等数据对机场噪声进行预测。对于国内情况，我国机场噪声污染防治从20世纪80年代起步，但目前相关标准体系仍不够完善[3]。

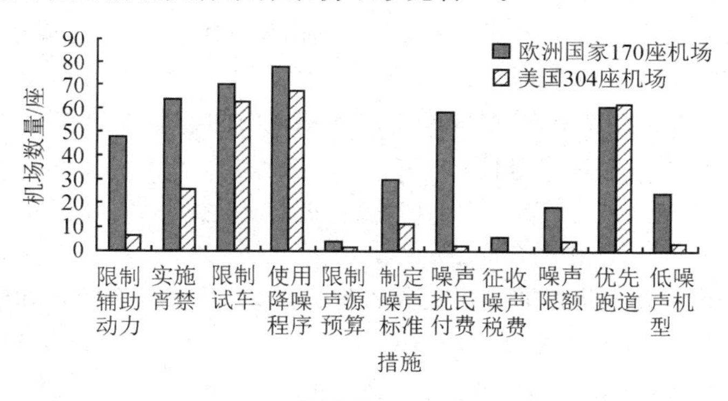

图案例1-1

飞机噪声是飞机运转时存在的各种噪声源的声输出总和。飞机噪声一般可分为内部噪声和外部噪声两大类，外部噪声主要是指发动机噪声和湍流边界层噪声，而内部噪声主要有环控噪声和设备噪声。飞机产生的噪声是一种交通噪声，这些噪声源是流动的，干扰范围很大。国际上飞机噪声合格审定中使用的噪声评价参数为有效感觉噪声级，单位是dB。在实际飞机噪声审定测量中，噪声随时间变化。

随着机场使用飞机的数量不断增加，城市自身也在不断地发展扩大，城市与机场距离越来越近，飞机噪声问题日趋突出，并产生了严重的社会和环境问题。据了解，很多投拆案件与飞机噪声有关。例如，刚建成不久的南京新机场因噪声引起了附近村民的强烈不满。因此，评价和解决机场噪声问题已刻不容缓。多年来，凡是具有机场噪声问题的国家都先后发展起自己的评价参数，但大多是以感觉噪声级 PNL 或 A 声级为基本评价参数，用有效感觉噪声级 EPNL 或 A 声级的等效声级来评价一次飞行事件所产生的噪声，而对长期连续的飞行事件还要考虑飞行事件的次数、飞行时间等因数。国际标准化组织 ISO、国际民航组织 ICAO 都推荐了飞机噪声的评价方法，一些国家也提出了各自的评价方法[4~6]。

除此之外，通常运用响度和噪度来对噪声进行评价。响度定义为声音的主观强度，它与声音可能具有的任何意义无关，仅是听觉判断声音强弱的属性，反映由于声音入射到鼓膜使听者获得的感觉量，来衡量人们在主观上对噪声不需要或厌恶的程度。通常，同样声呗的高频噪声比低频噪声更为令人烦恼。

由于机场噪声问题属于有源波动问题，现在将模型简化成一维情况，建立一维有源波动方程：

$$u_{tt}=a^2u_{xx}+f(x,t)$$

其中，u 表示振幅；a 表示波传播的速度；$f(x,t)$表示源的函数。初始条件即是不采取任何措施情况下，声源周围一定范围内的噪声强度，假设初始时刻产生噪声为

$$u(x,0)=0$$
$$u_t(x,0)=0$$

当飞机起飞时，噪声持续影响较严重的区域在跑道延长线 2～7 km、宽度约为 4 km 的范围之内。根据天津滨海国际机场现场调研，在现有一跑道北端延伸 12 km、二跑道南段延伸 16 km、两跑道两侧各延伸 2 km 的评价范围内，共有民航小区、华明镇、军粮城等 93 个村镇、社区敏感点，有中国民航大学、华明中学、军粮城中学等 32 个学校敏感点[1]。

在飞机飞行航迹投影的轨迹上，从起飞处到距离起飞点 8 km 范围内有效感觉噪声级均高于 65 dB，这些地方受飞机起飞时噪声影响最为强烈。因此，对于边界条件，取产生噪声处为 $x=0$ km，受到影响的 8 km 处即为 $x=8$ km。

对噪声波动方程选取边界条件，研究噪声的振幅随时间和距离的改变，可知未知函数在边界的函数值，因此采用第一类边界条件：

$$u(0,t)=u_1$$
$$u(l,t)=u_2$$

其中，u_1 与 u_2 为常数。首先将该非齐次边界条件齐次化，并引入新的未知函数：

$$u(x,t)=v(x,t)+w(x,t)$$

则 $w(0,t)=u_1$，$w(l,t)=u_2$。因此 $w(x,t)$为过点$(0,u_1)$和点(l,u_2)的线性函数，即

$$w(x,t)=\frac{u_2-u_1}{l}x+u_1$$

函数 $v(x,t)$对应的定解问题为

$$v_{tt}-a^2v_{xx}=-(w_{tt}-a^2w_{tt})+f(x,t)$$
$$v(0,t)=0$$
$$v(l,t)=0$$
$$v(x,0)=-w(x,0)$$
$$v(l,0)=-w(l,0)$$

上述非齐次方程与齐次边界可以使用冲量原理和分离变量来求解。ICAO 针对飞机噪声提出“平衡做法”，指减少噪声源、土地使用合理规划和管理、使用降噪飞行程序和运行限制四

种控制飞机噪声的方法。“平衡做法”目前已成为全球航空噪声管理的基础[6]。

在ICAO的平衡做法的启发下，本案例以所学的波动方程为基础，联系物理变量和实际运行的关系，从衰弱噪声源、高密度隔声层两方面，对机场噪声污染的解决方案提出基础性建议：①**衰弱声波源**。由一维有源波动方程知，可以从声源处降低声音振幅，而飞机引擎声为最大噪声源，因此可改进飞机引擎，或在跑道周围放置一种可以衰减声波的仪器。②**增加屏蔽器**。若想通过降低噪声振幅来降低噪声，可阻隔波动的传播，即在传音途径上阻隔噪声的传播，或改变声源发出的噪声传播途径，比如增设高密度的声衬材料和隔声层。

参考文献

[1] 杜昀怡. 基于INM模型的天津滨海国际机场飞机噪声污染预测与防治研究[J]. 噪声与振动控制，2022，42(2)：186-190.

[2] 田岳林，李金玉，韩雨婧，等. 机场噪声自动监测系统应用现状与前景展望 [J]. 环境监控与预警，2021，13(4)：59-66.

[3] 沈颖，陈荣生. 机场周围飞机噪声评价参数及标准初探[J]. 噪声与振动控制，1994，4(2)：33-35.

[4] 闫国华，马骞. 航空涡扇发动机喷气噪声动态等值线估计[J]. 科学科技与工程，2020，20(16)：06644-06.

[5] 郑大瑞，蔡秀兰. 机场周围飞机噪声评价方法的研究[J]. 声学学报，1991，16(3)：218-229.

[6] 顾徐衡，张佳萍. 浅谈中国机场噪声监控系统发展[J]. 环境监控与预警，2017，9(4)：62-66.

案例 2　飞机发动机高空排放污染物的扩散模型

随着全球航空业的高速发展，航空排放的污染物对大气环境的影响日益严重，极大地影响着人类的生存环境。同时，在我国自主研制 C919 飞机的背景下，为实现我国“碳达峰”的目标，对航空发动机污染物排放与扩散进行研究有着十分重要的意义。一架飞机能成功上市的主要因素之一是：是否满足适航条件。满足适航要求，即需要满足国际或国内的排放标准，因此研究飞机排放物排放量的计算显得格外重要[1]。由于二氧化碳(CO_2)是民航发动机排放量最多的气体，因此航空业对全球大气环境产生了显著影响，尤其是对高空大气环境。据统计，目前航空运输业碳排放量占全球碳排放量的 2%左右，且增长速度较快，是全球节能减排的重点领域之一。研究显示，飞机在巡航阶段 CO_2 的排放量占总巡航阶段的 42%，而且在高空排放的 CO_2 能在大气中存留一百年以上[2]，极大地加剧了全球气候变暖和环境问题。因此，研究飞机在巡航阶段排放物尤其是 CO_2 的浓度分布，对节能减排意义重大。

排放物的扩散模型主要针对的是机场地面的排放物，但民航发动机在高空的排放对全球气候变化的影响更大，具有重要的研究意义。航空发动机排放的污染物种类繁多，在此选取主要污染物之一的 CO_2 作为研究对象，求解其高空扩散浓度分布，估计高空空气质量。国外针对民航发动机排放方面的研究早已进行。针对民航发动机的排放污染物，开发了多种民航发动机的排放计算模型，对民航排放物控制效果显著。在 20 世纪 80 年代，美国航空局研发出排放扩散模型系统(EDMS)，该系统可以计算出各种污染物在机场任意处的浓度，并得出其扩散模式等。我国尽管对工业排放物的研究已相当成熟，也建立了很多大气污染物扩散模型，但由于对民航发动机排放物研究起步较晚，因此关于航空排放物扩散模型的研究还处于初始阶段[3]。本案例基于高斯扩散理论，结合民航飞机的飞行特点，通过构建飞机发动机高空污染物扩散模型，得出在指定边界条件及初始条件下的 CO_2 等排放气体的浓度分布及其扩散过程。

扩散方程的建立

飞机在巡航阶段性能稳定，燃料充分燃烧，可假设污染物在巡航阶段的排放是相对稳定的。由于飞机在飞行时与水平面具有一定角度，在实际巡航高度下飞机的飞行角度也时刻变化，因此扩散模型的建立相对复杂。为了简化模型，假设飞机沿直线飞行且保持角度不变。

在巡航飞行阶段，飞机高度基本不变，排放物扩散也不受到任何障碍。限制其任何一点的扩散满足高斯无限点源扩散模式，而在整个飞行阶段的排放源又可以看作所有无限点源空间的集合，故在高空中飞机排放污染物可视为满足高斯无限长线源扩散模式。高斯扩散假设了排放物只有风的作用，流向下风区域。在其流动方向上没有发生扩散，扩散只发生在其流动的垂直方向[4]，即各点源沿 x 轴扩散。图案例 2-1 为飞机在巡航高度下排放扩散的示意图。

大气污染物以三维运动形式扩散，由湍流扩散梯度理论可知，污染物的运动方程如下[4]：

$$\frac{\partial C}{\partial t}+u_x\frac{\partial C}{\partial x}+u_y\frac{\partial C}{\partial y}+u_z\frac{\partial C}{\partial z}=\frac{\partial}{\partial x}\left(E_x\frac{\partial C}{\partial x}\right)+\frac{\partial}{\partial y}\left(E_y\frac{\partial C}{\partial y}\right)+\frac{\partial}{\partial z}\left(E_z\frac{\partial C}{\partial z}\right)-kC$$

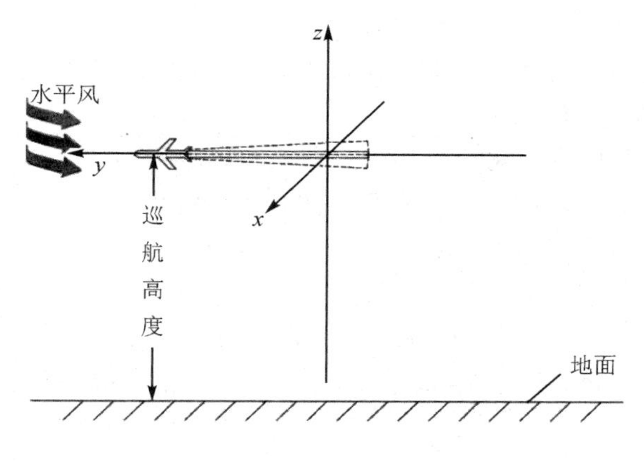

案例 2－1

其中，C 表示湍流状态下污染物的浓度，为空间和时间的函数；E 为分子扩散系数；k 为扩散衰减系数；u 为风速；下标 x，y，z 分别代表三个坐标方向。

假设忽略污染物在扩散时的衰减，即 $k=0$ 假设大气中的流场为均匀流场，即 E 为常数，则飞机在巡航阶段的排放物沿 x 轴方向的扩散方程为

$$\frac{\partial C}{\partial t}+u_x\frac{\partial C}{\partial x}=E_x\frac{\partial^2 C}{\partial x^2}$$

上式等号左边第一项表示污染物浓度随时间的变化率，左边第二项表示流场所引起的在 x 方向上的平流运动；等号右边表示由湍流运动引起的沿 x 轴方向的扩散[5]。

现代民航客机一般在对流层层顶至平流层层底的区域内巡航，现假设飞机正在对流层内巡航，不受平流运动的影响，则可进一步简化上式为一维的大气扩散方程，也即经典的热传导方程式

$$\frac{\partial C}{\partial t}=E_x\frac{\partial^2 C}{\partial x^2}$$

定解问题的求解

取在巡航高度上一沿 x 轴方向扩散的点源，在 y 轴上的无数点源汇成线源，设边界条件为

$$C(0,t)=f_1(t)$$
$$C(l,t)=f_2(t)$$

其中，$f_1(t)$，$f_2(t)$为已知函数。假设污染物排放是一个相对稳定的过程，则上述边界条件中出现的函数与时间无关，即 $f_1(t)$，$f_2(t)$为常数，可得

$$C(0,t)=u_1$$
$$C(l,t)=u_2$$

其中，u_1，u_2 为常数。初始条件描述为

$$C(x,0)\big|_t=f(x)$$

因此在污染物扩散过程中，定解问题可描述如下：

$$\frac{\partial C}{\partial t}=E_x\frac{\partial^2 C}{\partial x^2}$$

$$C(0,t)=u_1;C(l,t)=u_2$$

$$C(x,0)|_t = f(x)$$

由于该定解问题中的边界条件为非齐次边界条件，因此先利用辅助函数将边界条件转化为齐次边界再利用分离变量法求解。

(1) 非齐次边界条件的齐次化

首先，令 $C(x,t)=v(x,t)+u(x,t)$，则扩散方程可转化为

$$(v+w)_t - E_x(v+w)_{xx} = 0$$

即

$$v_t - E_x v_{xx} = -(w_t - E_x w_{xx})$$

若能够使 $w(x,t)$ 满足 $w(0,t)=u_1$ 与 $w(l,t)=u_2$ 的边界条件，则函数 $v(x,t)$ 的边界为齐次边界，即

$$v(0,t)=C(0,t)-w(0,t)=0$$
$$v(l,t)=C(l,t)-w(l,t)$$

假设 $w(x,t)=Ax+B$，代入边界条件可得 $A=\dfrac{u_2-u_1}{l}$，$B=u_1$，即

$$w(x,t)=\frac{u_2-u_1}{l}x+u_1$$

将其代入扩散方程 $v_t-E_x v_{xx}=-(w_t-E_x w_{xx})$，可得 $v_t-E_x v_{xx}=0$。从而可得出齐次化后的定解问题：

$$v_t - E_x v_{xx} = 0$$
$$v(0,t)=0;v(l,t)=0$$
$$v(x,0)|_t = f(x)$$

(2) 定解问题的求解

下面利用分离变量法求解该定解问题。令 $v(x,t)=X(x)T(t)$，并将其代入泛定方程：

$$X(x)T'(t) - E_x X''(x)T(t) = 0$$

分离变量后，可得

$$\frac{T'(t)}{E_x T(t)} = \frac{X''(x)}{X(x)} = \mu$$

上式等号左边为时间 t 的函数，右边为空间位置 x 的函数，二者均为独立变量，若等式成立，则唯有等号两边均为常数。假设该常数为 μ，则

$$\begin{cases} X''(x) - \mu X(x) = 0 \\ T'(t) - \mu E_x T(t) = 0 \end{cases}$$

从而将求解偏微分方程的问题简化为求解两个常系数微分方程。

(3) 本征值问题

描述空间变化的常微分方程在第一类边界条件下的问题，对应的方程及边界条件如下：

$$X''(x) - \mu X(x) = 0$$
$$X(0)=0, X(l)=0$$

令 $\mu=-k^2<0$，k 为实数，设上述本征值问题的解为

$$X(x) = A\sin kx + B\cos kx$$

将其代入边界条件可得

$$\begin{cases} B=0 \\ A\sin kl=0, \quad 且 A\neq 0 \end{cases}$$

从而 $k=\frac{n\pi}{l}$，$n=1,2,\cdots$，解得 $X_n(x)=C_n\sin\frac{n\pi}{l}x$，其中 C_n 为任意常数。

进而可得

$$T'(t)+E_x\frac{n^2\pi^2}{l^2}T(t)=0$$

该方程的通解可表示为

$$T_n(t)=A_n\exp\left(-\frac{n^2\pi^2E_x}{l^2}t\right),n=1,2,\cdots$$

(4) 泛定方程的通解

扩散方程的通解为所有特解的线性组合：

$$v(x,t)=\sum_{n=1}^{\infty}v_n(x,t)=\sum_{n=1}^{\infty}X_n(x)T_n(t)=\sum_{n=1}^{\infty}A_n\exp\left(-\frac{n^2\pi^2E_x}{l^2}t\right)\sin\frac{n\pi}{l}x$$

系数可通过傅里叶级数展开获得：

$$A_n=\frac{2}{l}\int_0^l f(x)\sin\frac{n\pi x}{l}\mathrm{d}x$$

$$v(x,t)=\sum_{n=1}^{\infty}v_n(x,t)=\sum_{n=1}^{\infty}A_n\exp\left(-\frac{n^2\pi 2E_x}{l^2}t\right)\sin\frac{n\pi x}{l}$$

从而可得

$$C(x,t)=v(x,t)+u(x,t)$$

$$u_1+\frac{u_2-u_1}{l}x+\sum_{n=1}^{\infty}A_n\exp\left(-\frac{n^2\pi^2E_x}{l^2}t\right)\sin\frac{n\pi x}{l}$$

结　论

由上述求解过程可知，基于高斯扩散模型，建立了民航发动机巡航阶段排放于 y 轴方向的线源扩散模型，求出了沿 x 轴的排放扩散浓度分布，为预测航线周围的污染物浓度及进一步建立大气环境评估体系提供了依据。高空中飞机污染物的排放扩散方程往往是复杂的三维扩散方程[6]，运用分离变量法求解十分复杂，可利用 MATLAB 对发动机 CO_2 排放做数值模拟。此外，该扩散模型存在一定的局限性，如：只考虑了风向垂直线源时的情况，没有考虑高空扰流的情况；没有考虑航线相交时，污染物叠加的情况；没有考虑污染物的衰弱情况等。污染物的排放扩散模型具有广泛的研究前景，还有许多问题有待探寻，因此对于我国实际巡航阶段污染物的扩散状况，需要更加深入的研究。

参考文献

[1] 高建忠. 民航发动机全航段排放及扩散模型研究[D]. 天津：中国民航大学，2014.

[2] 孔锋. 气候变化对我国航空业安全发展的潜在影响及政策建议[C]//中国环境科学学会2021年科学技术年会论文集(三). [出版地不详：出版者不详]，2021.

[3] 费平安. 涡喷发动机排放物 NOx 浓度场分析[M]. 沈阳：沈阳航空工业学院，2008.

[4] 苗佳禾. 基于飞行数据的飞机排放估算及扩散模拟研究[D]. 天津：中国民航大学，2019.
[5] 赵成日. 湍流扩散方程数学解析的探讨[J]. 环境科学进展，1993(03)：55-61.
[6] 陈英杰，刘玉良，刘萍. 三维大气污染反应扩散方程模型[J]. 哈尔滨师范大学自然科学学报，2014，30(05)：1-3.

案例 3　飞机“黑匣子”的水下定位研究

对于民航业发展来说，航空安全一直是一个严谨且严肃的话题。一些空难事件发生之后，飞行器会受到严重的破坏，此时被称为“飞机空难见证者”的“黑匣子”便起到了重要作用。假如飞机掉入海中，搜寻人员寻找它的难度会大幅提高。为了在大面积的海域内找到失事飞机及“黑匣子”，需要快速并准确定位到它的落水点、降落点，并及时展开搜索。工作人员首先利用数据，对落水点进行定位分析并预估沉降路线，确定大致范围；接着利用声纳系统和声波的测量缩小范围；最后通过 AUV 技术近距离搜救，实现精准搜索。利用物理力学、运动学、光的传播等实际模型，对数据进行计算分析，从而达到目的。

“黑匣子”作为飞行记录仪的俗称，已成为现代航空器的标配电子设备之一。其虽名为“黑匣子”，但实际颜色却为明亮的橘红色，以强化其醒目程度且便于搜寻[1]。当前客机上所安装的“黑匣子”均由两个设备组成，其一为客机飞行数据记录仪，另一个则为客机驾驶舱话音记录器。飞行数据记录仪(FDR)，主要用于记录航空器的各种飞行数据。飞行数据记录仪开启后，实时记录飞行当时的各类飞行参数，并可保留 25 h，一旦飞行时间超过这一限度，数据记录仪就会自动予以更新，原先保留在内的旧数据将被新数据所覆盖。驾驶舱话音记录器(CVR)为一个无线电通话记录器，利用这一设备，“黑匣子”可以对客机内的各种通话予以实时记录。记录器所保留的音频均为客机失事坠毁或停止工作前半小时的各种声音。“黑匣子”内记录的信息可以为空难调查人员提供客机失事前一段时间及失事瞬间的飞机飞行状况、机上设备运行情况，以及驾驶舱内机师对话内容等，从而为客机失事原因的判断提供重要依据。

“黑匣子”落点及沉降点分析

收集航班失联时的详细信息，包括地理位置、经纬度、飞行速度、飞行高度及航向等，还包括当时的空气气象条件，将这些信息结合起来进行分析。以某失联航班数据为例[2]，基础数据见表案例 3－1。

表案例 3－1

项　目	北纬	东经	航行方向	飞行速度/(km·h^{-1})	飞行高度/m
数　据	4.4073°	102.5278°	东北方向 250°	867	10 668

落水点定位

假设飞机的迎风面积为 p_1，飞机的机翼面积为 p_2，航班巡航马赫数为 v_b，空气阻力系数 C_w 不变，M 为飞机的质量，相关参数见表案例 3－2。

表案例 3－2

项　目	M/kg	p_1/m^2	p_2/m^2	v_b	C_w
数　据	200 000	100	845	0.85	0.08

对飞机进行受力分析，阻力 f 与气流方向的夹角为迎角 α，F 为升力，飞机水平方向和竖直方向加速度分别为 x_a 和 y_a，利用牛顿运动定律得到以下方程组：

$$\begin{cases} Ma_x = f\cos\alpha & (1) \\ Ma_y = F + f\sin\alpha - Mg & (2) \\ f = 1/16 p_1 C_w v^2 & (3) \\ F = 1/2 \rho p_2 C_f v^2 & (4) \end{cases}$$

用上式在软件中绘制飞机坠落轨迹，根据图像与 x 轴的交点，便可得出“黑匣子”最后的落水点位置。

沉降点定位

在水中，流体对物体阻力主要有黏滞阻力、压差阻力和兴波阻力三种，当物体的速度不大于 40 m/s 时，主要受到黏滞阻力的作用，当大于 40 m/s 时，压差阻力作用更大[2]。以黑匣子落水点为原点，以水面为 x 轴、竖直方向为 y 轴，建立坐标系，在水中对“黑匣子”进行受力分析。水的阻力 F_a 竖直向上。f_a 与运动方向相反，设 f_a 与 F_a 的夹角为β，“黑匣子”水平和竖直方向上的加速度分别为 a_x，a_y。利用牛顿第二定律，得

$$f_1 = f_a \sin\beta$$
$$f_2 = f_a \cos\beta$$

“黑匣子”在水中运动过程中水平方向受力：

$$ma_x = -f_1$$

竖直方向受力：

$$ma_y = mg - F_a - f_2$$

由于下沉速度不同，在每个阶段受到阻力的类型也不同，根据速度与阻力的关系式，同样可以得到一组微分方程。用该组微分方程模拟出黑匣子沉降的轨迹图，即可得出其沉降的大致范围。

“黑匣子”信号的三维波动问题

(1) 声纳系统

“黑匣子”的水下定位与搜寻，主要依靠水下定位信标。其是一个安装在“黑匣子”外部，且由电池供电的水下超声波脉冲发射器。“黑匣子”坠入水面后，信标上的开关随即开启并将频率为 37.5 kHz 的超声波信号发射到水域四周。根据“黑匣子”的设计要求，定位信标中的内置电池可持续工作不少于 30 d。30 d 过后，信标内电池的电量将逐渐耗尽，超声波信号也将趋于微弱直至停止发射[1]。

声纳就是利用声波进行水下探测的技术或设备。它利用声波在水里的传播反射等，进行一系列的数据分析，其分为主动式和被动式两个类型。我们利用的是被动声纳系统，即接受

“黑匣子”发出的超声波信号，对其进行分析与定位。现代发展中，单个声纳基阵的探测范围小、精度低、测距误差大，利用多个声纳基阵组成的探测网络，较之单声纳基阵能够在更大的范围内获取目标的信息，更有效地对目标进行定位[3]。

(2) 三维波动

对于黑匣子的超声波信号在水下的传播问题，把它归纳为三维波动[4]。设 t 为时间，x，y，z 分别为空间变量，a 为波在介质中传播速率，$u(x,y,z,t)$ 为信号强度的函数表达式，$f(x,y,z,t)$ 为有外源的情况，$A(x,y,z)$ 为信号发出时的振幅，$B(x,y,z)$ 为振源的振动初速度函数，则可得非齐次三维波动方程：

$$u_{tt}=a^2(u_{xx}+u_{yy}+u_{zz})+f(x,y,z,t)\,(-\infty<x,y,z<+\infty,t>0) \tag{5}$$

$$u(x,y,z,0)=A(x,y,z) \tag{6}$$

$$u_t(x,y,z,0)=B(x,y,z) \tag{7}$$

令 $u=v+w$，该问题可分解为下面两个问题：

$$v_{xx}=a^2(u_{xx}+u_{yy}+u_{zz}),\quad (x,y,z)\in R^3,t>0 \tag{8}$$

$$v\big|_{t=0}=\alpha(x,y,z) \tag{9}$$

$$v_t\big|_{t=0}=\beta(x,y,z) \tag{10}$$

$$w_{tt}=a^2(w_{xx}+w_{yy}+w_{zz})+f(x,y,z,t),(x,y,z)\in R^3,t>0 \tag{11}$$

$$w\big|_{t=0}=0,\quad w_t\big|_{t=0}=0 \tag{12}$$

由上面两个问题可以得出他们的解分别为 $v(x,y,z,t)$，$w(x,y,z,t)$；再由叠加原理可得 $u=v+w$。

根据信号强度 u 的表达式，可以得到任意位置的信号强度。结合确立的黑匣子的大致范围和利用被动声纳方式得到的信息，将相差值较大的位置进行排除，就可以进一步缩小对物体的搜索范围。

参考文献

[1] 沈臻懿. 黑匣子：飞行事故的“见证者”[J]. 检察风云，2015，(06)：36-38.

[2] 解瑞云，赵欣莹. 海上失事飞机黑匣子定位分析与建模[J]. 河南机电高等专科学校学报，2018，26(04)：18-22.

[3] 顾晓东，邱志明，袁志勇. 双基阵声纳系统水下目标被动定位精度分析[J]. 火力与指挥控制，2011，(01)：147-150.

[4] 张子珍，林海. 三维波动方程的解[J]. 山西大同大学学报，2013.(01)：25-27.

案例4　民航舱内降噪阻尼材料的选择分析

随着科技水平的发展和生活质量的提高，人们对乘坐交通工具时的舒适性提出了更高的要求，民航飞机舱内噪声是乘客们重点关注的指标之一。严重的舱内噪声会影响乘客的心情，增加旅客的疲劳感，分散并降低机组人员的注意力和工作精力。噪声可能使他们产生疲劳、心跳加快、血压升高的症状，并且飞机内部的设备仪器也会因舱内噪声与振动出现失稳和灵敏度降低等现象[1]。舱内声学设计和舱内减噪是民航客机研制过程中不可或缺的部分。民航客机舱内噪声是飞机设计阶段的一项重要指标。目前虽然适航条款并没有对舱内噪声做出强制限定，但一款机型要在市场上获得更强的竞争力，必须严格控制飞机舱内的噪声、振动等舒适性指标。

航空工业比较发达的国家早已开展了噪声源识别与噪声传播途径方面的研究。美国NASA采用舱外空气声和舱外振动分别激励与联合激励，以及高速声学风洞试验对舱内噪声来源及传播途径识别技术进行多年研究。其成果对舱内噪声与振动的控制起到了有效抑制作用。舱内噪声来源有两种传播途径：空气声传播和结构声传播。空气声传播是声源直接激发空气声波，并借助空气介质透过舱壁进入舱内。结构声传播是声源直接激发壁板振动，这种振动以弹性波的形式在壁板结构中传播，由壁板结构向舱内辐射声能。

舱内噪声主要是外部噪声源通过传递路径进入舱内形成的，所以改善噪声源是最根本的降噪方法之一。民航飞机舱内噪声主要由结构传声和空气传声造成。舱内降噪方法分为被动降噪和主动降噪。被动降噪是指在噪声传播过程中削弱噪声。目前已经有许多研究学者开展研究，如为了改善发动机结构传声，发动机支座采用阻尼性能优良的减振缓冲器来衰减振动传递；采取优化发动机短舱的技术，如无缝声衬、唇口声处理技术、负斜进气口设计与锯齿形喷管等；为了降低湍流边界层噪声，设计起落架整流罩，缝翼下表面安装声衬、等离子激励器主动控制方法等[2]。对于中低频噪声，最常见的是使用特制的阻尼层，铺贴在机体蒙皮上，增加机体蒙皮对中低频噪声的隔声能力，同时抑制蒙皮振动产生噪声。但因飞机重量限制，被动降噪方法的降噪效果有限，尤其表现在低频噪声的降低效果欠佳[3]。

飞机舱内噪声主要来自飞机的发动机。其所产生的噪声声波从发动机传到机身，作用于机身壁板产生共振形成振动声辐射，并传入舱内。发动机噪声源包括风扇噪声、核心噪声、涡轮噪声和喷流噪声等[4]。发动机噪声主要是通过发动机进口向外辐射的风扇噪声及通过喷管（发动机出口）向外辐射的喷流噪声。

湍流边界层噪声是气流流过机体表面引起气流压力扰动产生的。对于固定翼飞机，湍流边界层压力场是舱内宽频噪声的主要来源。湍流边界层绝大部分黏附在机身表面区域；另一部分临近突出物（如机翼、起落架等）及驾驶舱区域附近，会发生气流分离现象。当湍流边界层中的对流速度与机身壁板的柔性弯曲波速度相匹配时，会使机身结构发生强烈共振，舱内噪声将会急剧增大[5]。

飞机环控系统和辅助动力装置产生的噪声，包括通风管道噪声、乘客出风孔气流噪声，舱内各种液压设备工作时产生的噪声，各种电子设备工作时由于散热风扇等产生的噪声等。它们与外部声源共同构成舱内噪声，在机舱内部是一个混响声场，包括多种频率成分的噪声[6]。相对外部声源来讲，机舱内部声源声压级相对较小。

目前，噪声主动控制主要有两种方法。一种为主动消声技术，通过在舱内布置麦克风、激振器、误差传声器等仪器设备，产生与噪声场的声模态相位相反、幅值相等的次级声场与原气动声场或结构声场叠加，形成驻波，达到消减噪声的目的。这种方法对控制具有复杂噪声传递路径的飞机舱内噪声效果较好，但不能有效控制从其他传递路径进入舱内的噪声[7]。另一种是主动结构声振控制方法，以结构做动装置为控制机构，通过控制振动达到抑止结构噪声。但该方法可能会激发非扰动声模态，故而尽管它能降低舱内噪声，但有时结构振动响应反而会增大。

经分析可知，民航飞机的舱内降噪可以着手于结构传声，减弱飞机共振便可达到舱内降噪。如果在飞机内饰板与机身框架中间设置阻尼减振装置来增大机身的动态刚度，则可以有效减弱飞机共振。舱内降噪的关键在于阻尼材料的选取。将三维的声波模型简化为一维，用数学物理方法可求出声波进入飞机舱内的能量。当声强为适宜大小时，根据公式即可计算出材料的阻尼损耗因子，进而优化选取降噪阻尼材料。

阻尼减振原理

阻尼材料是具有内损耗、内摩擦的材料，应用最多的是黏弹材料，包括塑料和橡胶两类。阻尼措施之所以能够降噪是因为阻尼能减弱金属构件弯曲振动强度。当金属构件弯曲振动时，振动能量迅速传给涂贴在其上的阻尼材料，引起阻尼材料内部摩擦和相互错动，使沿结构传递的振动能量迅速衰减，则振动能量有相当一部分变成热能而损耗掉，从而降低弯曲振动所辐射的噪声能量。另外，阻尼可缩短金属构件被激励的振动时间，相当于减少了金属构件辐射噪声的总能量，从而达到控制噪声的目的[8]。

常见的阻尼结构有自由阻尼结构和约束阻尼结构。将黏弹性阻尼材料喷涂或直接粘贴在需要减振降噪的结构上，就形成了自由阻尼结构，如图案例 4－1 所示。自由阻尼结构在发生振动时，通过黏弹性阻尼材料的弯曲拉伸，将一部分振动能量吸收，如图案例 4－2 所示。

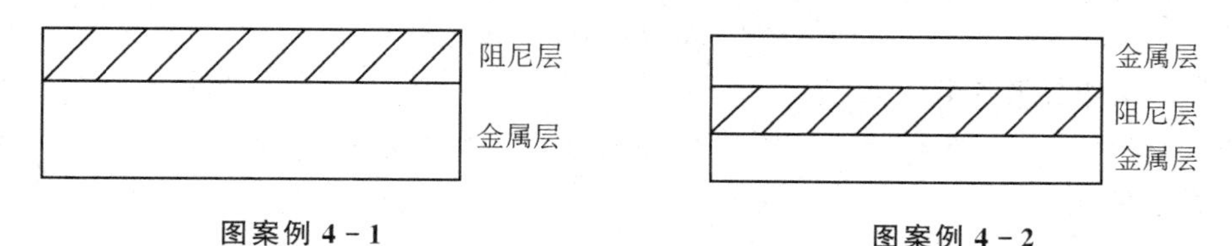

图案例 4－1　　**图案例 4－2**

阻尼材料以材料损耗因子作为衡量阻尼大小的特征值，它是以材料受到机械振动激励时，耗损能量与机械振动能量的比值来表示的。那么可以计算出阻尼损耗因子的范围，来确定适用于民航飞机减噪的阻尼材料。

$$\text{阻尼损耗因子}=\frac{\text{损耗能量}}{\text{机械能能量}}$$

声波相关概念

声压是指声波通过某种介质时，由振动产生的压强改变量，单位为 Pa。由声压级表示声压的大小，单位为分贝(dB)。

$$声压级(dB)=20\times\lg\frac{P}{P_0}$$

其中，P 为声压；P_0 为基准声压。声强指声音在传播途径上每平方米面积上的能流密度，用 I 表示，单位为 W/m^2。

$$I=\frac{P^2}{\rho\cdot V}$$

其中，V 为速度；ρ 为介质密度。

物理模型建立

声波具有能量，当声波穿过减振阻尼进入飞机后会损耗一部分能量，根据损耗能量和声波进入前的能量的比值，可计算出阻尼损耗因子的大小。声波变化示意图见图案例 4－3。

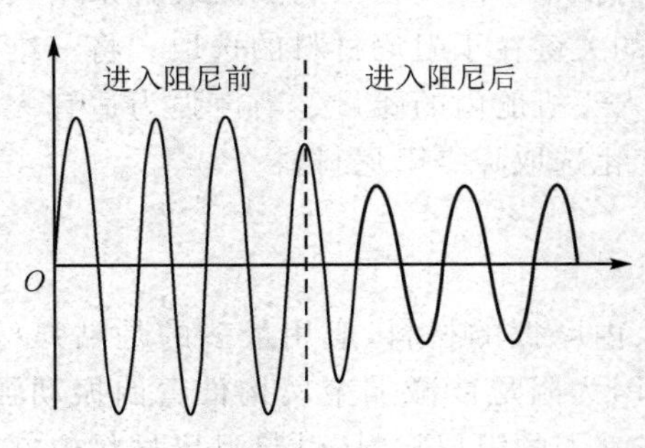

图案例 4－3

不考虑声场叠加，在理想情况下：

(1) 一维波动方程

设飞机壁板厚度为 l，一维波动方程可描述如下：

$$u_{xx}-a^2u_{tt}=0\quad 0<x<l,t>0$$
$$u(0,t)=g(t),u(l,t)=h(t)$$
$$u(x,0)=\varphi(x),u_t(x,0)=\psi(x)$$

(2) 非齐次边界齐次化

令 $u(x,t)=v(x,t)+w(x,t)$，则 $w(0,t)=g(t)$，$w(l,t)=h(t)$。

将边界条件代入

$$v(x,t)=u(x,t)-w(x,t)$$

可得

$$\begin{cases}v(0,t)=u(0,t)-w(0,t)=0\\ v(l,t)=u(l,t)-w(l,t)=0\end{cases}$$

则 $w(x,t)$ 为过点 $(0,g(t))$ 和点 $(l,h(t))$ 的线性函数，令

$$w(x,t)=\frac{h(t)-g(t)}{l}x+g(t)$$

将 $u(x,t)=v(x,t)+w(x,t)$ 代入波动方程，得

$$v_{tt}-a^2v_{xx}=-(w_{tt}-a^2w_{xx})$$

相应的初始条件为

$$\begin{cases} v(x,0)=u(x,0)-w(x,0)=\varphi(x)-w(x,0) \\ v_t(x,0)=u_t(x,0)-w_t(x,0)=\psi(x)-w_t(x,0) \end{cases}$$

因此,定解问题转化为

$$v_{tt}-a^2v_{xx}=-(w_{tt}-a^2w_{xx})$$

$$v(0,t)=0,v(l,t)=0$$

$$v(x,0)=\varphi(x)-w(x,0),v_t(x,0)=\psi(x)-w_t(x,0)$$

(3) 运用分离变量法求解

将 $v(x,t)=X(x)\cdot T(t)$代入范定方程,可得

$$X(x)\cdot T''(t)=a^2T(t)\cdot X''(x)$$

$$\frac{T''(t)}{a^2T(t)}=\frac{X''(x)}{X(x)}=\mu$$

$$\begin{cases} X''(x)-\mu X(x)=0 \\ T''(t)-a^2\mu T(t)=0 \end{cases}$$

将边界条件代入上式,有

$$\begin{cases} X(0)\cdot T(t)=0 \\ X(l)\cdot T(t)=0 \end{cases}$$

因为 $T(t)$是以 t 为变量的函数,不能恒为 0,所以 $X(0)=0,X(l)=0$。从而可得第一类边界条件下的本征值问题:

$$\begin{cases} X''(x)-\mu X(x)=0 \\ X(0)=0,X(l)=0 \end{cases}$$

① 若 $\mu=0,X(x)=Ax+B$,则 $X(x)\equiv 0$。

② 若 $\mu>0,X(x)=C_1\mathrm{e}^{\sqrt{\mu x}}+C_2\mathrm{e}^{-\sqrt{\mu x}}$,将其代入边界条件,得

$$\begin{cases} C_1+C_2=0 \\ C_1\mathrm{e}^{\sqrt{\mu l}}+C_2\mathrm{e}^{-\sqrt{lx}} \end{cases}$$

则 $C_1=C_2=0$,即 $X(x)\equiv 0$。

③ 若 $\mu<0$,令 $\mu=-k^2$,则

$$X(x)=C_1\sin kx+C_2\cos kx$$

将其代入边界条件,得

$$\begin{cases} C_2=0 \\ C_1\sin kl=0 \end{cases}$$

由于 $C_1\neq 0$,因此 $\sin kl=0$,从而可得 $kl=\pm n\pi,n\neq 0$。故本征值可表述为

$$\mu=-k^2=-\frac{n^2\pi^2}{l^2}\quad n=1,2,\cdots$$

$$X_n(x)=C_n\sin\frac{n\pi}{l}\quad n=1,2,\cdots$$

将本征值 μ 代入时间的方程中:

$$T''(t)-\frac{n^2\pi 2a^2}{l^2}T(t)=0$$

$$T_n(t)=A_n\cos\frac{n\pi a}{l}t+B_n\sin\frac{n\pi a}{l}t\quad n=1,2,\cdots$$

则 $v(x,t)$ 的方程通解为

$$v(x,t)=\sum_{n=1}^{\infty}v_n(x,t)=\sum_{n=1}^{\infty}\left(A_n\cos\frac{n\pi a}{l}t+B_n\sin\frac{n\pi a}{l}t\right)\sin\frac{n\pi}{l}x$$

$$\begin{cases}v(x,0)=\sum\limits_{n=1}^{\infty}A_n\sin\dfrac{n\pi}{l}x=\varphi(x)-w(x,0)\\ v_t(x,0)=\sum\limits_{n=1}^{\infty}\dfrac{n\pi a}{l}B_n\sin\dfrac{n\pi}{l}x=\psi(x)-w_t(x,0)\end{cases}$$

令 $\Phi=\varphi(x)-w(x,0)$，$\Psi=\psi(x)-w_t(x,0)$，则

$$\begin{cases}v(x,0)=\sum\limits_{n=1}^{\infty}A_n\sin\dfrac{n\pi}{l}x=\Phi(x)\\ v_t(x,0)=\sum\limits_{n=1}^{\infty}\dfrac{n\pi a}{l}B_n\sin\dfrac{n\pi}{l}x=\Psi(x)\end{cases}$$

解得

$$\begin{cases}A_n=\dfrac{2}{l}\displaystyle\int_0^l\Phi(x)\sin\frac{n\pi x}{l}\mathrm{d}x\\ B_n=\dfrac{2}{n\pi a}\displaystyle\int_0^l\Psi(x)\sin\frac{n\pi x}{l}\mathrm{d}x\end{cases}$$

$$v(x,t)=\sum_{n=1}^{\infty}\left(\frac{2}{l}\int_0^l\Phi(x)\sin\frac{n\pi x}{l}\mathrm{d}x\cdot\cos\frac{n\pi a}{l}t+\frac{2}{n\pi a}\int_0^l\Psi(x)\sin\frac{n\pi x}{l}\mathrm{d}x\cdot\sin\frac{n\pi a}{l}t\right)\sin\frac{n\pi}{l}x$$

(4) 声波的能量密度

定解问题 $v(x,t)$ 的解为每一个特解 $v_n(x,t)$ 的线性叠加，$v(x,t)$ 与声波的运动学方程相联系。声波的能量密度表示为

$$w=\rho A^2\omega^2\sin^2\left[\omega\left(t-\frac{x}{u}\right)+\varphi_0\right]$$

设飞机外噪声为 x 分贝，声波波速为 V，则飞机外声压为

$$P=P_0\cdot\mathrm{e}^{\frac{x}{20}}$$

声波传入飞机前声强(声能流密度)为

$$I=\frac{P^2}{\rho V}=\frac{P_0\cdot\mathrm{e}^{\frac{x}{10}}}{\rho V}$$

(5) 求阻尼损耗因子

若 w 为适宜声强时的能量密度大小，根据阻尼损耗因子 η 的定义：

$$\eta=\frac{\text{损耗能量}}{\text{机械振动能量}}$$

可得阻尼损耗因子 η 为

$$\eta=\frac{Ids-wds}{Ids}=\frac{I-w}{I}=1-\frac{w\rho V}{P_0\cdot\mathrm{e}^{\frac{x}{10}}}$$

根据声波传递损耗的能量计算出阻尼损耗因子 η 后，可以根据阻尼损耗因子来选择减振

降噪阻尼材料。但因为阻尼减振特性不能随噪声源特性的变化而改变，所以这种方法只在一定频率范围内有效，选择飞机机身的减振降噪阻尼材料还应考虑阻尼材料的密度等其他条件。

参考文献

[1] 叶睿，陈克安，闫靓，等. 音频注入下的飞机舱内噪声烦恼感抑制与评价[J]. 噪声与振动控制. 2021(06).

[2] 左孔成，陈鹏，王政，等. 飞机舱内噪声的研究现状[J]. 航空学报. 2016(08).

[3] ROSSCR，PURVERMRJ. Active cabin noise control [C]//Inter-noise and Noise-con Congress and Conference Proceedings. [S. l. ：s. n.]，1997.

[4] 扈西枝. 民机舱内噪声源及其特性分析[J]. 民用飞机设计与研究. 2010(02).

[5] MSERM. Engineering acoustics：An introduction to noise control[M]. Berlin：Springer Science & Business Media，2009.

[6] 扈西枝，韩峰，何立燕，等. 大型客机舱内声学设计方案综述[J]. 民用飞机设计与研究，2011(2)：1-4.

[7] 扈西枝. 浅议民机舱内声学波音与空客研究现状[J]. 民用飞机设计与研究. 2013(02).

[8] 党川. 阻尼减振降噪技术原理及其应用[J]. 四川环境. 1992(03)：47-50.

案例5 液氮消冷雾过程的初步研究

雾是低层大气的一种水气凝结现象，是由悬浮于近地面空气中缓慢沉降的水滴和冰晶组成的两相系统。在气象学上，能见度是指正常视力的人在当时的天气条件下，从天空中能看到和辨认清楚目标物的最大水平距离。历史统计资料表明，国内飞机因天气原因不能正常飞行的，其中因大雾影响的占78.9%。大雾导致飞机不能起降给乘客带来了麻烦，给机场带来了巨大损失。液氮已广泛用于外场的人工增雨和消雾，其优势在于价廉，对环境无污染，资源丰富，-8℃以上成冰率高于碘化银[1]。

人工除雾就是指用人工手段(如:播撒催化剂、人工搅动空气混合、在雾区加热等)使雾消散。大雾导致能见度降低，影响飞机起降、容易引发严重的交通事故，为此目前学术界和工程界都在积极寻求人工除雾的有效方法。人工除雾分为人工除暖雾(雾区温度高于0℃)和人工除冷雾(雾区气温低于0℃)[2]。

人工除暖雾实验方法如下：

① 加热法:对小范围区域雾区如机场跑道等，大量燃烧汽油等燃料，用发动机喷火加热空气使雾滴蒸发而消失。

② 吸湿法:播撒盐、尿素等吸湿质粒催化剂，使产生大量凝结核，水气在凝结核上凝结长成大水滴，雾滴在大水滴上凝结，最终使雾消失。

③ 人工搅拌混合法:用直升飞机在雾区顶部搅拌空气，把雾顶以上干燥空气驱下来与雾中空气混合，使雾消失。

人工除冷雾实验方法如下：

① 播撒人工冰核消除过冷雾:用飞机向雾中播撒人工冰核即碘化银使过冷雾滴蒸发。

水汽凝华到冰核上，冰粒子逐渐增长形成雪花降落到地面。即使不产生降雪，小粒子减少，水汽转移到相对少的大粒子上也能改善能见度。另外，还可以使用干冰、液态丙烷、液态空气等制冷剂使空气暂时降低到-40℃，水汽凝华或雾滴冻结产生的冰粒子成为冰核从而激发贝吉龙过程。

② 播撒液氮消除过冷雾:目前，国内外最流行的消冷雾方法是利用液氮作为制冷剂，采用移动车载装置喷洒或用系留气球携带液氮承载器进行空中播撒。

③ "播撒-供应"法消除过冷雾:Moller等于2003年提出一种新的"播撒-供应 "消雾方法，即通过向雾中喷射大的冰晶粒子来加速过冷水粒子和冰晶粒子之间的碰撞，每一个飞动的冰粒子都能在其轨迹上碰撞一些云粒子，由于温度不同，它们将长成大的冰粒子或大的过冷水滴，最后由于重力作用下落[3]。

一般而言，人工除冷雾比人工除暖雾要成功得多。人工除冷雾的效果相对比较明显，已能实际应用。自1988年莫斯科Sheremetyevo机场、哈萨克斯坦的Alma-Ata机场首先建立喷淋液氮的机场除雾装置以后，1992年，意大利等更多的欧美国家也开始使用液氮除雾。目前，德国研究人员将-80℃的干冰微粒高速喷向雾中，使雾凝结成小水滴，将雾消除。目前世界上只有少数机场用喷丙烷的方法除冷雾，如美国华盛顿机场用21个丙烷的喷头，每小时喷射

210 加仑丙烷;法国奥雷机场跑道两侧有 60 个丙烷喷头,每小时喷射 600 加仑丙烷。

液氮消除冷雾技术的原理

液氮是指液态的氮气。液氮是惰性、无色、无臭、无腐蚀性、不可燃、温度极低的液体。液氮汽化时大量吸热,皮肤接触易造成冻伤。氮气构成了大气的大部分成分(体积比 78.03%,重量比 75.5%)。由于液氮汽化时温度极低,属于深致冷剂且有 600 倍的膨涨系数,当液氮喷入过冷雾时,冷雾中的液态水滴即可发生冻结,产生核化过程,从而出现大量冰晶,存在冰晶与水态水滴共存,由于冰面饱和水汽压小于液滴表面饱和水汽压,因此,就会出现液滴表面水汽向冰面运动、凝聚和淞附,使冰晶不断长大,最后长大成雪片沉降到地面使雾中的水汽减少,最终能见度得以明显改善[4]。

液氮降温的原理:液氮在转化为氮气时吸收热量,以此达到降温效果。人工消除冷雾的方法是用飞机或地面设备将液氮催化剂播撒到雾中,强烈降温促使冷雾中出现大量冰晶,雾滴聚集变大而沉降使雾消散。

目前国内外最流行的消冷雾方法是用液氮作为制冷剂,采用移动车载装置喷洒或用系留气球携带液氮,进行空中播撒。国外已有一些重要高速公路两旁装有自动控制的液氮发射系统,实时监测高速公路的能见度。当能见度达到临界值时自行喷洒液氮消雾。鉴于这种固定装置的一次性投资太大,国内尚未安装。1992—1997 年,北京市人工影响天气办公室系统研究了利用液氮除过冷雾的方法,证明了其有效性[3]。

数学物理模型问题的建立与求解

若在机场近地表面喷洒液氮,则可使地面及近地表面的空气温度突然下降。不考虑冷雾的流动和扩散,忽略液氮和机场表面混合空气的厚度,以及机场表面由其他因素引起的温度变化。设厚度为 l 的冷雾,冷雾的上下表面为一平面,导热系数为 k,密度为 ρ,比热容为 C,初始时刻冷雾与机场表面的温度均为 u_0,假设机场表面因喷洒液氮突然温度降为 u_f,并保持不变,使冷雾处于冷却状态,设此过程中冷雾与机场表面之间的传导系数为 h,求 u 满足的方程和定解条件,并求其定解问题[5]。

分析这一现象可知,该方法消除冷雾,由于在雾层的下表面都会喷上液氮,可仅考虑沿厚度方向的导热问题,为一维导热问题。

在冷雾的下表面沿厚度方向任取一小段 Δx,两侧面积为 $\mathrm{d}S$,则 Δt 时间段内从一端流入的热量为

$$Q_1=\int_t^{t+\Delta t}(-k)\frac{\partial u(x,t)}{\partial x}\mathrm{d}S\,\mathrm{d}t$$

Δt 时间段内从另一端流出的热量为

$$Q_2=\int_t^{t+\Delta t}(-k)\frac{\partial u(x+\Delta x,t)}{\partial x}\mathrm{d}S\,\mathrm{d}t$$

Δt 时间内 Δx 段温度变化对应的热量为

$$Q_3=\int_t^{t+\Delta t}C\rho\Delta x\,\mathrm{d}S\,\frac{\partial u(x,t)}{\partial t}\mathrm{d}t$$

其中,C 为比热容;ρ 为介质密度。根据能量守恒

$$Q_3 = Q_1 - Q_2$$

即

$$\int_t^{t+\Delta t} C\rho \Delta x \mathrm{d}S \frac{\partial u}{\partial t} \mathrm{d}t = \int_t^{t+\Delta t} (-k) \frac{\partial u(x,t)}{\partial x} \mathrm{d}S \mathrm{d}t - \int_t^{t+\Delta t} (-k) \frac{\partial u(x+\Delta x,t)}{\partial x} \mathrm{d}S \mathrm{d}t$$

可得

$$C\rho \frac{\partial u}{\partial t} = k \frac{\partial^2 u}{\partial x^2}$$

令 $a^2 = \dfrac{k}{C\rho}$,则

$$\frac{\partial u}{\partial t} = a^2 \frac{\partial^2 u}{\partial x^2} \quad 0 \leqslant x \leqslant l, t \geqslant 0$$

定解条件为

$$\begin{aligned} & u(x,0) = u_0 && 0 \leqslant x \leqslant l \\ & u_x(0,t) = u_0 && t > 0 \\ & -ku_x(l,t) = h(u|_{x=l} - u_f) && t > 0 \end{aligned}$$

引入新变量 $\theta(x,t) = u(x,t) - u_f$,该变量称为过余温度,则所求解的定解问题变为

$$\begin{cases} \dfrac{\partial \theta}{\partial t} = a^2 \dfrac{\partial^2 \theta}{\partial x^2} & 0 \leqslant x \leqslant l, t \geqslant 0 \\ \theta(0,t) = \theta_0 & 0 \leqslant x \leqslant l \\ \theta_x(0,t) = \theta_0 & t > 0 \\ \theta_x(l,t) = -\dfrac{h}{k}\theta(l,t) & t > 0 \end{cases}$$

采用分离变量法,令 $\theta(x,t) = X(x)T(t)$,其中 $X(x)$ 和 $T(t)$ 分别表示仅与 x 和 t 有关的函数,则只有两边都等于同一个常数,取 $-\lambda$,因此有

$$\begin{cases} X''(x) + \lambda X(x) = 0 \\ T'(t) + a^2 T(t) = 0 \end{cases}$$

根据边界条件可得

$$X'(0) = 0, \quad X'(l) + \frac{h}{k} X(l) = 0$$

① 当 $\lambda < 0$ 时,通解为

$$X(x) = C_1 \mathrm{e}^{\sqrt{-\lambda} x} + C_2 \mathrm{e}^{-\sqrt{-\lambda} x}$$

将其代入边界条件,可得

$$\begin{cases} C_1 \sqrt{-\lambda} - C_2 \sqrt{-\lambda} = 0 \\ C_1 \sqrt{-\lambda} \mathrm{e}^{\sqrt{-\lambda} l} - C_2 \sqrt{-\lambda} \mathrm{e}^{-\sqrt{-\lambda} l} + \dfrac{h}{k}(C_1 \mathrm{e}^{\sqrt{-\lambda} l} + C_2 \mathrm{e}^{-\sqrt{-\lambda} l}) = 0 \end{cases}$$

即 $C_1 = C_2 = 0$,故 $\lambda < 0$ 没有非平凡解。

② 当 $\lambda = 0$ 时,通解为

$$X(x) = C_1 x + C_2$$

将其代入边界条件,可得

$$C_1=0,C_2=0$$

故 $\lambda=0$ 没有非平凡解。

③ 当 $\lambda>0$ 时，通解为

$$X(x)=C_1\cos\sqrt{\lambda}x+C_2\cos\sqrt{\lambda}x$$

将其代入边界条件，可得

$$C_2=0$$

$$C_1\sqrt{\lambda}\sin\lambda<0\sqrt{\lambda}l+\frac{h}{k}C_1\sqrt{\lambda}\cos\sqrt{\lambda}l=0$$

则得

$$\tan\sqrt{\lambda}l=\frac{h}{k\sqrt{\lambda}}$$

令 $v=\sqrt{\lambda}l$，则 $\tan v=\frac{hl}{kv}$，存在无穷多个固定值

$$\lambda_n=\left(\frac{v_n}{l}\right)^2$$

及相应的固有函数

$$X_n=C_1\cos\frac{v_n}{l}(n=1,2,\cdots)$$

$T(t)$的解为

$$T(t)=C_3\mathrm{e}^{-a^2\lambda_n t}$$

则

$$\theta(x,t)=C_n\mathrm{e}^{-a^2\lambda_n t}\cos\sqrt{\lambda_n}x$$

根据叠加原理，有

$$\theta(x,t)=\sum_{n=1}^{\infty}C_n\mathrm{e}^{-a^2\lambda_n t}\cos\sqrt{\lambda_n}x$$

根据初始条件可得

$$\sum_{n=1}^{\infty}C_n\cos\sqrt{\lambda_n}x=\theta_0$$

为确定系数 C_n，须先证明函数系 $\{x_n\}=\{\cos\sqrt{\lambda_n}x\}$ 在 $[0,l]$ 上正交。设固有函数 x_i 和 x_j 分别对应不同的固有函数值 λ_i 和 λ_j，即

$$x''_i+\lambda_i x_i=0,x''_j+\lambda_j x_j=0$$

由于 x_i 和 x_j 都满足边界条件，可得

$$(\lambda_i-\lambda_j)\int_0^l x_i x_j\,\mathrm{d}x=(x_i x'_j-x'_i x_j)\Big|_0^l$$

由于 $\lambda_i\neq\lambda_j$，根据固有函数系的正交性，可得

$$\int_0^l x_i x_j\,\mathrm{d}x=\int_0^l\cos\sqrt{\lambda_i}x_i\cos\sqrt{\lambda_j}x_j\,\mathrm{d}x=0\quad(i\neq j)$$

$$M_n\int_0^l\cos^2\sqrt{\lambda_n}x\,\mathrm{d}x=l+\frac{hk\sqrt{\lambda_n}}{h^2+k^2\lambda_n^2}$$

$$C_n=\frac{1}{M}\int_0^l \theta_0 \cos \sqrt{\lambda_n}\xi \mathrm{d}\xi$$

$$\theta(x,t)=\sum_{n=1}^{\infty}\frac{1}{M}\int_0^l \theta_0 \cos \sqrt{\lambda_n}\xi \mathrm{d}\xi \times \mathrm{e}^{-a^2\lambda_n t}\cos \sqrt{\lambda_n}x$$

本案例只对液氮消冷雾过程进行了简单的分析和研究,需要进一步的实验和数据拟合来证明结果的可用性和可靠性。本案例建立的模型比较简单,若运用在实际的问题中,得到的结果可能会有很大的偏差;所得到的公式对于机场液氮消雾技术的推进需要进一步探讨。同时国内外也在研究新的方法来消除雾,声波消雾、水汽收集等更具创新性和环保性,液氮消冷雾技术也需要进一步改进。

参考文献

[1] 黄庚，关立友，苏正军等. 液氮消冷雾微结构的演变分析[J]. 气象，2006,32(3):27-31.

[2] 清华大学老技术科学工作者协会,声波消雾 [EB/OL]. http://www.rsta.tsinghua.edu.cn/zh/detail.aspx? id=474.

[3] 高建秋,冯永基,肖伟生,等. 人工消雾的技术与方法[J]. 广东气象，2010,32(1):32-34.

[4] 曹学成,任婕,周明湦,等. 北京首都机场的人工消雾及大气边界层特征的演变[J]. 地球物理学报,1998,11(6):772-779.

[5] 尹丽洁. 数理方程典型应用案例及理论分析[M]. 上海:上海科学技术出版社,2020.

案例6 “黑匣子”热防护系统

现代商用飞机失事坠毁后，残骸燃烧释放的剧烈高温可能会造成“黑匣子”损毁，从而导致大量巡航数据缺失。受现有航空热防护技术启发，将其烧蚀防热结构系统运用于“黑匣子”热防护系统，在“黑匣子”外壁建立起多层烧蚀防热层和隔热层结构，以此来减少进入“黑匣子”内部的热量，使其内壁保持允许的温度，保护芯片储存格完整，解决数据缺失问题。本案例重点分析防热材料烧蚀前的热传导过程，假定材料的导热系数等都是常数，则可将其简化为一维稳态热传导方程。本案例以一密度均匀细杆为例，阐述利用非齐次边界条件齐次化求解均匀材料热传导的方法，分析稳态条件下的热传导的规律，以便后续计算出防热材料烧蚀前的临界温度，最终确定隔热层最佳厚度以提高热防护性能。“黑匣子”即飞行参数记录仪，其记录的飞行数据是航空器事故调查的重要依据。为了提高安全系数，“黑匣子”通常安装在飞机尾部。

1991年5月，劳达航空004号班机事故中，飞行参数记录仪因为剧烈撞击引起的高温焚烧而破损严重，无法读取任何数据。2022年3月21日，东航MU5735客机在执行昆明至广州航班任务时，于梧州上空失联，后确认该飞机坠毁。在撞击区域找到的两部“黑匣子”因燃烧导致破损较为严重。破译“黑匣子”，找到事故原因对保障民航的运行安全及民航未来的良好发展是至关重要的，也是刻不容缓的。有关“黑匣子”的保护主要集中于防热、隔热方面，在飞机发生事故时，“黑匣子”需要在1 100 ℃的火焰中经受30 min的烧蚀，才能保证飞行数据安全。因而必须对“黑匣子”进行热防护处理。本案例受到航天飞行器烧蚀防热理论与应用启发，为“黑匣子”外壁增加烧蚀热防护材料，以期增加其热防护能力[1]。

“烧蚀”一词是天文物理学家研究陨石时所用。陨石从宇宙空间以极高的速度穿过大气层降落到地球的过程中，一方面受到空气分子的撞击，产生很大的阻力，速度剧减；另一方面，陨石表面周围的空气被强烈地压缩，产生很高的温度，足以使其表面熔融、氧化而被腐蚀。人们将这种在炽热气体作用下，表面材料消失变形的现象统称为烧蚀。烧蚀原理就是利用短时间受热的特点，牺牲一部分表面材料，让绝大部分的热能由烧蚀材料吸收，使内壁保持允许的温度[2]。烧蚀理论的分析工作必须考虑材料与热环境的相互作用，可以分为三部分：气体边界层分析、烧蚀表面上的相容关系及材料烧蚀前的热传导过程。本案例重点分析“黑匣子”防热材料烧蚀前的热传导过程，假定材料的导热系数等都是常数，则可将其简化为一维稳态热传导方程。

多层热防护结构模型

防热层采用航空领域中传统防热材料——硅基复合材料，其结构如图案例6-1所示[3]。多层热防护结构用以承受飞机撞击爆炸产生的高温和气流切剪力。放热层经过热传导达到烧蚀所需温度后再次吸收热量，为隔热层提供耐受范围内的温度环境，隔热层采用软木等低密度材料，阻隔气动热向承力结构的传递。

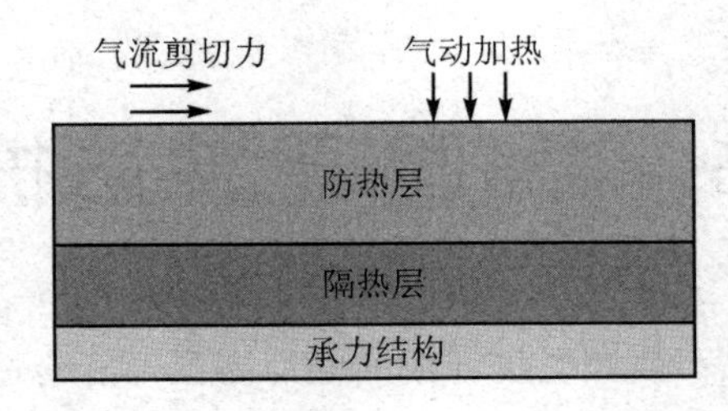

图案例 6-1

烧蚀前的热传导过程

(1) 均匀材料热传导方程

由于温度空间不均匀,导致热量从高温向低温传递的现象称为热传导。假定防热层材料的导热系数是常数,则可将其简化为一维稳态热传导方程[4]。下面就以一根横截面积为 A 的密度均匀细杆模拟烧蚀前热量在防热层的热传导过程,沿杆长方向有温度差,其侧面绝热,考虑其热量传播的过程。为方便起见,取杆与 x 轴重合,以 $u(x,t)$表示杆上 x 点处 t 时刻的温度,如图案例 6-2 所示。现从杆的内部中划出一小段 Δx,讨论在时间间隔 Δt 内热量流动的情况。

图案例 6-2

设 C 为杆的比热容(单位物质升高单位温度所需热量,它与物质的材料有关),ρ 为杆的密度,则热传导定律为

$$q=-k\ \nabla u$$

其中,k 为导热率;∇u 为温度梯度。材料的温度随时间变化率为 u_t,则一维热传导方程如下:

$$C\rho u_t-\frac{\partial}{\partial x}(ku_x)=0$$

其中,C 为比热;ρ 为密度。

(2) 均匀材料的传导模型和求解

长度为 l 的细杆,初始温度是均匀的 u_0,保持一端的温度为不变的 u_0,另一端则有热流强度为 q_0 的热源进入。杆上的温度 $u(x,t)$满足下列方程和定解条件:

$$\begin{cases} u_t-a^2u_{xx}=0 \quad (a=k/C\rho) \\ u_x\big|_{x=0}=u_0 \\ u_x\big|_{x=l}=q_0/k \\ u\big|_{t=0}=u_0 \quad (0<x<l) \end{cases}$$

边界条件是非齐次的,下面进行第二类非齐次边界条件的齐次化。为此,引入新的未知数 $v(x,t)$和辅助函数 $w(x,t)$,令

$$u(x,t)=v(x,t)+w(x,t)$$

为使边界条件齐次化,$w(x,t)$须具备如下性质:

$$\begin{cases} w_x\big|_{x=0}=u_0 \\ w_x\big|_{x=l}=q_0/k \end{cases}$$

满足$w_x|_{x=0}=u_0$，$w_x|_{x=l}=q_0/k$ 的曲线有很多条，最简单的是直线，令其为

$$w(x,t)=2Ax+B$$

则

$$w(x,t)=Ax^2+Bx+C$$

由$w_x|_{x=0}=u_0$，$w_x|_{x=l}=q_0/k$，可得

$$\begin{cases}A=\dfrac{q_0/k-u_0}{2l}\\B=u_0\end{cases}$$

至于C，对边界条件不起作用，不妨取为零，因此

$$w(x,t)=\frac{q_0/k-u_0}{2l}x^2-u_0x$$

将 $u(x,t)=v(x,t)+w(x,t)$代入原方程，可得

$$(v_t+w_t)-a^2(v_{xx}+w_{xx})=0(a=k/C\rho)$$

$$v_t-a^2v_{xx}=w_t-a^2w_{xx}=a^2\ \frac{u_0-q_0/k}{l}$$

故齐次化后转化为相应的$v(x,t)$的定解问题：

$$\begin{cases}v_t-a^2v_{xx}=a^2\ \dfrac{u_0-q_0/k}{l}\\v_x|_{x=0}=0\\v_x|_{x=l}=0\\v|_{t=0}=u_0\quad 0<x<l\end{cases}$$

对于上式，可通过冲量原理并结合分离变量法求得$v(x,t)$的解。

通过$v(x,t)$的解分析多层热结构厚度分布对防热效果的影响，在满足隔热层温度、烧蚀裕度及工艺要求的前提下，计算出合理的防热层厚度。一方面，不仅可以提高“黑匣子”的热防护性能，维持其内壁允许温度；另一方面，还可以最大程度节约成本。

参考文献

[1] 柴峻. 临近空间飞行器多层隔热结构传热分析及优化设计[D]. 哈尔滨：哈尔滨工程大学，2016.

[2] 姜贵庆，刘连元. 高速气流传热与烧蚀热防护[M]. 北京：国防工业出版社，2003.

[3] 丁晨，牛智玲，单亦姣，等. 多层热防护结构烧蚀传热模型研究[J]. 导弹与航天运载技术，2021(01)：24-28.

[4] 樊东红，吴松平，杨雄珍. 定解条件下均匀材料热传导的研究[J]. 贺州学院学报，2008，24(03)：109-112.

案例 7　机场污染源排放的扩散研究

随着经济的高速发展，航空运输业也因此得以飞速发展。机场大气污染物的排放和对环境的影响也越来越引起人们的重视。飞机在起飞、降落过程中会排放大量的空气污染物，如二氧化碳、一氧化碳、颗粒物及氮氧化物等。这些污染物对人类健康都构成了危害，然而国内污染排放相关方面研究处于起步阶段。建立完备的、科学的、实用的机场区域污染物扩散模型，剖析污染物时空分布规律特征对绿色机场的规划建设和运行评估意义重大。

本案例建立了机场区域飞机污染物扩散模型，揭示了机场区域飞机滑行阶段飞机排放源所产生污染物的扩散特征。

图案例 7－1 为机场空气质量评估框架体系图。该框架体系对后续的研究提供了一个清晰的思路，可由此构造出减排的方案或措施，以达到最终目的。

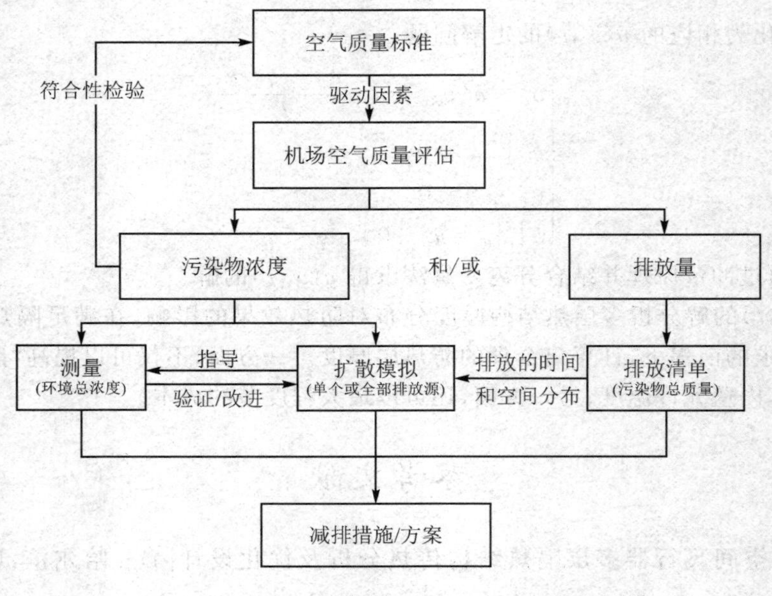

图案例 7－1

飞机离场到进场的一个过程即为标准着陆和起飞循环过程（Landing and Take Off，LTO），LTO 将循环划分为起飞、爬升、进近和滑行或地面慢车 4 个阶段（不包括巡航阶段）[2]。目前针对机场区域飞机污染物的扩散研究多数基于 LTO 循环。同时，各国还有其他机场移动源排放测算方法模型，如美国联邦航空总署（FAA）规定强制性使用的模型，用于航空污染源的大气质量分析评估工作。该模型主要计算机场建设项目相关的气态排放源，包括航空飞行器、辅助动力设备、地面辅助车辆及其他固定的地面排放源等。

目前国内机场污染物排放研究处于起步阶段，且主要聚焦于北京、上海、广州等经济发达地区，且对其研究多基于 LTO 循环。我国对污染物排放量较大且日益增多的机场排放关注较少，国内对机场移动源排放量的研究因不同机场地理环境因素不同、排放因子数据有限、计算模型局限性等因素，仍有很多可研究方向和切入点。

机场区域污染物概况

以天津滨海国际机场的数据为依据，研究机场区域飞机污染物扩散问题。天津滨海国际机场位于天津市东丽区，机场基准点坐标为 N39°07′28″，E117°20′46″，机场标高 3.7 m。经统计，2021 年天津滨海国际机场旅客吞吐量达 1 512.7 万人次，货运吞吐量达 19.5 万吨，起降架次达 125 328 架。天津滨海国际机场有两个航站楼，两条主跑道为平行跑道，间距 2 100 m，初期采用隔离平行运行模式，东跑道用于降落，西跑道用于起飞，东西跑道分别长 3 200 m、3 600 m。

污染物排放清单

建立污染物排放清单是评估大气污染、模拟空气质量、制订污染控制措施及相关法规的基础且高效的途径之一。中国国内民航飞机活动产生的污染物主要有 CO_2、NO_x、CO、SO_x、HC 和 PM[3]。各飞行阶段污染排放分析表明，CO_2、NO_x、SO_x 和 PM 等排放主要集中在巡航阶段，而 CO 和 HC 在巡航阶段和起降循环阶段（LTO）的排放量相当。国际上对航空排放的研究重点为二氧化碳（CO_2）、氮氧化合物（NO_x）、硫化物（SO_x）、碳氢化合物（HC）、一氧化碳（CO）以及颗粒物（PM）等，这些排放物会对区域空气质量和人类健康造成一定的影响。各飞行阶段污染排放分析表明，CO_2、NO_x、SO_x 和 PM 等排放主要集中在巡航阶段，而 CO 和 HC 在巡航阶段和起降循环阶段（LTO）的排放量相当。由于 HC、CO、NO_x 这三种污染物在机场区域排放较多，为机场主要污染关注对象，因此研究中将 HC、CO、NO_x 作为污染物预测因子。

建立模型

（1）基本假设

① 假设飞机污染物排放为稳态排放，且为连续排放状态；

② 一架民航飞机发动机的数量为 2～4 个，发动机之间的距离相对于机场区域而言很小，当飞机在跑道滑行线路中运行时，可将污染物排放视为面排放；

③ 飞机发动机排放污染物包括烟气和空气的混合气体，且呈理想气体状态，在湍流混合过程中不发生任何化学反应。

（2）构造模型

本案例模拟飞机起降循环活动中滑行阶段污染物排放及扩散。机场区域可将飞机污染物排放视为面排放[4]，利用数学物理方程中的扩散方程进行构建。飞机滑行阶段污染物排放面源大小和位置，根据机场布局和典型机型机翼宽度尺寸确定。排放面高度取典型机型发动机排放口距地面的距离 2 m，宽度取典型机型波音 738 两台发动机之间的间距 34.5 m。

初始条件：$u\big|_{t=0}=0$，u 代表污染物浓度。

边界条件：

$$u_x\big|_{x=0}=g(t)$$
$$u_x\big|_{x=l}=h(t)$$

根据机场跑道分布情况，飞机在滑行阶段时，发动机工作排放出各种污染气体，这些气体分子扩散到大气中，可利用典型的扩散方程对其进行描述。现将模型简化为一维模型，假设扩

散范围在 $x=0$ 到 $x=l$(包括边界),且满足第二类边界条件,u 为分子的浓度,常数 D 为单体分子的扩散系数。研究污染物的扩散问题,典型的扩散方程描述如下:

$$u_t - Du_{xx} = 0$$
$$u\big|_{t=0} = 0$$
$$u_x\big|_{x=0} = g(t)$$
$$u_x\big|_{x=l} = h(t)$$

令 $u(x,t)=v(x,t)+w(x,t)$。同样,还是需要寻找 $w(x,t)$ 以满足如下关系:

$$w_x\big|_{x=0} = g(t)$$
$$w_x\big|_{x=l} = h(t)$$

便能够得到 $v(x,t)=u(x,t)-w(x,t)$,并且函数满足其边界为齐次,即

$$v_x\big|_{x=0} = u_x\big|_{x=0} - w_x\big|_{x=0} = 0$$
$$v_x\big|_{x=l} = u_x\big|_{x=l} - w_x\big|_{x=l} = 0$$

对于第二类边界条件,$w(x,t)$ 选取如下:

$$w(x,t) = A(t)x^2 + B(t)x + C(t)$$

将 $(0,g(t))$ 与 $(l,h(t))$ 两点坐标代入其中,可得

$$w_x\big|_{x=0} = 2A(t)\times 0 + B(t) = g(t)$$
$$w_x\big|_{x=l} = 2A(t)\times l + B(t) = h(t)$$

进而可得

$$A(t) = \frac{h(t)-g(t)}{2l}$$
$$B(t) = g(t)$$
$$w(x,t) = \frac{h(t)-g(t)}{2l}x^2 + g(t)x$$
$$v_t - Dv_{xx} = -(w_t - Dw_{xx})$$
$$v_t - Dv_{xx} = \frac{g'(t)-h'(t)}{2l}x^2 - g'(t)x$$
$$v\big|_{t=0} = 0$$
$$v_t\big|_{t=0} = u_t\big|_{t=0} - w_t\big|_{t=0} = \frac{g'(0)-h'(0)}{2l}x^2 - g'(0)x$$
$$v_x\big|_{x=0} = 0$$
$$v_x\big|_{x=l} = 0$$

利用冲量定理法,得出 T_n 的常微分方程,从而解得 $v(x,t,\tau)$,以此进一步获得 $u(x,t)$ 的解,即

$$v_t - Dv_{xx} = 0$$
$$v_x\big|_{x=0} = 0$$
$$v_x\big|_{x=l} = 0$$
$$v\big|_{t=\tau} = f(x,\tau)$$
$$u(x,t) = \int_0^t v(x,t,\tau)\,\mathrm{d}\tau$$

根据国际民用航空组织(ICAO)数据库可知,飞机发动机在起飞和爬升阶段,产生氮氧

化物较多，而在滑行和进近阶段，则产生的一氧化碳会相对较多。这是由于在起飞和爬升阶段，飞机发动机在高推力状态下，发动机燃烧室温度较高，因此氮氧化物生成量较多；而在滑行和进近阶段，发动机在低推力状态下，发动机内燃烧不够充分，因此一氧化碳生成量较多。由于机场区域飞机滑行阶段会产生大量的一氧化碳，因此以一氧化碳为例研究风对污染物浓度扩散的影响情况。一氧化碳在风的作用下开始发生扩散，随着扩散距离增加，一氧化碳浓度逐渐减小，因此风会稀释降解污染物，因此污染物浓度会随着扩散距离增加越来越低。在风速和风向的影响下，飞机污染物扩散趋势为沿着风向的面扩散，且近地面污染物浓度值较大，因此飞机污染物在滑行阶段排放的污染物主要集中在跑道近地面位置。仅采用滑行阶段的排放数据作为排放源进行研究，在预测精度方面还较为欠缺，还存在着不足，如污染物的排放还受到很多其他因素的影响，如风向、风速及飞机起飞当天的温度、湿度等，因此该模型还需要进一步改进从而提高其普适性和可用性。

参考文献

[1] 苗佳禾. 基于飞行数据的飞机排放估算及扩散模拟研究[D]. 天津：中国民航大学，2019.

[2] 曹惠玲，晏嘉伟，匡家骏，等. 飞机排放对机场周边环境的影响研究[J]. 航空动力学报，2021，06：73.

[3] 徐祝兵. 飞行程序运行的环境影响评估方法研究[D]. 天津：中国民航大学，2016.

[4] 罗浩，匡江红，吕鸿雁. 机场区域飞机污染物排放扩散数值研究[J]. 物流科技，2021，44(08)：90-95.